普通高等院校建筑电气与智能化专业规划教材

建筑智能安全防范系统

郑李明　高素美　主　编

鞠全勇　牟福元　参　编

U0279485

中国建材工业出版社

图书在版编目（CIP）数据

建筑智能安全防范系统/郑李明，高素美主编 .—
北京：中国建材工业出版社，2013.5（2023.2 重印）
普通高等院校建筑电气与智能化专业规划教材
ISBN 978-7-5160-0397-8

Ⅰ.①建… Ⅱ.①郑… ②高… Ⅲ.①智能化建筑—
安全设备—系统设计—高等学校—教材 Ⅳ.①TU89

中国版本图书馆 CIP 数据核字（2013）第 026932 号

内 容 简 介

本书较全面、系统地介绍了建筑智能安全防范系统的基本理论、设计原则和工程实例应用。全书共分为 8 章，分别介绍了建筑智能安全防范系统概述，建筑入侵报警系统，建筑出入口控制系统与电子巡查系统，建筑视频安防监控系统，建筑停车库安全管理系统，建筑智能安全防范系统集成，建筑安全防范系统工程设计与施工，建筑安全防范系统的检测、验收、使用和维护等内容。本书内容根据最新国家标准规范进行编写，每章节后面都有本章小结及习题与思考，便于读者学习和巩固。

本书适合作为高等院校建筑电气与智能化、电气工程及其自动化（楼宇智能化方向）等相关专业教材，也可作为相关行业工程技术人员的参考书。

本书有配套课件，读者可登录我社网站免费下载。

建筑智能安全防范系统

郑李明 高素美 主编

出版发行：中国建材工业出版社
地 址：北京市海淀区三里河路 11 号
邮 编：100831
经 销：全国各地新华书店
印 刷：北京雁林吉兆印刷有限公司
开 本：787mm×1092mm 1/16
印 张：15.75
字 数：396 千字
版 次：2013 年 5 月第 1 版
印 次：2023 年 2 月第 5 次
定 价：45.00 元

本社网址：www.jccbs.com
本书如出现印装质量问题，由我社发行部负责调换。联系电话：(010)57811387

前　言

随着科学技术的迅猛发展，人们对安全防范系统的要求越来越高，这就要求相关专业的学生和行业从业人员掌握最新的安全防范技术和国家标准规范。"建筑智能安全防范系统"课程是建筑电气与智能化、电气工程及其自动化（楼宇智能化方向）等专业学生的一门重要专业课。培养多方位、多层次高级应用型人才已成为许多高等院校的共识，这种理念的重大转变带来了教学内容和教学模式的变化，相应教材的改革不可避免。为了适应这一变化，我们通过多年来对"建筑智能安全防范系统"课程的教学实践及经验总结，针对应用型人才的培养目标和学生的学习特点，力图保持"建筑智能安全防范系统"的理论性、完整性和应用性，紧密结合典型工程应用实例，编写了本教材。

本教材主要包括建筑智能安全防范系统概述，建筑入侵报警系统，建筑出入口控制系统与电子巡查系统，建筑视频安防监控系统，建筑停车库安全管理系统，建筑智能安全防范系统集成，建筑安全防范系统工程设计与施工，建筑安全防范系统的检测、验收、使用和维护等内容。本教材有如下几个方面的特点：

① 坚持建筑智能安全防范系统的严谨性与逻辑性。以教育部对应用型"建筑智能安全防范系统"教学的基本要求为依据编写本教材。

② 本教材按照最新的国家标准规范编写。建筑智能安全防范系统的名称等严格按照国家标准规范命名、定义，以培养学生设计工程的规范性。

③ 理论性和工程应用性紧密结合。每一章首先进行系统定义和介绍，然后介绍系统所涉及的知识，最后以典型工程应用实例说明如何进行设计和应用。

本书作为普通高等院校建筑电气与智能化专业规划教材之一，与其他课程教材内容上有一定的相关性，教学时应该注意与本系列其他教材内容上的联系和协调。

本书的基本教学时数不得低于 48 学时，其中不少于 8 学时的课内实验。课程讲授后建议开展一周的课程设计和工程实习，以实现应用。

本书由金陵科技学院郑李明和高素美担任主编并负责全书统稿工作。本书共 8 章，其中第 1 章、第 2 章与第 4 章由高素美编写，第 3 章、第 7 章与第 8 章由郑李明编写，第 5 章由牟福元编写，第 6 章由鞠全勇编写。南京市消防支队夏之彬高级工程师对本教材提出了许多宝贵建议，江苏跨域信息科技发展有限公司朱卫东工程师给予了热情支持和帮助，在此一并表示感谢。同时，感谢中国建材工业出版社编辑胡京平为本书的出版付出的辛勤劳动。

由于信息技术的发展非常迅速，加之作者水平有限，书中不足之处在所难免，欢迎读者不吝指正。

编　者

2013 年 1 月

目　　录

第1章 建筑智能安全防范系统概述

1. 建筑智能安全防范系统内涵；
2. 建筑智能安全防范系统的主要构成；
3. 建筑智能安全防范技术的最新进展；
4. 建筑智能安全防范系统设计中需要解决的问题。

1.1 建筑智能安全防范系统内涵

建筑是指供人们生产、生活、工作、学习以及进行各种文化、体育、社会活动的房屋和场所。

随着计算机技术、电子技术、自动控制技术和通信技术的迅猛发展，自动化程度不断提高，人类社会正在步入信息化时代，对建筑的安全性要求也日益迫切，安全性已成为现代建筑质量标准中非常重要的一个因素。

目前，人们生命和财产安全所面临的最大威胁包括两大方面，一方面是由人为引起的破坏（如入侵盗窃、抢劫、凶杀等），另一方面是非人为引起的破坏（如火灾、水灾、震灾等）。此外，建筑的运营和管理中安全保卫和意外事故的防范也是一项重要的工作。

为了有效保证公民的生命和财产安全，在现代建筑中引入了智能化的系统对安全防范设施进行管理。而我们通常所指的安全防范系统，严格来说应该称为安全技术防范系统，它是指为了维护社会安全和预防灾害事故，将现代电子、通信、信息处理、微型计算机控制原理和多媒体应用等高新技术及其产品，应用于防劫、防盗、防暴、防破坏报警、网络报警、电视监控、出入口控制、楼宇保安对讲、周界防范、安全检查以及其他相关的以安全技术防范为目的的系统。以下如不特殊说明，文中所述的安全防范系统即指安全技术防范系统。

安全防范的一般概念：Security（安全）&Protection（保护）根据现代汉语词典的解释，所谓安全，就是没有危险、不受威胁、不出事故；所谓防范，就是防备、戒备，而防备是指做好准备以应付攻击或避免受害，戒备是指防备和保护。

综合上述解释，可给安全防范定义如下：做好准备与保护，以应付攻击或避免受害，从而使被保护对象处于没有危险、不受威胁、不出事故的安全状态。

显而易见，在建筑安全防范系统中，建筑是载体，安全是目的，防范是手段，在建筑物中通过防范的手段达到（实现）安全的目的，就是建筑安全防范系统的基本内涵。

安全技术的基本内容包括预防性安全技术（例如防盗、防火等）和保护性安全技术（例如噪声治理、放射性防护等），以及制定和完善安全技术规范、规定、标准和条例等。

安全防范技术属于预防性安全技术，可以理解为预防对身体、生命及贵重物品有刑事犯罪危险的若干技术措施。这些技术措施及其设备包括防盗报警、出入口控制即门禁控制、电视监控、访客对讲、电子巡查、停车库车辆管理等。

安全防范系统（Security & Protection System，SPS）是以维护社会公共安全为目的，运用技防产品和其他相关产品所构成的入侵报警系统、视频安防监控系统、出入口控制系统、防爆安全检查系统等或由这些系统组合或集成的电子系统或网络。

安全防范系统以安全防范技术为先导，以人力防范为基础，以技术防范和实体防范为手段，所建立的一种具有探测、延迟、反应有序结合的安全防范服务保障体系。它是以预防损失和预防犯罪为目的的一项公安业务和社会公共事业。

国内标准中将安全防范系统定义为SPS，而国外多称其为损失预防与犯罪预防（Loss Prevention & Crime Prevention），对于警察执法部门而言，安全防范就是利用安全防范技术开展安全防范工作的一项公安业务；而对于社会经济部门来说，安全防范就是利用安全防范技术为社会公众提供一种安全服务的产业。既然是一种产业，就要有产品的研制与开发，就要有系统的设计与工程的施工、服务和管理。损失预防是安防产业的任务，犯罪预防是警察执法部门的职责。

安全防范系统包括人力防范（Personal Protection）、物理防范（Physical Protection，又称实体防范）和技术防范（Technical Protection）三方面的综合防范体系。对于保护建筑物目标来说，人力防范主要有保安站岗、人员巡查、报警按钮、有线和无线内部通信；物理防范主要是实体防护，如周界栅栏、围墙、入口门栏等；技术防范则是以各种现代科学技术、运用技防产品、实施技防工程为手段，以各种技术设备、集成系统和网络来构成安全保证的屏障。

（1）人力防范（人防）（Personal Protection）

执行安全防范任务的具有相应素质人员或人员群体的一种有组织的防范行为（包括人、组织、管理等）。

（2）实体防范（物防）（Physical Protection）

用于安全防范目的、能延迟风险事件发生的各种实体防护手段（包括建（构）筑物、屏障、器具、设备、系统等）。

（3）技术防范（技防）（Technical Protection）

利用各种电子信息设备、系统和（或）网络提高探测、延迟、反应能力和防范功能的安全防范手段。

安全防范需贯彻"技防、物防、人防"三种基本手段相结合的原则，任何安全防范工程的设计，如果背离了"技防、物防、人防"相结合的原则，不恰当地、过分地强调某一手段的重要性，而贬低或忽视其他手段的作用，都会给系统的持续、稳定运行埋下隐患，使安全防范工程的实际防范水平不能达到预期的效果。

将通信、计算机和自控等技术运用于建筑或住宅小区，通过有效的信息传输网络及系统的优化配置和综合应用，为用户提供先进的信息服务和安防管理等服务功能，实现建筑安全防范设施的集成化、智能化和网络化，提高建筑安全防范功能，是建筑智能安全防范系统的主要任务，智能安全防范系统已成为现代建筑中必不可少的重要组成部分。

1.2 建筑智能安全防范系统的主要构成

建筑智能安全技术防范系统由安全管理系统和若干个相关子系统组成。相关子系统包括入侵报警系统、出入口控制系统、访客对讲系统、闭路电视监视系统、电子巡查系统、停车场车辆管理系统、防爆安全检查系统等。

1．安全管理系统

安全管理系统是将安全技术防范系统中各子系统进行组合或集成，以实现有效的联动、管理或监控的电子系统或网络。

2．入侵报警系统

入侵报警系统是用探测装置对建筑内外重要地点和区域进行布防，在探测到有非法侵入时，及时向有关人员示警。此外电梯内的报警按钮、人员受到威胁时使用的紧急按钮、跳脚开关等也属于此系统。振动探测器、玻璃破碎报警器及门磁开关等可有效探测罪犯从外部的侵入，安装在楼内的运动探测器和红外探测器可感知人员在楼内的活动，接近探测器可以用来保护财物、文物等珍贵物品。探测器是系统的重要组成部分。另外，此系统有报警，会记录入侵的时间、地点，同时要向监视系统发出信号，并录下现场情况。

3．出入口控制系统

出入口控制就是对建筑物内外正常的出入通道进行控制管理，并指导人员在楼内及其相关区域的行动。智能大厦采用的是电子出入口控制系统，在大楼的入口处、金库门、档案室门、电梯处可以安装出入口控制装置，如磁卡识别器或者密码键盘等。想要进入必须拿出自己的磁卡或输入正确的密码，或两者兼备。只有持有有效卡片或密码的人才允许通过。

4．访客对讲系统

访客对讲系统是指在高层住宅楼或居住小区，设置能为来访客人与居室中的人们提供双向通话或可视通话和住户遥控入口大门的电磁开关，以及向安保管理中心紧急报警或向 110 报警的系统。

访客对讲系统被广泛用于公寓、住宅小区和办公楼的安全防范系统。通过楼宇访客对讲系统，入口处的来访者可以直接或通过门卫与室内主人建立音、视频通信联络，主人可利用分机上的门锁控制键，打开电控门锁，允许来访者进入。

访客对讲系统按功能可分为普通对讲系统和可视系统两种；从系统形式上可分为开放式系统和封闭式系统；从其系统结构上大致可分为多线制、总线多线制和总线制三种。任何形式的系统都有其自身特点和适用性，各自满足不同的功能需求和价格定位。

5．视频安防监控系统

闭路电视监视系统是指在重要的场所安装摄像机，它提供了利用眼睛直接监视建筑内外情况的手段，使保安人员在控制中心可以监视整个建筑物内外的情况，从而大大加强了保安的效果。监视系统除了起到正常的监视作用外，在接到报警系统和出入口控制系统的示警信号后，可进行实时录像，录下报警时的现场情况，以供事后重放分析。

闭路电视监控系统主要由前端设备、传输部分和监控中心组成。系统中所有摄像机均为集中供电，并采用电源同步方式，确保图像切换时画面无抖动。为增加抗干扰性能，建议所用管线采用金属管，电缆选用高密度优质屏蔽线。系统的接地采用联合接地方式，接地电阻≤1Ω。

6．电子巡查系统

电子巡查系统又被称为电子巡更系统，是按设定程序路径上的巡查开关或读卡器，使保安人员能够按照预定的顺序在安全防范区域内的巡视站进行巡逻，可同时保障保安人员以及大楼的安全。

电子巡查系统由巡检器、信息钮、保安中心计算机和传输线缆组成。信息钮设在住宅区内主要道路、盲点、死角等处，中心计算机事先存储保安员巡更路线，签到时间等；若保安员未签到时，中心计算机会立即提醒值班人员去了解情况，及早发现问题。

7. 停车库车辆管理系统

停车库车辆管理系统是指能实现汽车出入口通道管理、停车计费、车库内外行车信号指示、库内车位空额显示诱导等功能的系统。

8. 防爆安全检查系统

防爆安全检查系统是指检查有关人员、行李、货物是否携带爆炸物、武器和（或）其他违禁品的电子设备系统或网络。

近年来，安全防范系统正在向综合化、智能化方向迅速发展。以往，安全防范系统的各个子系统是各自独立的系统，现今智能安全防范系统一般由计算机协调起来共同工作，构成集成化安全防范系统，可以对大面积范围、多部位地区进行实时、多功能的监控，并能对得到的信息进行及时的分析与处理，实现高度的安全防范的目的。

1.3 建筑智能安全防范技术的最新进展

智能安全防范技术正处于快速发展的进程之中，安全防范产业朝着数字化、信息化、网络化和智能化方向发展，到目前为止，已取得的重大突破有：

① 彩色 CCD 摄像机图像清晰度已经超过 700 线水平，出现了几百万像素（2448 × 2050）和高清 HDTV 标准的摄像机，出现了全 D1 高分辨率（720 × 576）的电视监控系统。

② 在图像压缩方面推出了 H. 264（也是 MPEG4 part 10），将会逐步取代 MPEG4 的主导地位，使占用的带宽和需要的存储容量下降 50% 左右。但 H. 264 仍然是基于混合、（宏块）编码框架标准的，其编码器是其他编码器复杂程度的 3 倍，其解码器是其他解码器复杂程度的 2 倍。

③ 推出了 SOC（System On a Chip）单芯片系统，使得系统在复杂性大为提高的情况下，设备体积却能大为缩小。

④ DSP 芯片的功能更加强大，如 Philips 公司的 PNX – 1500、1700 和 TI 公司的 DM642（720MHz）等，为新型安防设备的研发奠定了基础；即将推出的还有达芬奇（Da Vinci）系统，即 DM642 +。此外还推出了基于 CMOS 技术的 DPS（Digital Pixel System，数字像素系统）摄像机。

⑤ 硬盘录像机 DVR 技术水平有很大提高，国内已研发出 32 路全实时嵌入式硬盘录像机及高水平的图像采集压缩板卡，均具有国际水平。网络视频录像机 NVR 和有双压缩技术（MPEG4、JPEG）的硬盘录像机正开始出现。网络视频录像机 NVR 有可能可支持 LAN、WAN、PSTN、ISDN、xDSL 等多种网络结构，并能与智能化分析功能更紧密地结合。

⑥ 具有视频图像的智能化分析被称之为智能视频，影像的智能搜索和跟踪将是重点，摄像机目标跟踪功能正在成为应用的热点，"视频内容分析软件"需求旺盛，它通过自动识别和提取图像中蕴含的信息，而在人流统计（People Counting）及自动行为识别（Behavior Recognition）方面得到应用。最新的视频录像解决方案将完全基于服务器，并使用 PCI 卡硬件或者带有编码功能的软件，系统不仅采用多 PCI 卡的 PC，更有可能采用最新

的刀背式服务器（Blade-Sever），以其来实现捕获位于公共存储子系统内的影像。在百万密度（Mega – Density）监控方面，将采用具有 EM64T 技术（64 位扩充存储技术）的 Intel Xeon 处理平台。

⑦ IP 摄像机及软件正在成为 CCTV 的大众餐而日益普及，除 IP 摄像机外，还推出了网络球型摄像机、网络矩阵等。网络摄像机的发展趋势是要能支持 TCP、RTP、Multicast 组播协议、Unicast 单播协议等多种网络协议，并有高分辨率和日夜自动转换功能。

⑧ 网络监控系统正逐渐成为应用的主流，推出了虚拟矩阵切换系统和基于流媒体技术的网络监控解决方案。存储区域网络（SAN）和直接联网存储器（NAS）将会成为理想的存储介质。

⑨ 夜视摄像机的应用通过海湾战争和伊拉克战争揭开了其神秘的面纱，还出现了使用主动红外的夜视摄像系统，即通过主动照射并利用目标反射红外光来实现观察的夜视技术，其图像的分辨率要比通过目标自身发射红外辐射的热成像系统（一般为 320 × 240Pixel）高出许多。

⑩ 射频识别（Radio Frequency IDentification，RFID）技术，又称电子标签、无线射频识别，已广泛应用于图书馆、门禁系统和食品安全溯源等领域。

⑪ 人体生物特征识别开始有较多实际应用。在人体生物特征识别系统中，目前分布状况是指纹识别系统占 48%、脸形识别系统占 14%、虹膜识别系统占 10%、声音识别系统占 7%、掌纹识别系统占 6%。正在推出的还有掌静脉生物识别，包括手掌静脉识别（Palm Vein）、手背筋脉识别（Back Vein）、手指静脉识别（Finger Vein）。未来，生物识别可能将会是多模态的应用，而不是靠单一技术进行识别。

⑫ 数字化安全防范系统得到较快发展和应用，数字化监控软件与标准将会举足轻重，越来越要求具有开放性和便于系统升级。在标准普及之前，为了能进行各种功能模块的组合，能够适用于分布式的网络结构，以及能接入不同厂家的产品，提出了安防中间件的概念和技术，并倡导软件构件化（Software Component）以从根本上提高软件生产的效率。并采用数字安全监控平台（DSS）及人体动力学监控（Human Dynamics Surveillance，HDS）来提高监控的可靠性和安全性。

⑬ 网络化和智能化也将是安防技术发展的主流，联网和远程监控将得到更广泛的应用。门禁控制系统将演变为联网门禁，传统的 RS485 端口在保证网络安全的前提下将逐步向 TCP/IP 过渡。入侵报警系统也将无线化和联网化。安全防范系统将更紧密地与家居网络相结合，开创新的市场热点。

⑭ 安全防范系统应用到了智能交通领域，将先进的信息技术、传感器技术以及计算机处理技术等有效的综合运用于整个交通运输体系，从而建立起的一种在大范围内、全方位发挥作用的实时、高效的交通综合管理系统。

⑮ 出现了智能化网络视频监控综合业务平台，综合业务平台是以视频监控为主的平台，通过 110、119、120 等之间的整合，实现报警联动、警力调度。从发展的角度看，综合业务平台可以以视频监控为核心，开放接口，整合公安相关业务系统，加强智能分析功能的施展，形成智能化网络视频监控综合业务平台。

⑯ 物联网技术应用到智能安全防范领域。物联网中的物体可以通过嵌入其中的智能感应装置、射频识别（RFID）装置、红外感应器、全球定位系统（GPS）等信息传感设备，

按约定的协议与互联网相连，最终形成物与物、人与物之间的自动化信息交换与处理的智能网络。用户可通过计算机或手机等终端实现对物体的识别、定位、跟踪、监控和管理。

1.4 建筑智能安全防范系统设计中需要解决的问题

1.4.1 安全防范系统现行规范

安全防范系统的作用体现在物防措施能推迟作案的时间，技防措施的作用是能及时发现并迅速将信息传到控制中心，处警人员能迅速赶到现场处理警情，并能有效记录现场情况为破案提供证据。物防措施并不是越坚固越好，而应以处警人员能到达现场的时间为设计依据，技防措施也不是越灵敏越好，而应以减少误报又不漏报为设计依据（误报是报警系统最难解决的问题）。安全防范系统设计应该遵循安全防范系统现行规范。表1-1所示为安全防范国家标准目录，表1-2所示为安全防范行业标准目录。

表1-1　安全防范国家标准目录

序号	标准编号	名　　称
1	GB 10408.1—2000	入侵探测器第1部分：通用要求
2	GB 10408.2—2000	入侵探测器第2部分：室内用超声波多普勒探测器
3	GB 10408.3—2000	入侵探测器第3部分：室内用微波多普勒探测器
4	GB 10408.4—2000	入侵探测器第4部分：主动红外入侵探测器
5	GB 10408.5—2000	入侵探测器第5部分：室内用被动红外探测器
6	GB 10408.6—2009	微波和被动红外复合入侵探测器
7	GB/T 10408.8—2008	振动入侵探测器
8	GB 10408.9—2001	入侵探测器第9部分：室内用被动式玻璃破碎探测器
9	GB 10409—2001	防盗保险柜
10	GB 12662—2008	爆炸物解体器
11	GB 12663—2001	防盗报警控制器通用技术条件
12	GB 12899—2003	手持式金属探测器通用技术规范
13	GB 15207—1994	视频入侵报警器
14	GB 15208.1—2005	微剂量X射线安全检查设备第1部分：通用技术要求
15	GB 15208.2—2006	微剂量X射线安全检查设备第2部分：测试体
16	GB 15209—2006	磁开关入侵探测器
17	GB 15210—2003	通用式金属探测门通用技术规范
18	GB/T 15211—1994	报警系统环境试验
19	GB 15407—2010	遮挡式微波入侵探测器技术要求
20	GB/T 15408—2011	安全防范系统供电技术要求
21	GB/T 16571—1996	文物系统博物馆安全防范工程设计规范
22	GB/T 16676—2010	银行安全防范报警监控联网系统技术要求
23	GB/T 16677—1996	报警图像信号有限传输装置
24	GB 16796—2009	安全防范报警设备安全要求和试验方法

序号	标准编号	名　　称
25	GB 20815—2006	视频安防监控数字录像设备
26	GB 20816—2006	车辆防盗报警系统 乘用车
27	GB 50348—2004	安全防范工程技术规范
28	GB 50394—2007	入侵报警系统工程设计规范
29	GB 50396—2007	出入口控制系统工程设计规范
30	GB/T 21564.1—2008	报警传输系统串行数据接口的信息格式和协议第 1 部分：总则
31	GB/T 21564.2—2008	报警传输系统串行数据接口的信息格式和协议第 2 部分：公用应用层协议
32	GB/T 21564.3—2008	报警传输系统串行数据接口的信息格式和协议第 3 部分：公用数据链路层协议
33	GB/T 21564.4—2008	报警传输系统串行数据接口的信息格式和协议第 4 部分：公用传输层协议
34	GB/T 21564.5—2008	报警传输系统串行数据接口的信息格式和协议第 5 部分：数据接口

表 1-2　安全防范行业标准目录

序号	标准编号	名　　称
1	GA/T 3—1991	便携式防盗安全箱
2	GA 26—1992	军工产品储存库风险等级和安全防护级别的规定
3	GA 27—2002	文物系统博物馆风险等级和安全防护级别的规定
4	GA 28—1992	货币印制企业风险等级和安全防护级别的规定
5	GA 38—2004	银行营业场所风险等级和防护级别的规定
6	GA/T 45—1993	警用摄像机与镜头连接
7	GA 60—1993	便携式炸药检测箱技术条件
8	GA/T 70—2004	安全防范工程费用概预算编制方法
9	GA/T 71—1994	机械钟控定时引爆装置探测器
10	GA/T 72—2005	楼寓对讲系统及电控防盗门通用技术条件
11	GA/T 73—1994	机械防盗锁
12	GA/T 74—2000	安全防范系统通用图形符号
13	GA/T 75—1994	安全防范工程程序与要求
14	GA/T 1472—1996	排爆机器人通用技术条件
15	GA/T 143—1996	金库门通用技术条件
16	GA 164—2005	专用运钞车防护技术条件
17	GA 165—1997	防弹复合玻璃
18	GA 166—2006	防盗保险箱
19	GA/T 269—2001	黑白可视对讲系统
20	GA 308—2001	安全防范系统验收规则
21	GA 366—2001	车辆防盗报警器材安装规范
22	GA/T 367—2001	视频安防监控系统技术要求
23	GA/T 368—2001	入侵报警系统技术要求
24	GA 374—2001	电子防盗锁

序号	标 准 编 号	名　　称
25	GA/T 394—2002	出入口控制系统技术要求
26	GA/T 405—2002	安全技术防范产品分类与代码
27	GA/T 440—2003	车辆反劫防盗联网报警系统中车载防盗报警设备与车载无线通信终接设备之间的接口
28	GA 501—2004	银行用保管箱通用技术条件
29	GA 518—2004	银行营业场所透明防护屏障安装规范
30	GA/T 550—2005	安全技术防范管理信息代码
31	GA/T 551—2005	安全技术防范管理信息基本数据结构
32	GA/T 553—2005	车辆反劫防盗联网报警系统通用技术要求
33	GA 576—2005	防尾随联动互锁安全门通用技术条件
34	GA 586—2005	广播电影电视系统重点单位重要部位的风险等级和安全防护级别
35	GA/T 600.1—2006	报警传输系统的要求　第1部分：系统的一般要求
36	GA/T 600.2—2006	报警传输系统的要求　第2部分：设备的一般要求
37	GA/T 600.3—2006	报警传输系统的要求　第3部分：利用专用报警传输通路的报警传输系统
38	GA/T 600.4—2006	报警传输系统的要求　第4部分：利用公共电话交换网络的数字通信机系统的要求
39	GA/T 600.5—2006	报警传输系统的要求　第5部分：利用公共话音交换网络的话音通信机系统的要求
40	GA/T 644—2006	电子巡查系统技术要求
41	GA/T 645—2006	视频安防监控系统　变速球型摄像机
42	GA/T 646—2006	视频安防监控系统　矩阵切换设备通用技术要求
43	GA/T 647—2006	视频安防监控系统　前端设备控制协议 V1.0
44	GA 667—2006	防爆炸复合玻璃
45	GA/T 670—2006	安全防范系统雷电浪涌防护技术要求
46	GA/T 678—2007	联网型可视对讲系统技术要求
47	GA 701—2007	指纹防盗锁通用技术条件
48	GA 745—2008	银行自助设备　自助银行安全防范的规定
49	GA 746—2008	提款箱
50	GA/T 761—2008	停车场（库）安全管理系统技术要求
51	GA/T 669.1—2008	城市监控报警联网系统技术标准　第1部分：通用技术要求
52	GA/T 669.2—2008	城市监控报警联网系统技术标准　第2部分：安全技术要求
53	GA/T 669.3—2008	城市监控报警联网系统技术标准　第3部分：前端信息采集技术要求
54	GA/T 669.4—2008	城市监控报警联网系统技术标准　第4部分：视音频编、解码技术要求
55	GA/T 669.5—2008	城市监控报警联网系统技术标准　第5部分：信息传输、交换、控制技术要求
56	GA/T 669.6—2008	城市监控报警联网系统技术标准　第6部分：视音频显示、存储、播放技术要求

序号	标　准　编　号	名　　称
57	GA/T 669.7—2008	城市监控报警联网系统技术标准　第 7 部分：管理平台技术要求
58	GA/T 669.9—2008	城市监控报警联网系统技术标准　第 9 部分：卡口信息识别、比对、监测系统技术要求
59	GA/T 792.1—2008	城市监控报警联网系统管理标准　第 1 部分：图像信息采集、接入、使用管理要求
60	GA 793.1—2008	城市监控报警联网系统合格评定　第 1 部分：系统功能性能检验规范
61	GA 793.2—2008	城市监控报警联网系统合格评定　第 2 部分：管理平台软件测试规范
62	GA 793.3—2008	城市监控报警联网系统合格评定　第 3 部分：系统验收规范

1.4.2　安全防范工程的定义

安全防范（系统）工程（engineering of security & protection system，ESPS），是指以维护社会公共安全和预防、制止重大治安事故为目的，综合运用安全防范技术和其他科学技术，为建立具有防入侵、防盗窃、防抢劫、防破坏、防爆炸等功能或其组合而实施的安全防范系统工程，通常又称安全技术防范（系统）工程。在国家标准规范和技术标准中，安全防范工程即指安全技术防范工程。

1.4.3　安全防范的三个基本要素

安全防范有三个基本要素，即探测（Detection）、延迟（Delay）和反应（Response）。首先，要通过各种传感器和多种技术途径（如电视监视和门禁报警等），探测到环境物理参数的变化或传感器自身工作状态的变化，及时发现是否有人强行或非法侵入的行为；然后，通过实体阻挡和物理防范等设施来起到威慑和阻滞的双重作用，尽量推迟风险的发生时间，理想的效果是在此段时间内使入侵不能实际发生或者入侵很快被中止；最后，是在防范系统发出报警后采取必要的行动来制止风险发生，或者制服入侵者、及时处理突发事件、控制事态的发展。

安全防范的三个基本要素中，探测、反应、延迟的时间必须满足公式 $T_{探测} + T_{反应} \leqslant T_{延迟}$ 的要求，必须相互协调。否则，系统所选用的设备无论怎样先进，系统设计的功能无论怎样多，都难以达到预期的防范效果。

1.4.4　安全防范工程设计中应注意的问题

1. 安全防范工程设计应遵从的七项基本原则

安全防范工程的设计原则，是所有安全防范工程设计（包括固定目标和移动目标）应遵从的基本原则。这七项原则的设立，是国内外安全防范工程技术界多年来理论研究和实践经验的高度概括和总结。

① 系统的防护级别与被防护对象的风险等级相适应。

② 技防、物防、人防相结合，探测、延迟、反应相结合。

③ 满足防护的纵深性、均衡性、抗易损性要求。

④ 满足系统的安全性、电磁兼容性要求。

⑤ 满足系统的可靠性、维修性与维护保障性要求。

⑥ 满足系统的先进性、兼容性、可扩展性要求。

⑦ 满足系统的经济性、适用性要求。

2. 安防技术的专业划分界面

安全防范技术一般分为电子防护技术、物理防护技术和生物统计学防护技术三大专业门类。

（1）电子防护技术

电子防护技术（Electric-Electronic Protection）主要是指利用各种电子信息产品、网络产品（包括硬件和软件）组成系统和网络，以防范安全风险。这类防护技术与传感－探测技术、自动控制技术、视频多媒体技术、有线－无线通信技术、计算机网络技术、人工智能与系统集成等科学技术的发展关系极为密切。

（2）物理防护技术

物理防护技术（Physical Protection）通常又称实体防护技术，主要是指利用各类建（构）筑物、实体屏障以及与其配套的各种实物设施、设备和产品（如各种门、窗、柜、锁具等）构成系统，以防范安全风险，这类防范技术与建筑科学技术、材料科学及工艺技术的发展关系极为密切。

（3）生物统计学防护技术

生物统计学防护技术（Biometric Protection）是法庭科学的物证鉴定技术与电子信息科学的模式识别技术相结合的产物，主要是指利用人体的生物学特征（如指纹、掌纹、虹膜、声纹、面象等）进行个体识别，从而防范安全风险的一种综合性应用科学技术。这类防护技术与现代生物科学、生物工程技术、现代信息科学技术以及法庭科学技术的发展关系极为密切。

当然，传统意义上的学科界限、专业界限将会越来越淡化，各种防护技术的交叉、渗透、融合将是未来安全防范技术发展的大趋势。

3. 安全防范技术概念

安全防范技术是一门跨学科、跨专业、多学科、多专业交叉融合的综合性应用科学技术。

它不仅涉及自然科学和工程科学，还涉及社会人文科学。不管是物理防护技术，还是电子防护技术、生物统计学防范技术，在科学技术迅猛发展的今天，他们都会随着科学技术的不断进步而不断更新，几乎所有的高新技术都会或迟早地被移植或应用于安全防范工作中。因此，安全防范工程的设计者要密切关注各个领域科学技术的新发展，不断吸收新理论，采用先进而成熟的技术，完善系统的设计。

4. 设计重视高科技在安全防范工程中的应用

安全防范工程不是传统意义上的建筑（结构）工程，而主要是电子系统（网络）工程，它的设计应该吸收电子信息系统工程、计算机网络工程设计的新成果、新要求，只有这样，才能适应未来高科技发展的趋势，体现安防标准与时俱进的创新精神。安全防范工程应包括安全性设计、电磁兼容性设计、可靠性设计、环境适应性设计、系统集成设计等多方面内容。

同时，安防系统的发展趋势已呈现出明显的 4P 融合倾向，即 Platform（平台）＋Product（产品）＋Provision（服务）＋People（大众）更紧密地结合地一起。

1. 4. 5　安全防范工程设计的基本方法

安全防范系统的设计一般采用"层次设防"的方法:

第一层为"周界防范",如高墙、栅栏等加装电子周界防范报警设施如振动电缆、泄漏电缆、主动红外等报警设备,一旦有人破坏或穿越时能及时发出报警信息。

第二层为"入口控制",如门窗及出入处加装控制设施,使用 IC 卡或生物识别技术控制的电子锁。

第三层为"空间报警",如各种能探测人体移动的探测器有红外、微波、超声等移动报警,也有将以上两种技术组合在一起的双鉴报警器(用以减少误报警)。

第四层为"重点防范",如铁柜、保险库、保险箱加装振动、温度、位移等探测器和 IC 卡或生物识别技术控制的电子锁。

由于安全防范系统的对象是入侵者,其有效性还决定于系统的防破坏能力。任何坚固的设施皆有被破坏的可能,其关键是能及时发现及时补救。因此安全防范系统的自检功能是重要的指标,在重点部位或重要防护目标多安装两种以上探测器,互为补充,作为自检的一种手段。对于信息传输通道多采用巡检方式即定时或不定时对前端设备发巡检信号,或由前端定时向终端发自检信号以确认系统处于正常或故障状态。安全防范系统的控制中心往往是罪犯破坏的重点,因此控制中心的自身防护是非常重要的,除了物防与技术措施之外,重要单位对外通信手段必须是多路的,除有线通信外需加无线通信,而且应有自备卫生间,以防值班人员在去卫生间时遇害。

为了加强对巡逻人员的监督和发现巡逻人员发生意外,安全防范系统中应有巡逻子系统,在必需巡视的重要部位设巡逻设备,巡逻人员需按时到达该部位进行操作,以证明其巡视到位。

误报能降低安全防范系统的有效性,甚至可使安全防范系统失效,在安全防范系统的设计与运行中必须千方百计地减少误报,如采用报警复核方法,在收到前端探测器发出的入侵信号后再监听现场的声音以判断真假,监视现场图像以判断是否有人,这些方法在实际工程设计中都得到了广泛的应用。

本章小结

本章主要讲述了建筑智能安全防范系统内涵、建筑智能安全防范系统的主要构成、建筑智能安全防范技术的最新进展和建筑智能安全防范系统设计中需要解决的问题。需要理解安全防范系统是以维护社会公共安全为目的,运用技防产品和其他相关产品所构成的入侵报警系统、视频安防监控系统、出入口控制系统、防爆安全检查系统等或由这些系统组合或集成的电子系统或网络。掌握建筑智能安全技术防范系统由安全管理系统和若干个相关子系统组成。相关子系统包括入侵报警系统、出入口控制系统、访客对讲系统、闭路电视监视系统、电子巡查系统、停车库车辆管理系统、防爆安全检查系统等。智能安全防范技术正处于快速发展的进程之中,安全防范产业朝着数字化、信息化、网络化和智能化方向发展。通过了解安全防范系统现行规范和安全防范工程的定义,掌握安全防范系统的探测、延迟和反应三个基本要素,掌握安全防范工程设计中应注意的问题和安全防范工程设计的基本方法,以便进一步学习和掌握建筑智能安全防范系统。

习题与思考

1-1 安全防范的本质内容是什么？

1-2 安全防范的三种基本防范手段及相互关系是什么？

1-3 安全防范工程的设计应遵循的原则是什么？

1-4 安全防范系统的设计应考虑哪些因素？

第2章 建筑入侵报警系统

重点提示/学习目标

1. 建筑入侵报警系统构成；
2. 常用入侵探测器原理及应用；
3. 防盗报警控制器的组成及原理；
4. 入侵报警系统的信号传输模式；
5. 建筑入侵报警系统工程设计；
6. 建筑入侵报警系统典型工程应用示例。

2.1 建筑入侵报警系统构成

随着通信技术、传感器技术和计算机技术的日益发展，入侵报警系统作为防入侵、防盗窃、防抢劫、防破坏的有力手段已得到越来越广泛的应用。利用高科技所建立的一套反应迅速、准确高效的报警系统，并与公安接处警部门联网已逐步成为"保护人民、制止犯罪"的有效手段。报警系统的建设不仅是公安部门维护社会安定的需要，也是广大公民的需求。

入侵报警系统（Intruder Alarm System，IAS）是利用传感器技术和电子信息技术探测并指示非法进入或试图非法进入设防区域（包括主观判断面临被劫持或遭抢劫或其他紧急情况时，故意触发紧急报警装置）的行为、处理报警信息、发出报警信息的电子系统或网络。

入侵报警系统通常由前端设备（包括探测器和紧急报警装置）、传输设备、处理/控制/管理设备和显示/记录设备四个部分构成，如图2-1所示，比较复杂的入侵报警系统还包括验证设备。

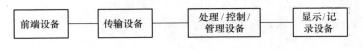

图2-1 入侵报警系统构成

1. 前端设备

前端设备主要包括探测器和紧急报警装置。

（1）探测器

探测器是对入侵或企图入侵行为进行探测做出响应并产生报警状态的装置。为了适应不同场所、不同环境、不同地点的探测要求，在系统的前端，需要探测的现场安装一定数量的各种类型探测器，负责监视保护区域现场的任何入侵活动。用来探测入侵者移动或其他动作的电子或机械部件组成的装置，通常由传感器和信号处理器组成。传感器把压力、振动、声响、电磁场等物理量，转换成易于处理的电量（电压、电流、电阻）。信号处理器把电压或电流进行放大，使其成为一种合适的信号。探测器输出的一般是无源开关信号。

（2）紧急报警装置

紧急报警装置是用于紧急情况下，由人工故意触发报警信号的开关装置。

2. 传输设备

传输设备是将探测器所感应到的入侵信息传送至监控中心。选择传输方式时，应考虑下面三点：

① 必须能快速准确地传输探测信号。

② 应根据警戒区域的分布、传输距离、环境条件、系统性能要求及信息容量来选择。

③ 应优先选用有线传输，特别是专用线传输。当布线有困难时，可用无线传输方式。在线路设计时，布线要尽量隐蔽、防破坏，根据传输路径的远近选择合适的线芯截面来满足系统前端对供电压降和系统容量的要求。

3. 处理/控制/管理设备

处理/控制/管理设备主要包括报警控制主机、控制键盘、接口等设备。报警控制设备是指在入侵报警系统中，实施设防、撤防、测试、判断、传送报警信息，并对探测器的信号进行处理以断定是否应该产生报警状态以及完成某些显示、控制、记录和通信功能的装置。处理/控制/管理设备主要安装于监控中心。

监控中心是负责监视从各种保护区域送来的探测信息，并经终端设备处理后，以声、光形式报警并在报警屏显示、打印。

防盗报警控制器是监控中心的主要设备，它能直接或间接地接收来自现场探测器发出的报警信号，控制器接到报警信号后发出声光报警并能指示入侵发生的部位。

选择控制器时，应能满足以下条件：

① 当入侵者使线路发生开路或短路时，控制器能及时报警，具有防破坏功能。

② 在开机或交接班时，控制器能对系统进行检测，具有自检功能。

③ 具备主电与备电切换系统，当交流电停电后，控制器仍能在备用电源的供电的情况下继续工作。

④ 具有打印记录功能和报警信号外送功能。

⑤ 控制器工作稳定可靠，减少出现误报和漏报的情况。

⑥ 能对声音、图像、录像、灯光等进行自动联动功能。

4. 显示/记录设备

显示/记录设备是用来显示、记录设防区域现场图像的装置、主要包括声光显示装置、报警记录装置等。

5. 验证设备

验证设备及其系统，即声/像验证系统，由于报警器不能做到绝对的不误报，所以往往附加电视监控和声音监听等验证设备，以确切判断现场发生的真实情况，避免警卫人员因误报而疲于奔波。例如，声音复核装置是用于探听入侵者在防范区域内走动、进行盗窃和破坏活动时发出声音的验证装置。

入侵报警系统共分三个层次。最底层是探测和执行设备，它们负责探测人员的非法入侵，有异常情况时发出声光报警，同时向控制器发送信息。控制器负责下层设备的管理，同时向控制中心传送自己所负责区域内的报警情况。一个控制器和一些探测器、声光报警设备等就可以组成一个简单的报警系统，如图2-2所示。

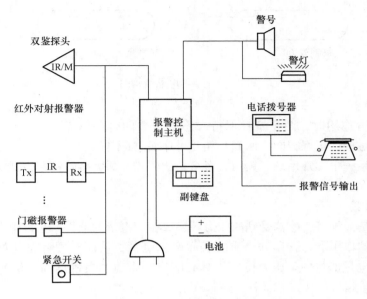

图 2-2　入侵报警系统示意图

2.2　常用入侵探测器原理及应用

2.2.1　传感器基本原理

入侵报警探测器一般是由传感器、放大器和转换输出电路组成，其中传感器是核心器件。下面简要介绍入侵报警探测器中传感器的基本原理。

传感器是一种将物理量转换成电量的器件。它的作用是将被测的物理量（如温度、压力、位移、振动、光和声音等）转换成容易识别、检测和处理的电量（如电压、电流和阻抗等）。传感器的输出往往是随被测物理量的大小变化而变化的一种连续变化的电量，需要经放大、转换处理后输出一种便于防盗报警控制器识别的状态信号。有的传感器输出就只有"通"和"断"两种状态信号，以下讨论几种入侵探测器常用的传感器。

1. 开关型传感器

开关型传感器是一种常用的简单、可靠、廉价的传感器。

（1）微动开关、按键开关型传感器

此类传感器是在压力的作用下改变其"通"和"断"状态。在入侵报警系统中，常用此类元件作为"紧急呼救"或者"呼叫服务"的紧急手动按键和紧急脚挑开关的主要元件。

（2）干簧继电器

干簧继电器是利用磁场力的作用改变"通"和"断"的状态。其结构如图 2-3 所示。

干簧继电器有"常开干簧继电器"和"常闭干簧继电器"两种类型。

常开干簧继电器的两个簧片密封固定在玻璃管内，无外磁场力的作用，两个簧片保持常态处于"断开"状态；在外增磁场力的作用下，其自由端产生的磁极性正好相反，两簧片相互吸引而"接通"。

常闭干簧继电器的工作原理同常开干簧继电器正好相反，它的两个簧片密封固定在玻璃

图2-3 干簧继电器结构图

（a）常开干簧继电器；（b）常闭干簧继电器

管内，无外磁场力作用时，两个簧片保持常态处于"闭合"状态；当有外磁场力作用时，其自由端产生的磁极性正好相同，两簧片相互排斥而"断开"。

在入侵报警系统中，常用来封锁门或者窗户的门磁开关大多数都是以此类元件为主加工而成。

2．压力传感器

压力传感器是一种将传感器受到的压力转换成相应电量的器件。它以电介质的压电效应为基础，在外力的作用下，就在电介质的表面产生电荷，从而实现将力（如力、压力、加速度等）转换成电量的目的。压力传感器具有响应频带宽、灵敏度高、信噪比大、结构简单、工作可靠、重量轻等优点，而被广泛应用。

某些电介质材料，当其某个方向受外力作用时，其内部就会发生极化现象，受力的两个表面就会产生正负极性相反的电荷，其电荷量的大小随外力大小的变化而变化，当外力撤销时，又重新恢复到不带电状态，这种现象称之为压电效应。图2-4所示为压电效应原理示意图。

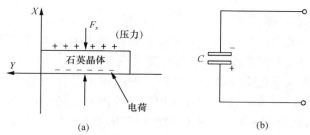

图2-4 压电效应原理示意图

（a）晶体受压产生电荷；（b）晶体受压产生电荷的等效电路

（1）压电陶瓷压力传感器

压电陶瓷属于铁电体一类的物质，是人工合成的多晶压电材料，它具有无规则排列的"电畴"，原本无压电性。它在一定的温度下，对其施加一定的极化电场，"电畴"的极化方向发生转移，趋向于外电场的方向排列，经极化处理后的压电陶瓷就具有压电效应。常用的压电陶瓷材料有钛酸钡、锆钛酸铅等。利用这些材料的压电效应制造出压电陶瓷压力传感器。另外还有一些近期研究开发成功的有机压电效应，还具有一定的柔性、不易破碎等特点。

（2）半导体压力传感器

某些半导体晶体传感器受到外力的作用时，其晶体就处于扭曲状态，其载流子和迁移率就发生变化，导致半导体晶体材料的阻抗发生变化，这种现象称之为压电电阻效应。

压电半导体 ZnO、CdS，它们是在非压电基片上采用真空蒸发或者溅射方法形成很薄的膜而构成半导体压电材料。目前研制成功的有 PI-MOS 力敏器件，它是将 ZnO 膜制作在 MOS 晶体管栅极上，当外力作用在 ZnO 薄膜上，由于其压电效应产生的电荷施加在 MOS 晶体管栅极上，从而改变其漏极电流，这就能将力转变成电信号。

3. 声音传感器

声音传感器就是将说话、步行、玻璃破碎等产生的声音转换成电量的装置。

声波频率在 20 ~ 20000Hz 的范围内，人耳能够听到的被称为可闻声波；频率低于 20Hz 人耳听不到的称之为次声波；频率高于 20000Hz 人耳听不到的称之为超声波。

（1）驻极体声音传感器

驻极体是通过对绝缘薄膜两侧充电，并使其上电荷长久保留，形成一种永久性带电的介电材料即驻极体膜，把一片驻极薄膜紧贴在一块金属板上，另一片驻极薄膜与其相对安装，中间相距 10μm 留做空气隙，便构成一个驻极体传感器，它能将声音信号转换成电信号。

两片相对而立的驻极体膜形成了一个电容，根据静电感应原理，与驻极体相对应的金属板将感应出大小相等、极性相反的电荷，便形成静电场。在声波的作用下，驻极体上的薄膜会产生一定的位移，其位移仅与其施加的声波的声强成正比，因此驻极体声传感器输出的电压与声强有关，而与声波的频率无关。驻极体传感器在声频范围内的灵敏度是恒定的，这是其极大的优点。

（2）磁电式声音传感器

磁电式声音传感器是由一个恒定的磁场和能在该磁场中做轴向垂直运动的线圈组成。线圈安装在一个振动膜上，在声波的作用下振动膜运动并带动线圈在固定的磁场中做切割磁力线的运动，根据物理学中发电机的原理，在线圈两端产生感应电动势：

$$E = BLV \tag{2-1}$$

式中　E——感应电动势；

　　　B——磁场感应强度；

　　　L——线圈的长度；

　　　V——线圈的运动速度。

从式（2-1）中可以看出，线圈的感应电动势与线圈的运动速度成正比，而线圈的运动速度与声强的大小有关，所以线圈的感应电动势与声强有关。磁电式声传感器就可将声音转换成电信号。

4. 光电传感器

波长在 0.4 ~ 0.76μm 间的光，人眼可以看到，称之为可见光，而波长在 0.4 ~ 0.76μm 范围以外的光，是人眼看不见的不可见光。光电传感器是将可见光转换为电量的一种器件。

最常用的光电传感器是光敏二极管。光敏二极管是一种具有单向导电性的 P-N 结型光电器件，其外形与普通二极管相似，只是它的管壳上嵌有一个透明窗口，以便可见光射入，为了增大受光面积，其 P-N 结面积制作得较大。应用时，使光敏二极管工作在反向偏置状态，并与负载电阻串联，无光照时，光敏二极管处在截止状态，这时只有少数载流子在反向偏置作用下流经 P-N 结，形成极其微弱的反向电流即暗电流（μA 级）；有光照时 P-N 结的半导体材料中的少数载流子被激发，产生光电载流子，在外电压的作用下，光电载流子参与导电，形成比暗电流大得多，并与光照强度成正比的光电流，光电流流经负载电阻，在其两端就形成了一个电信号。

另一种常用的光电传感器是光电敏三极管。光电敏三极管一般只将其发射极和集电极引出，为了让可见光能够射入，其管壳上开有一窗口。应用时将集电结反向偏置，发射结正向偏置，无光照时管子流过的暗电流 $I_{ceo} = (1+\beta)I_{cbo}$（很小）；当有光照时，入射可见光被基极吸收，激发大量的电子和空穴对形成光电流载流子，使其基极电流 I_b 增大，流经管子的称之为光电流，集电极电流 $I_c = (1+\beta)I_b$，可见光电三极管比光电二极管具有更高的灵敏度。

除此之外，常用的光电传感器还有光敏电阻、光电池等，其原理在此不再详述。

5. 热释电红外传感器

热释电红外传感器是 20 世纪 80 年代发展起来的一种新型传感器，是一种将热量的变化转换为电量变化的热能转换器件。

热释电红外传感器是由具有自极化效应的电介质材料，平时捕获空间的浮游电荷而保持表面的电荷平衡。当受到变化的红外线辐射时，电介质材料的温度随之发生变化，介质内部的变化状态也随之改变，由于其内部的变化速度远远大于表面电荷的变化速度，内外层的电荷必然出现"失衡"现象，在表面电荷重新达到新的平衡状态的过程中，将产生自由电荷，这就是具有自极化效应的电介质材料的热释电效应。利用这一原理，便可检测到移动物体引起的红外线辐射的变化。

常用的人体热红外传感器是由锆钛酸铅、钽酸锂等热释电材料配合窗口滤光片构成。几种热释电红外传感器的主要参数见表 2-1。

表 2-1　几种热释电红外传感器的主要参数

型号	P228	LS-064	LN084	单 位	测试条件
探测类型	双向	双向	双向		
封 装	TO-5	TO-5	TO-5		
元件尺寸	2×1	2×1	2×1	mm×mm	
间 隔	1	1	1	mm	
灵敏度			8000	mV_{pp}	500K、1Hz、30cm、75dB、AmP
噪声系数	80	80	80	mV_{pp}	1Hz、1Hz、27℃、75dB
敏感度	6500	3300	3900	V/W	500K、1Hz、1Hz
噪声等效功率	$1×10^{-9}$	$9.6×10^{-10}$	$1.2×10^{-9}$	W	500K、1Hz、1Hz
D 功率	$1.5×10^{-8}$	$1.5×10^{-10}$	$1.1×10^{-8}$	W	
信噪比			40	dB	
工作电压	3~5	2.2~15	2~15	V	
工作电流			13	μA	
偏离电压	0.4	0.7	0.6	V	
工作温度	-40~+60	-30~+70	-30~+70	℃	
储存温度	-55~+125	-40~+80	-40~+80	℃	
元件匹配			<10	%	1Hz
光响应	7~15		7~14	μm	5.0μm 截止

2.2.2　常用入侵探测器种类、特性及应用

防盗报警探测器的种类很多，按所探测的物理量的不同可分为微波、红外、激光、超声波和振动等方式；按信号传输方式不同，又可分为无线传输和有线传输两种方式。以下将介绍安全防范系统中常用的几种探测器及其特性和应用场合。

1. 开关报警探测器

开关报警探测器是一种电子装置，它可以把防范现场传感器的位置或工作状态的变化转换为控制电路通断的变化，并以此来触发报警电路。由于这类报警器的传感器的工作状态类似于电路开关，故称为"开关报警器"，它属于点控型报警器。

开关报警器常用的传感器有磁控开关、微动开关和易断金属条等。当它们被触发时，传感器就输出信号使控制电路通或断，引起报警装置发出声、光报警。

（1）磁控开关

磁控开关由带金属触点的两个簧片封装在充有惰性气体的玻璃管（称为干簧管）和一块磁铁组成，如图 2-5 所示。

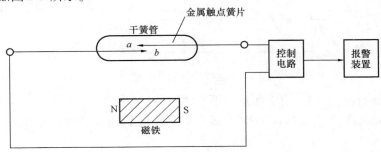

图 2-5　磁控开关报警示意图

当磁铁靠近干簧管时，管中带金属触点两个簧片，在磁场作用下被吸合，a、b 接通；磁铁远离干簧管达一定距离时干簧管附近磁场消失或减弱，簧片自身靠弹性作用恢复到原位置，a、b 断开。

使用时，一般是把磁铁安装在被防范物体（如门、窗等）的活动部位（门扇、窗扇），如图 2-6 所示，干簧管装在固定部位（如门框、窗框）。磁铁与干簧管的位置需保持适当距离，以保证门、窗关闭磁铁与干簧管接近时，在磁场作用下，干簧管触点闭合，形成通路。

当门、窗打开时，磁铁与干簧管远离，干簧管附近磁场消失其触点断开，控制器产生断路报警信号。图 2-7 表示磁控开关在门、窗的安装情况。

磁控开关也可以多个串联使用，把它们安装在多处门、窗上，无论任何一处门、窗被入侵者打开，控制电路均可发出报警信号。这种方法可以扩大防范范围，如图 2-8 所示。

磁控开关由于结构简单、价格低廉、

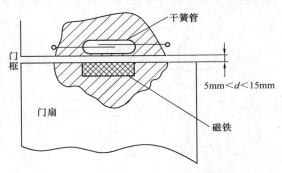

图 2-6　磁控开关安装示意图

抗腐蚀性好、触点寿命长、体积小、动作快、吸合功率小，因此在实际应用中经常采用。

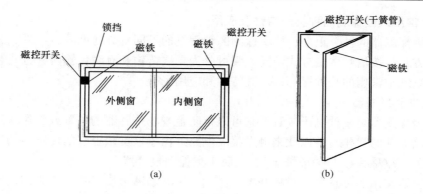

图 2-7　安装在门窗上的磁控开关

（a）拉窗；（b）门

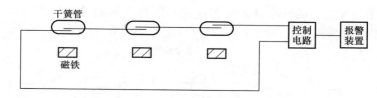

图 2-8　磁控开关的串联使用

安装、使用磁控开关时，也应注意如下一些问题：

① 干簧管应装在被防范物体的固定部分。安装应稳固，避免受猛烈振动，使干簧管碎裂。

② 磁控开关不适用于有磁性金属门窗，因为磁性金属易使磁场削弱。此时，可选用微动开关或其他类型开关器件代替磁控开关。

③ 报警控制部门的布线图应尽量保密，连线接点要接触可靠。

（2）微动开关

微动开关是一种依靠外部机械力的推动，实现电路通断的电路开关，如图 2-9 所示。

外力通过传动元件（如按钮）作用于动作簧片上，使其产生瞬时动作，簧片末端的动触点 a 与静触点 b、c 快速接通（a 与 b）和切断（a 与 c）。外力移去后，动作簧片在压簧作用下，迅速弹回原位，电路又恢复 a、c 接通，a、b 切断状态。

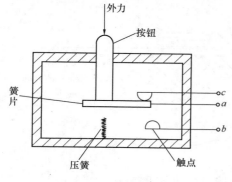

微动开关具有抗振性能好，触点通过电流大，型号规格齐全，可在金属物体上使用等特点，但是耐腐蚀性、动作灵敏度方面不如磁控开关。

在现场使用微动开关做开关报警器的传感器时，需要将它固定在一个物体上（如展览台），将被监控保护的物品（如贵重的展品）放置微动开关之上。展品的重力将其按钮压下，一旦展品被意外移动、抬起时，按钮弹出，控制电路发生通断变化，引起报警装置发出声光报警。微动开关也适于安装在门窗上。

图 2-9　微动开关示意图

（3）易断金属导线

易断金属导线是一种用导电性能好的金属材料制作的机械强度不高、容易断裂的导线。用它作为开关报警器的传感器时，可将其捆绕在门、窗把手或被保护的物体之上，当门窗被强行打开，或物体被意外移动搬走时，金属线断裂，控制电路发生通断变化，产生报警信号。目前，我国使用线径在 0.1 ~ 0.5mm 之间的漆包线作为易断金属导线。国外采用一种金属胶带，可以像胶布一样粘贴在玻璃上并与控制电路连接。当玻璃破碎时，金属胶带断裂而报警。但是，建筑物窗户太多或玻璃面积太大，则金属胶带不太适用。易断金属导线具有结构简单、价格低廉的优点，缺点是不便于伪装，漆包线的绝缘层易磨损而出现短路现象，从而使报警系统失效。

（4）压力垫

压力垫也可以作为开关报警器的一种传感器。压力垫通常放在防范区域的地毯下面，如图 2-10 所示，将两条长条形金属带平行相对应地分别固定在地毯背面和地板之间，两条金属带之间有几个位置使用绝缘材料支撑，使两条金属带互不接触。此时，相当于传感器断开。当入侵者进入防范区，踩踏地毯，地毯相应部位受重力而凹陷，使地毯下没有绝缘物支撑部位的两条金属带接触。此时相当于传感器开关闭合，发出报警信号。

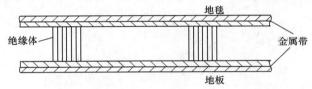

图 2-10　压力垫使用情况示意图

2. 声控报警探测器

声控报警探测器用传声器做传感器（声控头），用来探测入侵者在防范区域内走动或作案活动发出的声响（如启闭门窗、拆卸搬运物品、撬锁时的声响），并将此声响转换为报警电信号经传输线送入报警控制器。此类报警电信号既可送入监听电路转换为音响，供值班人员对防范区直接监听或录音，同时也可以送入报警电路，在现场声响强度达到一定电平时启动报警装置发出声光报警，如图 2-11 所示。

图 2-11　声控报警器示意图

这种探测报警系统结构比较简单，仅需在警戒现场适当位置安装一些声控头，将音响通过音频放大器送到报警主控器即可，因而成本低廉，安装简便，适合用在环境噪声较小的银行、商店仓库、档案室、机要室、监房、博物馆等场合。

声控报警器通常与其他类型的报警装置配合使用，作为报警复核装置，可以大大降低误报及漏报率。因为任何类型报警器都存在误报或漏报现象，若有声控报警器配合使用，在报警器报警的同时，值班员可监听防范现场有无相应的声响，若听不到异常的声响时，可以认为是报警器出现误报。而当报警器虽未报警但是由声控报警器听到防范现场有撬门、砸锁、玻璃破碎的异常声响时，可以认为现场已被入侵而报警器产生漏报，可及时采取相应措施，鉴于此类报警器有以上优点，故在规划警戒系统时，可优先考虑这种报警器材。

3. 微波报警探测器

微波报警器（微波探测器）是利用微波能量的辐射及探测技术构成的报警器，按工作原理的不同又可分为微波移动报警器和微波阻挡报警器两种。

（1）微波移动报警器（多普勒式微波报警器）

它是利用频率为 $300 \sim 3000000\text{MHz}$（通常为 10000MHz）的电磁波对运动目标产生的多普勒效应构成的微波报警装置，它又称为多普勒式微波报警器。

多普勒效应是指在辐射源（微波探头）与探测目标之间有相对运动时，接收的回波信号频率会发生变化。如图 2-12 所示，设微波探头发射信号为 U_t：

$$U_t = U_m \sin(\omega_0 t + \varphi_t) \tag{2-2}$$

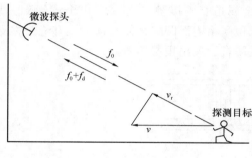

图 2-12　多普勒效应

式中，ω_0 为探头发射信号的角频率，$\omega_0 = 2\pi f_0$，φ_t 为发射信号的初始相位。那么，当探头与目标间有相对运动时，经目标反射后探头接收到的回波信号 U_r 为

$$U_r = U_m \sin[\omega_0(t - t_r) + \varphi_t] = U_m \sin\varphi \tag{2-3}$$

式中　t_r 为电磁波往返于探头与目标之间所需的时间，即有

$$t_r = \frac{2R(t)}{c} \tag{2-4}$$

式中，c 为电磁波的传播速度（即光速），$R(t)$ 为探头与目标之间的距离，是时间的函数，且有

$$R(t) = R_0 - v_r \cdot t \tag{2-5}$$

式中，R_0 为探头与目标间的初始距离，v_r 为目标与探头相对运动的径向速度。因此，回波信号的角频率为

$$\omega = \frac{\mathrm{d}\varphi}{\mathrm{d}t} = \frac{\mathrm{d}}{\mathrm{d}t}[\omega_0(t - t_r) + \varphi_t]$$

$$= \omega_0\left(1 + \frac{2v_r}{c}\right)$$

也可写成

$$f = f_0\left(1 + \frac{2v_r}{c}\right) = f_0 + f_d$$

$$f_d = \frac{2v_r}{c} \cdot f_0 \tag{2-6}$$

由此可见，由于目标以 v_r 的径向速度向探头运动，使接收的信号频率不再是 f_0 而是 $f_0 + f_d$，此现象就称为多普勒效应，而附加频率 f_d 称为多普勒频率。如果目标以 v_r 径向速度背向探头运动，则所接收的信号频率 f_0 低一个多普勒频率，即 $f_0 - f_d$。

由于 $c >> v_r$ ，故多普勒频率较小，例如微波探头发射频率 $f_0 = 10000\text{MHz}$ ，目标对探头的径向速度 $v_r = 1\text{m/s}$ ，则

$$f_d = \frac{2v_r}{c} \cdot f_0 = 66\text{Hz}$$

利用多普勒效应探测运动物体的微波移动报警器一般由探头和控制两部分组成，其探头方框如图 2-13 所示。

探头安装在警戒区域，控制器设在值班室。控头中的微波振荡源产生固定频率 f_0 的连续发射信号，其小部分送到混频器，大部分能量通过天线向警戒空间辐射。当遇到运动目标时，由于多普勒效应，反射波频率变为 $f_0 \pm f_d$ ，通过接收天线送入混频器产生差频信号 f_d ，经放大处理后再传输至控制器。此差频信号也称为报警信号，它触发控制电路报警或显示。这种报警器对静止目标不产生多普勒效应（ $f_d = 0$ ），没有报警信号输出。它一般用于监控室内目标。

（2）微波阻挡报警器

这种报警器由微波发射机、微波接收机和信号处理器组成，使用时将发射天线和接收天线相对放置在监控场地的两端，发射天线发射微波束直接送达接收天线。当没有运动遮断微波波束时，微波能量被接收天线接收，发出正常工作信号；当有

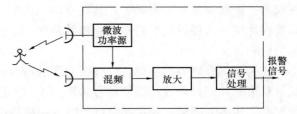

图 2-13　微波移动报警器探头方框图

运动目标阻挡微波束时，接收天线接收到的微波能量减弱或消失，此时产生报警信号。

微波报警还有如下特点：利用金属物体对微波有良好反射特性，可采用金属板反射微波的方法，扩大报警器的警戒范围；利用微波对介质（如较薄的木材、玻璃钢、墙壁等）有一定的穿透能力，可以把微波探测器安装在木柜或墙壁里，以利于伪装；微波报警器灵敏度很高，故安装微波探测器尽量不要对着门、窗，以避免室外活动物体引起误报警。

4. 超声波报警探测器

超声波报警器的工作方式与上述微波报警器类似，只是使用的不是微波而是超声波。因此，多普勒式超声波报警器也是利用多普勒效应，超声发射器发射 $25 \sim 40\text{kHz}$ 的超声波充满室内空间，超声接收机接收从墙壁、天花板、地板及室内其他物体反射回来的超声能量，并不断与发射波的频率加以比较。当室内没有移动物体时，反射波与发射波的频率相同，不报警；当入侵者在控测区内移动时，超声反射波会产生大约 $\pm 100\text{Hz}$ 多普勒频率，接收机检测出发射波与反射波之间的频率差异后，即发出报警信号。

超声波报警器在密封性较好的房间（不能有过多的门窗）效果好，成本较低，而且没有探测死角，即不受物体遮蔽等影响而产生死角。但容易受风和空气流动的影响，因此安装超声收发器时不要靠近排风扇和暖气设备，也不要对着玻璃和门窗。

5. 红外线报警探测器

红外线报警探测器是利用红外线的辐射和接收技术构成的报警装置。根据其工作原理又可分为主动式和被动式两种类型。

（1）主动式红外报警探测器

主动式红外报警探测器是由收、发装置两部分组成，如图 2-14 所示。发射装置向装在

几米甚至几百米远的接收装置辐射一束红外线，当被遮断时，接收装置即发出报警信号，因此它也是阻挡式报警器，或称对射式报警器。

通常发射装置由多谐振荡器、波形变换电路、红外发光管及光学透镜等组成。振荡器产生脉冲信号，经波形变换及放大后控制红外发光管产生红外脉冲光线，通过聚焦透镜将红外光变为较细的红外光束，射向接收端。接收装置由光学透镜、红外光电管、放大整形电路、功率驱动器及执行机构等组成。光电管将接收到的红外光信号转变为电信号，经过整形放大后推动执行机构启动报警设备。

图 2-14　主动式红外报警器组成

主动式红外报警探测器有较远的传输距离，因红外线属于非可见光源，入侵者难以发觉与躲避，防御界线非常明确。尤其在室内应用时，简单可靠，应用广泛，但因暴露于外面，易被损坏或被入侵者故意移位或逃避等；因此，在室外应用时则应考虑雾、雨、雪等天气因素的影响。

作为示例介绍一些主动式红外报警器的特性和性能，如表 2-2 和表 2-3 所示。其特点是发射双束脉冲式红外线；即使信号损失 99% 仍可正常工作；具有校准显示状态功能，使安装校准工作大为减轻；还可调节红外线束切断周期；此外还具有防破坏保护和室外防雾外壳设计等。

表 2-2　室内外两用主动式红外报警器

型号	AX100S	AX100SR	AX70T	AX130T	AX250T	AX500T
最远射程	120m		210m	400m	750m	1500m
工作射程	室内 30m		室内 50m 室外 21m	室内 100m 室外 40m	室内 250m 室外 75m	室内 450m 室外 150m
射束特点	9500A 调辐脉冲红外线		8800A 调辐脉冲红外线		同左	
切断周期	50ms		50～500ms（可调）		35～500ms（可调）	
输入电压	8～18V 直流		10～30V 直流		10～30V 直流或 8～22V 交流	
最大工作电流	52mA		35mA	39mA	40mA	50mA
警报周期	2s（±1）		同左		同左	
警报输出	常闭，28V 直流，最大 0.2A		同左		同左	
防破坏开关	常闭，外壳打开时开路		同左		同左	
工作温度	－20～50℃		－20～55℃		－35～55℃	
校准角度	水平 ±90°	水平 ±15°	垂直 ±5°，水平 ±90°		垂直 ±5°，水平 ±90°	
尺寸（mm）	120×70×50	114×70×39	167×67×66.5		292×100×93	
重量（g）	240	160	690		1330	

表 2-3　户外主动式红外报警器

型号	AX-250MKⅡ	AX-500Ⅱ	AX-200SOL
最远射程	750m	1500m	600m
工作射程	75m	150m	60m
射束特点	9400Å 四路脉冲红外线	9400Å 四路脉冲红外线	9400Å 四路脉冲红外线
切断周期	50~500ms（可调）		
输入电压	12V 直流（8~15V 直流）	10~30V 直流	12V 直流（8~15V 直流）
工作电流	发射接收器各 6mA　校准时，各 110mA	发射接收器各 70mA　校准时，各 120mA	发射接收器各 6mA　校准时，各 110mA
警报周期	2s（±1）		
警报输出	C 型继电器 28V 直流，最大 0.2A		
防破坏开关	常闭，外壳打开时开路		
工作温度	-10~40℃	-35~55℃	-10~40℃
校准角度	垂直 ±10°，水平 ±90°		
尺寸（mm）	400×100×102		
重　量	2900g		

（2）主动式红外报警器的布置

主动式红外报警器是点、线型探测装置，为了在更大范围有效地防范，也可利用多机采取光墙或光网安装方式组成警戒封锁区或警戒封锁网，及至组成立体警戒区。图 2-15 表示几种布置示例。

① 单光路由一只发射器和一只接收器组成，如图 2-15（a）所示。

② 双光路由两对发射器和接收器组成，如图 2-15（b）所示。图中两对收、发装置分别相对是为了消除交叉误射。不过，有的厂家产品通过选择振荡频率的方法来消除交叉误射，这时两只发射器可放在同一侧，两只接收器放在另一侧。

③ 多光路构成警戒面，如图 2-15（c）所示。

④ 反射单光路构成警戒区，如图 2-15（d）所示。

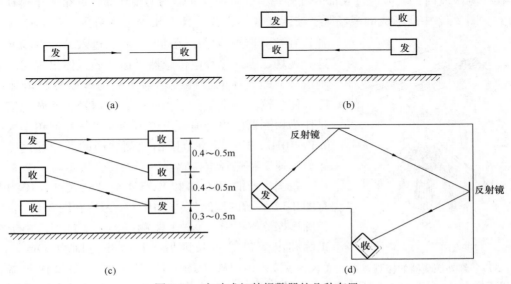

图 2-15　主动式红外报警器的几种布置

（3）被动式红外报警器

被动式红外报警器不向空间辐射能量，而是依靠接收人发出的红外辐射来进行报警的。我们知道，任何有温度的物体都在不断向外界辐射红外线，人体的表面温度为36℃，其大部分辐射能量集中在 8 ~ 12μm 的波长范围内，图2-16所示为几种被动红外探测器的外形图。

图2-16　被动红外线探测器

被动式红外报警器在结构上可分为红外探测器（红外探头）和报警控制部分。红外探测器目前用得最多的是热释电探测器，作为人体红外辐射转变为电量的传感器。如果把人的红外辐射直接照射在探测器上，当然也会引起温度变化而输出信号，但这样做，探测距离是不会远的。为了加长探测距离，必须附加光学系统来收集红外辐射，通常采用塑料镀金属的光学反射系统，或塑料做的菲涅耳透镜作为红外辐射的聚焦系统。由于塑料透镜是压铸出来的，故成本显著降低，从而在价格上可与其他类型报警器相竞争。

为了消除红外干扰，在探测器前装有波长为 8 ~ 14μm 的滤光片。为了更好地发挥光学视场的探测效果，目前光学系统的视场探测模式常设计成多种方式，例如有多线明暗间距探测模式，又可划分上、中、下三个层次，即所谓广角型；也有呈狭长型（长廊型），如图2-17所示。

在探测区域内，人体透过衣饰的红外辐射能量被探测器的透镜接收，并聚焦于热释电传感器上。图2-17中所形成的视场既不连续，也不交叠，且都相隔一个盲区。当人体（入侵者）在这一监视范围中运动时，顺次进入某一视场又走出这一视场，因此热释电传感器对运动的人体出现间断的感测信号，即人体的红外线辐射不断地改变热释电体的温度，使它输出一个又一个相应的脉冲信号，此脉冲信号就是作为探测器的报警信号。传感器输出信号的频率大约为 0.1 ~ 10Hz，这一频率范围由探测器中的菲涅耳透镜、人体运动速度和热释电传感器本身的特性决定。

我国生产的 IR71M 和 IR73M 型被动式红外探测器具有图2-17所示的探测模式。IR71M 为具有图2-17（a）的长廊型探测器，有 4×2 个监测区，上下排列，用于探测走廊和出入口等狭长区域，其探测范围为 50m×2.2m （长×宽）；IR73M 为图2-17（b）的广角型探测器，有 11×2 个监测区，分布在三层中，用于探测各种类型的房

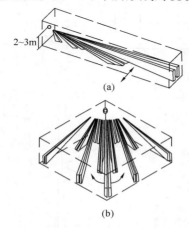

2~3m

(a)

θ

(b)

图2-17　红外探测器的探测模式
(a) IR71M（4×2）；(b) IR73M（11×2）

间，其探测范围为 16m×11.5m。这两种探测器的技术指标如下：

工作电压：10~18V 直流，静态耗电为 18mA；

最大耗电：（无报警灯亮）25~50mA；

光学（反射镜）调整范围：左 15°，上下 25°；

报警输出：继电器触点容量为 30V（DC）/0.1A；

晶体管输出（集电极开路）报警时低电平；

报警持续时间：2~4s；

LED 报警指示/步行测试灯：可以编程和遥控；

测试输出（当干扰为报警阈值的 40% 时）：约 5V；

控制输入：低电平 ≤1.75V，高电平 ≥5.5V，上升时间 ≥0.5V/ms；

工作温度：-10~50℃，湿度为 DIN-F 级（<95%）；

最大射频干扰：1V/m，1000MHz；

抗空气干扰：离 1kW 热源至少 1.5m。

这两种被动式红外探测器的工作原理是：探测器采集在监测范围内所有辐射及反射的红外能量，并把它们作为参照，只要这一参照保持不变，探测器的报警断电器保持（即不报警）。探测器的多段反射镜把警戒区划分为几个红外敏感区，而在多段反射镜的焦点上放置一块热释电传感器，只要有入侵者进入或离开其中一个敏感区，热释电传感器就会探测到红外能量的瞬间变化并产生电信号，经过一系列电子线路的处理使继电器动作，触发报警。

（4）被动式红外探测器的布置

被动式红外探测器根据视场探测模式，可直接安装在墙上、天花板上或墙角，其布置和安装的原则如下：

① 探测器对横向切割（即垂直于）探测区方向的人体运动最敏感，故布置时应尽量利用这个特性达到最佳效果。如图 2-18 中 A 点布置的效果好；B 点正对大门，其效果差。

② 布置时要注意探测器的探测范围和水平视角。如图 2-19 所示，可以安装在顶棚上（也是横向切割方式），也可以安装在墙面或墙角，但要注意探测器的窗口（菲涅耳透镜）与警戒的相对角度，防止"死角"。

图 2-20 是全方位（360°视场）被动红外探测器安装在室内顶棚上的部位及其配管装法。

③ 探测器不要对准加热器、空调出风口管道。警戒区内最好不要有空调或热源，如果无法避免热源，则应与热源保持至少 1.5m 以上的间隔距离。

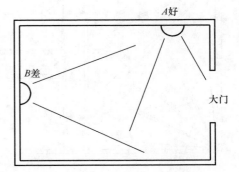

图 2-18　被动式红外探测器的布置之一

④ 探测器不要对准强光源和受阳光直射的门窗。

⑤ 警戒区内注意不要有高大的遮挡物遮挡和电风扇叶片的干扰，也不要安装在强电处。

⑥ 选择安装墙面或墙角时，安装高度在 2~4m，通常为 2~2.5m。

图 2-21 给出了一个安装实例。如图 2-21 所示，在房间的两个墙角分别安装探测器 A

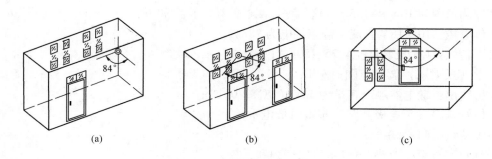

图 2-19　被动式红外探测器的布置之二
（a）安装在墙角可监视窗户；（b）安装在墙面监视门窗；（c）安装在房顶监视门

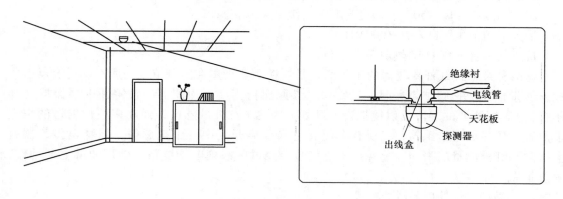

图 2-20　被动式红外探测器的安装

和 B,探测器 C 安装在走廊里用来监视两个无窗的储藏室和主通道（入口）。图中箭头所指方向为入侵者可能闯入的走向。

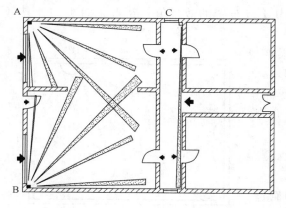

图 2-21　被动式红外探测器安装实例

被动式红外报警器在安防报警探测器中（超声、微波、红外）是发展较晚的一种，之所以具有较强的生命力，有着后来居上的发展趋势，主要是因为它具有若干独到的优点。

① 由于它是被动式的，不主动发射红外线，因此它的功耗非常小，有的只有数十毫安，有的只有几毫安，所以在一些要求低功耗的场合尤为适用。

② 由于是被动式，也就没有发射机与接收机之间严格校直的麻烦。

③ 与微波报警器相比，红外波长不能穿越砖头水泥等一般建筑物，在室内使用时不必担心由于室外的运动目标会造成误报。

④ 在较大面积的室内安装多个被动红外报警器时，因为它是被动的，所以不会产生系统互扰的问题。

⑤ 它的工作不受噪声与声音的影响，声音不会使它产生误报。

6. 双技术防盗报警器

各种报警器都有其优点，但也各有其不足之处，表2-4列出超声波、红外、微波三种单技术报警器因环境干扰及其他因素引起误报警的情况。为了减少报警器的误报问题，人们提出互补双技术方法，即把两种不同探测原理的探测器结合起来，组成所谓双技术的组合报警，又称双鉴报警器。

表2-4　环境干扰及其他因素引起假报警的情况

环境干扰及其他因素	超声波报警器	被动式红外报警器	微波报警器	微波/被动红外双技术报警器
振动	平衡调整后无问题否则有问题	极少有问题	可能成为主要问题	没有问题
湿度变化	若干	无	无	无
温度变化	少许	有问题	无	无（被动红外已温度补偿）
大件金属物体的反射	极少	无	可能成为主要问题	无
门窗的抖动	需仔细放置、安装	极少	可能成为主要问题	无
帘幕或地毯	若干	无	无	无
小动物	接近时有问题	接近时有问题	接近时有问题	一般无问题
薄墙或玻璃外的移动物体	无	无	需仔细放置	无
通风、空气流动	需仔细放置	温度差较大的热对流有问题	无	无
窗外射入的阳光及移动光源	无	需仔细放置	无	无
超声波噪声	铃嘘声、听不见的噪声可能有问题	无	无	无
火炉	有问题	需仔细放置、设法避开	无	无
开动的机械、风扇、叶片等	需仔细放置	极少（不能正对）	安装时要避开	无
无线电波干扰、交流瞬态过程	严重时有问题	严重时有问题	严重时有问题	可能有问题
雷达干扰	极少有问题	极少有问题	探测器接近雷达时有问题	无

双技术的组合不能是任意的，必须符合以下条件：

① 组合中的两个探头（探测器）有不同的误报机理，而两个探头对目标的探测灵敏度又必须相同。

② 上述原则不能满足时，应选择对警戒环境产生误报率最低的两种类型探测器，如果两种探测器对警戒环境的误报率都很高时，当两者结合成双技术报警器时，也不会显著降低误报率。

③ 选择的探测器应对外界经常或连续发生的干扰不敏感。

以下为几种双鉴报警器的性能比较：

① 微波与超声波、被动红外与被动红外组合双鉴报警器，微波和超声波探测器都是应用多普勒效应，属于相同工作原理的探测器，两者互相抑制探测器本身的误报是有效果的，但是对于环境干扰引起的假报警的抑制作用则较差。

　　由两个被动红外探测器组合的双鉴报警器完全是两个同种探测器的组合，因而对环境干扰引起的假报警没有抑制作用。

　　② 超声波和被动红外探测器组成的双鉴报警器，这种双鉴报警器是由两种不同类型的探测器组成，因而对本身误报和环境干扰引起的假报警都有一定的相互抑制作用，但由于超声波的传播方式不同于电磁波，是利用空气做媒介进行传播的，因而环境的湿度对超声波探测器的灵敏度有较大影响。

　　③ 微波和被动红外探测器组合的双鉴报警器，这两种探测器的组合取长补短，在相互抑制本身误报和由环境干扰引起的假报警的效果最好，并采用了温度补偿技术，弥补了单技术被动红外探测器灵敏度随温度变化的不足，使微波/被动红外双鉴探测器的灵敏度不受环境温度的影响。

　　目前市场上主要有微波-被动红外和超声波-被动红外双技术报警器这两种。而双技术探测器的缺点是价格比单技术报警器要昂贵，安装时需将两种探测器的灵敏度都调至最佳状态较为困难。

　　图 2-22 所示为美国 C&K 公司生产的 DT-400 系列双技术移动探测器的探测图形，图2-22（a）所示为顶视图，图 2-2（b）所示为侧视图。该双技术探测器是使用微波 + 被动红外线双重鉴证。微波中心的频率为 10.525GHz，微波探测距离可调。这种组合探测器的灵敏度为2～4步，探测范围有 6m×6m（DT420T 型）；11m×9m（DT435T 型）；15m×12m（DT450T 型）；12m×12m（DT440S 型）；18m×18m（DT460S 型）等规格产品。工作温度为 −18～65.6℃。

　　图 2-23 所示为 C&K 公司新开发的 DT-5360 型吸顶式双技术探测器，这是可安装在天花板上的视角为 360°的微波/被动红外探测器，具有直径 15m 的探测范围，分别有 72 视区，分成三个 360°视场，安装高度为 2.4～5m。尤其是它可嵌入式安装，使探测器外壳大部分埋在天花板内，因此隐蔽性好，并可减少撞坏的可能。其他特性与上述 DT-400 系列类似。

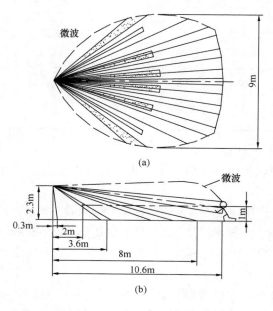

图 2-22　DT-400 系列双技术移动探测器的探测图形
（a）顶视图；（b）侧视图

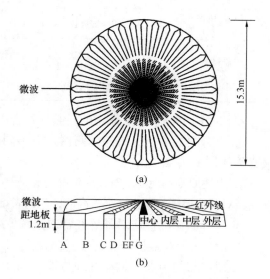

图 2-23　DT-5360 型吸顶式双技术探测器
（a）顶视图；（b）侧视图

布置和安装双技术探测器时，要求在警戒范围内两种探测器的灵敏度全能保持均衡。微波探测器一般对沿轴向移动的物体最敏感，而被动红外探测器则对横向切割探测区的人体最敏感，因此为使这两种探测传感器都处于较敏感状态，在安装微波 – 被动红外双技术探测器时，宜使探测器轴线与保护对象的方向成 135°夹角为好。当然，最佳夹角还与视场图形结构有关，故实际安装时应参阅产品说明书而定。

随着数字信号处理技术的发展，近年来还出现以微处理器为基础的三技术被动红外/微波探测器，它除了利用微波和被动红外技术进行探测报警外，还采用先进的微处理器数字信号处理技术对信号进行处理和分析，从而构成所谓三技术探测器。例如，美国迪信安保系统公司开发生产的 DS820、835、860、950、970 及 720E 型三技术被动红外/微波探测器，它除了利用微波和被动红外技术探测外，还对被动红外信号和微波信号进行数字信号处理，即利用该公司开发的动态分析器 II 的专利处理技术，对探测到的信号通过微处理器进行分析并自动调整探测速度和信号强度，使探测的误报率减到最低。

7. 玻璃破碎报警探测器

当玻璃门破碎时，利用振动传感器或冲击传感器都可以探测到破碎时产生的信息。但是这些传感器经常会因为探测到行驶中的车辆或风吹动门窗振动所产生的信息，而产生误报警，因此需要研制探测玻璃破碎的专用传感器。

(1) 导电簧片式玻璃破碎探测器

一种具有弯形金属导电簧片的玻璃破碎探测器的结构，如图 2-24 所示。

两根特制的金属导电簧片 1 和 2，它们的右端分别置有电极 3 和 4。簧片 2 横向略呈弯曲的形状，它对噪声频率有吸收作用。绝缘体、定位螺丝将金属导电簧片 1 和 2 左端绝缘，保持它们的电极可靠地接触，并将簧片系统固定在外壳底座上。两条引线分别将簧片 1 和 2 连接到控制电路输入端。

玻璃破碎探测器的外壳需用粘接剂粘附在需防范玻璃的内侧。环境温度和湿度的变化及轻微振动产生的低频率、甚至敲击玻璃所产生的振动，都能被簧片 2 的几处弯曲部分所吸收，不影响电极 3 与 4，仍能保持良好接触。只有当探测到玻璃破碎或足以使玻璃破碎的强冲击力时，这些具有特殊频率范围的振动，使簧片 2 和 1 产生振动，两者的电极呈现不断开闭状态，触发控制电路产生报警信号。

此外，还有水银开关式、压电检测式、声响检测式等玻璃破碎探测器，它们都是以粘贴玻璃面上的形式，当玻璃破碎或强烈振动时检测报警。因此，这些粘贴式玻璃破碎探测器在布线施工时需要仔细小心。

(2) 声音分析式（SAT）玻璃破碎探测器

近年来，随着数字信号处理技术的迅速发展，开

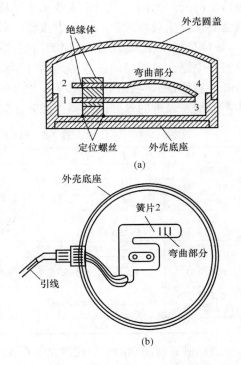

图 2-24　导电簧片式玻璃破碎探测器
(a) 玻璃探测器剖面图；(b) 玻璃探测器顶视图

发出新型的声音分析式玻璃破碎探测器，它是利用微处理器的声音分析技术（SAT）来分析与玻璃破碎相关的特定声音频率后，进行准确的报警。

例如，美国迪信安保器材公司生产的 DS1100i 系列玻璃破碎探测器就是利用微处理器的声音分析式探测器。安装方式是安装在天花板、相对的墙壁或相毗邻的墙壁上。探测距离对 $0.3m \times 0.3m$ 大小的玻璃为 7.5m，探测范围与房间的隔声程度和窗口的大小有关。

该系列采用 ABS 高强度树脂塑料外壳，有三种型号：DS1101i 为圆形，直径 8.6cm，厚 2.1cm；DS1102i 为方形，尺寸为 $8.6cm \times 8.6cm \times 2.0cm$；DS1103i 为嵌入式矩形，尺寸为 $12cm \times 8.4cm \times 2.0cm$。

电源为 $9 \sim 15V$ 直流。在 12V 时，DS1101i 和 DS1102i 的标准电流为 23mA，DS1103i 为 21mA。报警输出：DS1101i 和 DS1102i 为 C 型（NO/C/NC）静音舌簧继电器，在 28V 时，最大额定输出值为 3.5W，125mA；DS1103i 为常闭舌簧继电器，额定值同上。

该系列产品有防拆输出，配有分离式接线端子，常闭外罩打开时启动防拆开关。在最大 28V 直流时，防拆开关的最大额定电流为 125mA，并有很强的抗射频干扰能力。存储和工作温度为 $-29 \sim 49℃$。

美国 C&K 公司开发了 FG 系列双技术玻璃破碎探测器，其特点是需要同时探测到玻璃破裂时产生的振荡和声频音响，才会产生报警信号，因而不会受室内物体移动的影响产生误报，极大地降低了误报率，增加警报系统的可靠性，适于做昼夜 24h 的周界防范之用。

FG 系列双技术玻璃破碎探测器的探测原理，是采用超低频检测和音频识别技术对玻璃破碎进行探测，如果超低频检测技术探测到玻璃被敲击时所发生的超低频波，而在随后的一段特定时间间隔内，音频识别技术也捕捉到玻璃被击碎后发出的高频声波，则双技术探测器就会确认发生玻璃破碎，并触发报警。其可靠性很高。

FG 系列双技术玻璃破碎探测器的产品型号如表 2-5 所示。其中 FG-730S 型装有一种音频监控电路，可以自动核查传声器（话筒）和音频电路的功能是否正常；FG-830 为卧式安装（装在标准开关盒内）；FG-930 装有两只传声器分别探测超低频和音频信号，其中超低频传声器配有先进的音频滤波器，能防止强信号引起的过载。

表 2-5　FG 系列双技术玻璃破碎探测器

型　号	FG-715/731	FG-730S	FG-830	FG-930
探测距离	4.5m/9m	9m	9m	9m
电　源	$10 \sim 14V$ 直流，25mA（12V）			
报警继电器	C 型；500mA，30V	C 型；500mA，30V	A 型；500mA，24V	C 型；500mA，24V
防拆开关	A 型（常闭）50mA，30V	A 型（常闭）25mA，30V	—	A 型（常闭）50mA，30V
工作温度	$0 \sim 49℃$	$-20 \sim 55℃$	$0 \sim 49℃$	$0 \sim 49℃$
玻璃类型	$\frac{1}{8}$in，$\frac{3}{16}$in 平板玻璃；$\frac{1}{4}$in 层压、嵌线、钢化玻璃；最小尺寸 $10\frac{7}{8}$in $\times 10\frac{7}{8}$in 单块玻璃			
外形尺寸（高×宽×厚）	$98mm \times 61.5mm \times 20mm$	同左	$114mm \times 74mm \times 28mm$	同 FG-730S
重量	85g	85g	74g	85g

玻璃破碎探测器的安装位置是装在镶嵌着玻璃的硬墙上或天花板上，如图 2-25 所示的 A、B、C 等。探测器与被防范玻璃之间的距离不应超过探测器的探测距离。注意探测器与被防范玻璃之间，不要放置障碍物，以免影响声波的传播。也不要安装在过强振荡的环境中。

8. 场变化式报警探测器

对于高价值的财产防盗报警器，如对保险箱等，可采用场变化式报警器，又称电容式报警系统，如图 2-26 所示。

需要保护的财产（如金属保险箱）独立安置，平时加有电压，形成静电场，亦即对地构成一个具有一定电容量的电容器。当有人接近保险箱周围的场空间时，电介质就发生变化，与此同时，等效电容量也随之发生变化，从而引起 LC 振荡回路的振荡频率

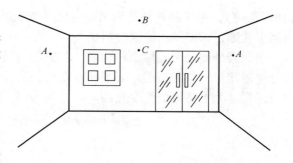

图 2-25　玻璃破碎探测器安装示意图

发生变化，分析处理器一旦采集到这一变化数据，立即触发继电器报警，在作案之前就能发出报警信号。

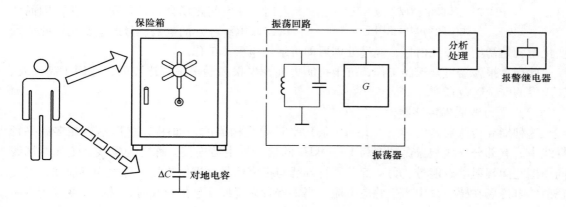

图 2-26　按电容原理工作的信号器用于财产的监控保护

9. 周界报警探测器

为了对大型建筑物或某些场地的周界进行安全防范，一般可以建立围墙、栅栏，或采用值班人员守护的方法。但是围墙、栅栏有可能受到破坏或非法翻越，而值班人员也有出现工作疏忽或暂离开岗位的可能性。为了提高周界安全防范的可靠性，可以安装周界报警装置。实际上，前述的主动红外报警器和摄像机也可做周界报警器。

周界报警的传感器可以固定安装在现有的围墙或栅栏上，有人翻越或破坏时即可报警。传感器也可以埋设在周界地段的地层下，当入侵者接近或越过周界时产生报警信号，使值守人员及早发现，及时采取制止入侵的措施。

下面介绍几种专用的周界报警传感器。

（1）泄漏电缆传感器

这种传感器类似于电缆结构，如图 2-27 所示，其中心是铜导线，外面包围着绝缘材料

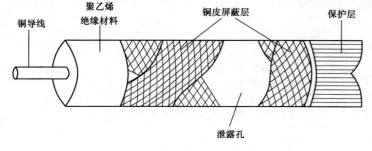

图 2-27　泄漏电缆结构示意图

33

（如聚乙烯），绝缘材料外面用两条金属（如铜皮）屏蔽层以螺旋方式交叉缠绕并留有方形或圆形孔隙，以便露出绝缘材料层。

电缆最外面是聚乙烯塑料构成的保护层。当电缆传输电磁能量时，屏蔽层的空隙处便将部分电磁能量向空间辐射。为了使电缆在一定长度范围内能够均匀地向空间泄漏能量，电缆空隙的尺寸大小是沿电缆变化的。

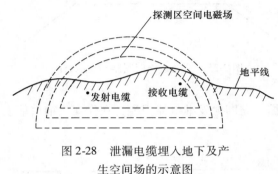

图 2-28　泄漏电缆埋入地下及产生空间场的示意图

把平行安装的两根泄漏电缆分别接到高频信号发射器和接收器就组成了泄漏电缆周界报警器。当发射器产生的脉冲电磁能量沿发射电缆传输并通过泄漏孔接收空间电磁能量并沿电缆送入接收器。

这种周界报警器的泄漏电缆可埋入地下，如图 2-28 所示，当入侵者进入探测区时，使空间磁场分布状态发生变化，因而使接收电缆收到的电磁能量产生变化，此能量变化量就是初始的报警信号，经过处理后即可触发报警器工作。

此周界报警器可全天候工作，抗干扰能力强，误报和漏报率都比较低，适用于高保安、长周界的安全防范场所。

（2）平行线周界传感器

这种周界传感器是由多条（2～10 条）平行导线构成的，如图 2-29 所示。在多条平行导线中，有部分导线与振荡频率为 1～40kHz 的信号发生器连接，称之为场线，工作时场线向周围空间辐射电磁能量。另一部分平行导线与报警信号处理器连接，称之为感应线，场线辐射的电磁场在感应线中产生感应电流。当入侵者靠近或穿越平行线时，就会改变周围电磁场的分布状态，相应地使感应线中的感应电流发生变化，报警信号处理器检测出此电流变化量作为报警信号。

平行线电场周界传感器可以全天候工作，误报及漏报率都较低。安装方式可灵活多样，可安装在现有围墙或栅栏的顶端、侧面等部位，也可将平行导线安装在支柱上兼作周界栅栏使用。

显然，前面所述的主动式红外探测器可用做周界报警器。此外，还有用光纤传感器、驻极体电缆传感器等构成的周界报警器，此不赘述。

上述常用的探测器安装设计要点如表 2-6 所示。

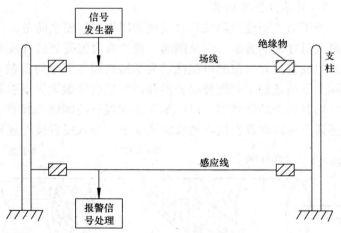

图 2-29　平行线周界报警器构成示意图

表2-6　常用探测安装设计要点

名　　称	适应场所与安装方式		主要特点	安装设计要点	适宜工作环境和条件	不适宜工作环境和条件	适宜选用下列技术器材
被动红外防盗报警探测器	室内空间型	吸顶	被动式（多合一交叉使用互不干扰），功耗低，可靠性较好	水平安装，距地宜小于3.6m	日常环境噪声，温度在15~25℃时，探测效果最佳	背景有热变化，如冷热气流，强光照射等；背景温度接近人体温度；强电场干扰；小动物频繁出没场合等	自动温度补偿技术，抗小动物干扰技术；防遮挡技术，抗强光干扰技术；智能鉴别技术；
		壁挂、幕帘		距地2.2m左右，视场中心与可能入侵方向成90°			
		楼道		距地2.2m左右，视场面对楼道			
微波被动红外双技术探测器	室内空间型	吸顶	误报警少（与被动红外防盗报警器相比），可靠性较高	水平安装，距地宜小于4.5m	日常环境噪声，温度在15~25℃时，探测效果最佳	背景温度接近人体温度；强电场干扰；小动物频繁出没场合等	双—单转换型；自动温度补偿技术，抗小动物干扰技术；防遮挡技术，抗强光干扰技术；智能鉴别技术
		壁挂		距地2.2m左右，视场中心与可能入侵方向成45°			
		楼道		距地2.2m左右，视场面对楼道			
声控单技术玻璃破碎探测器	室内空间型，有吸顶、壁挂等		被动式，仅对玻璃破碎的高频声响敏感	应尽量靠近所要保护玻璃附近的墙壁或天花板上，夹角不大于90°	日常环境噪声	环境嘈杂，附件有金属打击声、汽笛声、电铃声等等高频声响	智能鉴别技术
声控次声波玻璃破碎探测器	室内空间型		误报警少（与单控玻璃破碎探测器相比），可靠性较高	室内任何地方，但需满足探测器的探测半径要求	警戒空间有较好的密封性	简易或密封不好的室内	智能鉴别技术
多普勒微波防盗报警探测器	室内空间型壁挂式		不受声、光、热的影响	距地1.5~2.2m，严禁对着房间的外墙、外窗	可在噪声较强，光变化较大的条件下工作	有活动物和可能活动物，微波段高频电磁场环境；防护区域内有过大过厚的物体	平面天线技术，智能鉴别技术
开关、速度振动探测器	室内、室外		灵敏度高，被动式	距地2~2.4m，室外，埋入地下10cm左右，与建筑实体一体化	远离振源(1~3m以上)	地质板有结冻土或质松软的泥土地	须配置具有信号比较和鉴别技术的分析器

续表

名　称	适应场所与安装方式	主要特点	安装设计要点	适宜工作环境和条件	不适宜工作环境或条件	适宜选用下列技术器材
压电式振动探测器	室内、室外	被动式	墙壁、天花板、玻璃、室外地面表层物或下面、保护栏网或桩柱上	远离振源（1～3m以上）	时常引起振动或环境过于嘈杂的场合	智能鉴别技术
声控型振动玻璃破碎探测器	室内	误报警少、漏报警多（与声控单技术玻璃破碎探测器相比）	玻璃附近的墙壁或天花板上	日常环境噪声	环境过于嘈杂的场合	双一单转换型；智能鉴别技术
主动红外防盗报警探测器	室内、外（一般室内机不能用于室外）	红外线、便于隐蔽	红外光路有阻挡物；严禁阳光直射接收机或透镜下方或上方；防止光路被切断；有效光路最低点与端墙和建筑物的最低点不得大于250mm	室内周界控制；室外"静态"干燥气候	室外恶劣气候，特别是经常有浓雾、毛毛雨或扬动地或出没的场所	双光束或四光束鉴别
阻挡式微波探测器	室内、周界控制	受气候影响小	高度应一致，一般为设备作用高度的一半	无高频电磁场存在场所；收发机间无遮挡物	高频电磁场存在场所；收发机间有可能有遮挡物	报警控制器有智能鉴别技术
振动电缆探测器	室内、室外均可	可与室内各种实体界面配合使用	在围栏、房屋墙体、围墙内侧或外围栏上安装2/3处。固定间距10m预留30m，10m间预留10m的维护环	非嘈杂振动环境	嘈杂振动环境	报警控制器宜有智能鉴别技术
泄漏电缆探测器	室内、室外均可	可随地形埋设，可埋入墙体	埋入地域应尽量避免金属堆积物	两探测电缆间无活动物体；无高频电磁场存在	高频电磁场存在场所；两探测电缆间有易活动物体（如树等）	报警控制器宜有智能鉴别技术
磁开关探测器	各种门、窗、抽屉等	体积小，可靠性好	距离门窗拉手边不大于150mm的位置；干簧管置于门窗框上，两者间距0.5cm左右	非磁场存在情况，门窗缝不能过大	强磁场存在；窗缝过大	在特制门窗使用时宜选用特制门窗专用门磁开关
紧急报警装置	用于可能发生生命威胁的场所（如银行营业所、收银值班室、收银台等）	利用人工启动（手动报警开关、脚踢报警开关等）发出报警信号	要在紧急情况下人员易可触发的部位要隐蔽安装，一般安装	日常工作环境	危险爆炸环境	防误触发措施，误触报警后能自锁，复位操作方式采用人工再操作方式

2.3　防盗报警控制器的组成及原理

防盗报警控制器是在入侵报警系统中，实施设防、撤防、测试、判断、传送报警信息，并对探测器的信号进行处理以断定是否应该产生报警状态以及完成某些显示、控制、记录和通信功能的装置。

防盗报警控制器的作用是对探测器传来的信号进行分析、判断和处理，当入侵报警发生时，它将接通声光报警信号震慑犯罪分子避免其采取进一步的侵入破坏；显示入侵部位以通知保安值班人员去做紧急处理；自动关闭和封锁相应通道；启动电视监视系统中入侵部位和相关部位的摄像机对入侵现场监视并进行录像，以便事后进行备查与分析。除简单系统外，一般报警控制系统均由计算机及其附属设备构成。

以下是防盗报警控制器应具备的性能要求：

① 防盗报警控制器应能直接接收来自防盗报警探测器发出的报警信号，发出声光报警并能指示入侵发生的部位。声光报警信号应能保持到手动复位，如果再有入侵报警信号输入时，应能重新发出声光报警信号。另外，防盗报警控制器能向与该机接口的全部探测器提供直流工作电压（当前端防盗报警探测器过多、过远时，也可单独向前端探测器供电）。

② 防盗报警控制器应有防破坏功能，当连接防盗报警探测器和控制器的传输线发生断路、短路或并接其他负载时应能发出声光报警故障信号。报警信号应能保持到引起报警的原因排除后，才能实现复位；而在故障信号存在期间，如有其他入侵信号输入，仍能发出相应的报警信号。防盗报警控制器能对控制系统进行自检，检查系统各个部分的工作状态是否处于正常工作状态。

③ 防盗报警控制器应有较宽的电源适应范围，当主电源变化 ±15% 时，不需调整仍能正常工作。主电源的容量应保证在最大负载条件下连续工作 24h 以上。

④ 防盗报警控制器应有备用电源。当主电源断电时能自动切换到备用电源上，而当主电源恢复后又能自动恢复主电源供电。切换时控制器仍能正常工作，不产生误报。备用电源应能满足系统要求，并可连续工作 8h 以上。

⑤ 防盗报警控制器应有较高的稳定性，平均无故障工作时间分为三个等级：A 级：5000h；B 级 20000h；C 级 60000h。

⑥ 防盗报警控制器应在额定电压和额定负载电流下进行警戒、报警、复位，循环 6000 次，而不允许出现电的或机械的故障，也不应有器件的损坏和触点粘连。

⑦ 防盗报警控制器的机壳应有门锁或锁控装置（两路以下的例外），机壳上除密码按键及灯光显示外，所有影响功能的操作机构均应放在箱体内。

⑧ 防盗报警控制器应能接受各种性能的报警输入，如：

a. 瞬间入侵：为防盗报警探测器提供瞬时入侵报警。

b. 紧急报警：接入按钮可提供 24h 的紧急呼救，不受电源开关影响，能保证昼夜工作。

c. 防拆报警：提供 24h 防拆保护，不受电源开关影响，能保证昼夜工作。

d. 延时报警：实现 0~40s 可调进入延时和 100s 固定输出延时。

凡四路以上的防盗报警器必须有瞬间入侵、紧急报警和防拆报警三种报警输入。

由于防盗报警探测器有时会产生误报，通常控制器对某些重要部位的监控，采用声控和电视复核。

防盗报警控制器按其容量可分为单路或多路报警控制器。多路报警控制器常为 2、4、8、16、24、32、64 路等。防盗报警控制器可做成盒式、挂壁式或柜式。根据用户的管理机制以及对报警的要求，可组成独立的小系统、区域互联互防的区域报警系统和大规模集中报警系统。

1. 小型报警控制器

对于一般的小用户，其防护的部位少，如银行的储蓄所，学校的财务室、档案室，较小的仓库等，可采用小型报警控制器。

这种小型的控制器一般功能为：

① 能提供 4 ~ 8 路报警信号、4 ~ 8 路声控复核信号、2 ~ 4 路电视复核信号，功能扩展后，能从接收天线接收无线传输的报警信号。

② 能在任何一路信号报警时，发出声光报警信号，并能显示报警部位和时间。

③ 有自动/手动声音复核和电视、录像复核。

④ 对系统有自查能力。

⑤ 市电正常供电时能对备用电源充电，断电时能自动切换到备用电源上，以保证系统正常工作。另外还有欠压报警功能。

⑥ 具有延迟报警功能。

⑦ 能向区域报警中心发出报警信号。

⑧ 能存入 2 ~ 4 个紧急报警电话号码，发生报警情况时，能自动依次向紧急报警电话发出报警信号。

小型报警控制器多由微处理器系统构成。其原理框图如图 2-30 所示。

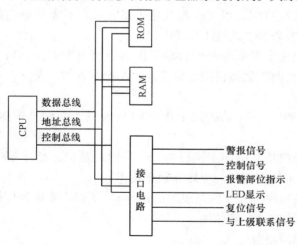

图 2-30 小型报警控制器原理图

CPU 一般采用 51 或其他系列的单片机构成。ROM 可采用带两个 I/O 端口的 8755。RAM 可采用带三个 I/O 端口的 8158，I/O 端口芯片可根据系统的大小采用 8255 扩展，这些 I/O 并行接口可作为接受入侵报警信号的端口，一般入侵报警信号为 12 ~ 24V 或更高，为增加控制器的抗干扰能力要设光电隔离电路。复位、自检等按钮信号也由并行 I/O 口输入。并行 I/O 中的一些端口作为其控制信号输出，驱动蜂鸣报警器、闪烁报警灯和报警部位指示灯，也可控制电视监视系统入侵部位的摄像机开始工作或向区域报警中心发出报警信号。

如果采用总线制的系统，则应使用串行口与各报警探测器进行通信联系。

2. 区域报警控制器

对于一些相对规模较大的工程系统，要求防范区域较大，设置的防盗报警探测器较多（如高层写字楼、高级住宅小区、大型仓库、货场等），这时应采用区域防盗报警控制器。

区域报警控制器具有小型控制器的所有功能，结构原理也相似，只是输入、输出端口更多，通信能力更强。区域报警控制器与防盗报警探测器的接口一般采用总线制，即控制器采用串行通信方式访问每个探测器，所有的防盗报警探测器均根据安置的地点实行统一编址，控制器不停地巡检各探测器的状态。

3. 集中报警控制器

在大型和特大型的报警系统中，由集中入侵控制器把多个区域控制器联系在一起。集中入侵控制器能接收各个区域控制器送来的信息，同时也能向各区域控制器发送控制指令，直接监控各区域控制器的防范区域。集中入侵控制器可以直接切换出任何一个区域控制器送来的声音和图像信号，并根据需要用录像机记录下来。还由于集中入侵控制器能和多台区域控制器联网，因此具有更大的存储容量和先进的联网功能。

2.4　入侵报警系统的信号传输模式

信号传输系统就是把探测器中的探测信号送到控制器去进行处理、判别，确认"有""无"入侵行为。

根据信号传输方式的不同，入侵报警系统组建模式宜分为分线制、总线制、无线制和公共网络等四种模式。其中分线制和总线制属于有线传输，无线制属于无线传输，公共网络可采用有线网络传输，也可采用无线网络传输。

1. 分线制

分线制传输模式中探测器、紧急报警装置通过多芯电缆与报警控制主机之间采用一对一专线相连，如图 2-31 所示。

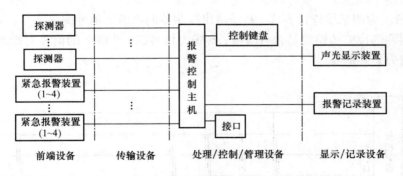

图 2-31　分线制模式

在分线制传输模式中，探测器之间是相对独立的，所有探测信号对于控制器是并行输入的，这种方法又称点对点连接。分线制又分为 $n+4$ 线制与 $n+1$ 线制两种，n 为 n 个探测器中每个探测器都要独立设置的一条线，共 n 条；而 4 或 1 是指探测器的公用线。$n+4$ 线制如图 2-32 所示。

图 2-32 中 4 线分别为 V、T、S、G，

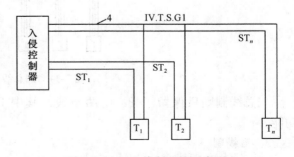

图 2-32　$n+4$ 线制连接示意图

其中 V 为电源线（24V），T 为自诊断线，S 为信号线，G 为地线。$ST_1 \sim ST_n$ 分别为各探测器的选通线。$n+1$ 线制的方式无 V、T、S 线，ST_i 线则承担供电、选通、信号和自检功能。

分线制的优点是探测器的电路比较简单，但缺点是线多，配管直径大，穿线复杂，线路故障不好查找。显然这种多线制方式只适用于小型报警系统。

2. 总线制

总线制传输模式中探测器、紧急报警装置通过其相应的编址模块与报警控制主机之间采用报警总线（专线）相连，如图 2-33 所示。

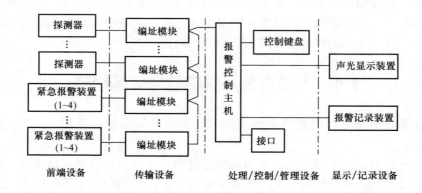

图 2-33　总线制模式

总线制是指采用 2 ~ 4 条导线构成总线回路，所有的探测器都并接在总线上，每只探测器都有自己的独立地址码，防盗报警控制器采用串行通信的方式按不同的地址信号访问每只探测器。总线制用线量少，设计施工方便，因此被广泛使用。

图 2-34 所示为四总线连接方式。P 线给出探测器的电源、地址编码信号；T 为自检信号线，以判断探测部位或传输线是否有故障；S 线为信号线，S 线上的信号对探测部位而言是分时的；G 线为公共地线。

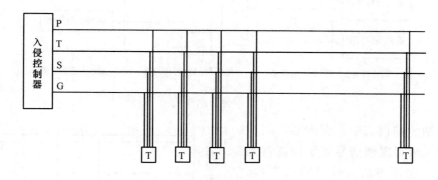

图 2-34　四总线连接方式

二总线制则只保留了 P、G 两条线，其中 P 线完成供电、选址、自检、获取信息等功能。

3. 无线制

无线制传输模式中探测器、紧急报警装置通过其相应的无线设备与报警控制主机通信，

40

其中一个防区内的紧急报警装置不得大于 4 个，如图 2-35 所示。

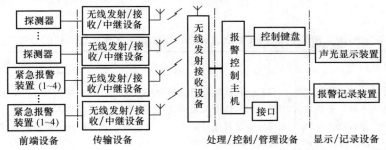

图 2-35　无线制模式

无线传输是探测器输出的探测信号经过调制，用一定频率的无线电波向空间发送，由报警中心的控制器所接收。而控制中心将接收信号处理后发出报警信号和判断出报警部位。全国无线电管理委员会指定可用的无线电频率范围为 36.050～36.725MHz。

在无线传输方式下，前端防盗报警探测器发出的报警信号的声音和图像复核信号也可以用无线方法传输，首先在对应防盗报警探测器的前端位置将采集到的声音与图像符合信号变频，把各路信号分别调制在不同的频道上，然后在控制中心将高频信号解调，还原出相应的图像信号和声音信号，并经多路选择开关选择需要的声音和图像信号或通过相关设备自动选择报警区域的声音和图像信号，进行监控或记录。

4. 公共网络

公共网络传输模式中探测器、紧急报警装置通过现场报警控制设备和（或）网络传输接入设备与报警控制主机之间采用公共网络相连。公共网络可以是有线网络，也可以是有线—无线～有线网络，如图 2-36 所示。

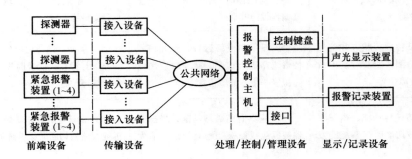

图 2-36　公共网络模式

以上四种模式可以单独使用，也可以组合使用；可单级使用，也可多级使用。

2.5　建筑入侵报警系统工程设计

2.5.1　设计步骤

① 防盗报警工程的设计必须根据国家有关标准进行如 GB 50394—2007《入侵报警系统工程设计规范》。设计时必须全面了解建设单位的性质，从而确定防护范围的风险等级和保

护级别。GB/T 50314—2006《智能建筑设计标准》中对入侵报警系统的分类要求如表2-7所示。

表 2-7 GB/T 50314—2006《智能建筑设计标准》对入侵报警系统的分类要求

甲 级 标 准	乙 级 标 准	丙 级 标 准
（1）应根据各类建筑安全防范部位的具体要求和环境条件，分别或综合设置周界防护、建筑物内区域或空间防护、重点实物目标防护系统	（1）应根据各类建筑安全技术防范管理的具体要求和环境条件，分别或综合设置周界防护、建筑物内区域或空间防护、重点实物目标防护系统	（1）应根据各类建筑安全技术防范管理的需要和环境条件，分别或综合设置周界防护、建筑物内区域或空间防护、重点实物目标防护系统
（2）应自成网络，可独立运行，有输出接口，可用手动、自动方式以有线或无线系统向外报警。系统除应能本地报警外，还应能异地报警。系统应能与闭路电视监控系统、出入口控制系统联动，应能与安全技术防范系统的中央监控室联网，满足中央监控室对入侵报警系统的集中管理和集中监控	（2）应自成网络，独立运行，有输出接口，可用手动、自动方式以有线或无线系统向外报警。系统除应能本地报警外，还应能异地报警。系统应能与闭路电视监控系统、出入口控制系统联动，应能与安全防范系统的中央监控室联网，满足中央监控室对入侵报警系统进行集中管理和控制的有关要求	（2）应自成网络，独立运行，有输出接口，可用手动、自动方式以有线或无线系统向外报警。系统除应能本地报警外，还应能异地报警，并能向管理中心提供决策所需的主要信息
（3）系统的前端应按需要选择、安装各类入侵探测设备，构成点、面、立体或组合的综合防护系统	（3）系统的前端应按需要选择、安装各类入侵探测设备，构成点、面、立体或组合的综合防护系统	（3）系统的前端应按需要选择、安装各类入侵探测设备，构成点、面、立体或组合的综合防护系统
（4）应能按时间、区域、部位任意编程设防或撤防	（4）应能按时间、区域、部位任意编程设防或撤防	（4）应能按时间、区域、部位任意编程设防或撤防
（5）应能对设备运行状态和信号传输线路进行检测，能及时发出故障报警并指示故障位置	（5）应能对设备运行状态和信号传输线路进行检测，能及时发出故障报警并指示故障位置	（5）应能对设备运行状态和信号传输线路进行检测，能及时发出故障报警并指示故障位置
（6）应具有防破坏功能，当探测器被拆或线路被切断时，系统能发出报警	（6）应具有防破坏功能，当探测器被拆或线路被切断时，系统能发出报警	（6）应具有防破坏功能，当探测器被拆或线路被切断时，系统能发出报警
（7）应能显示和记录报警部位和有关警情数据，并能提供与其他子系统联动的控制接口信号	（7）应能显示和记录报警部位和有关警情数据，并能提供与其他子系统联动的控制接口信号	（7）应能显示和记录报警部位和有关警情数据，并能提供与电视监控于系统联动的控制接口信号
（8）在重要区域和重要部位发出报警的同时，应能对报警现场的声音进行核实	（8）在重要区域和重要部位发出报警的同时，还应能对报警现场的声音进行核实	（8）在重要区域和重要部位发出报警的同时，系统应能对报警现场的声音进行核实

② 全面勘察防护范围，了解防护范围的特点，包括对地形、气候、各种干扰源的了解，以及发生入侵的可能性。

③ 确定防盗报警工程的功能要求和防盗报警探测器的种类。

④ 根据防盗报警探测器的探测范围画出布防图，有能力的应绘出覆盖图。必要时要进行现场试验，并结合实体防护系统和守卫值班力量的情况，对工程系统各项技术指标预期效果做出评估，提出严密的防盗报警系统方案。

⑤ 报送有关主管部门审查防盗报警工程方案，对其技术、质量、费用、工期、服务和预期效果做出评价，并根据审查意见进行修改。正式的施工设计必须按审查批准的方案进行。

2.5.2　入侵报警系统工程设计应考虑的因素

① 根据建筑设计任务书、防区的分布及防护目标的环境条件，确定信号的传输方式、探测器类型及防护措施。

② 根据平面图或现场勘察记录，确定探测设备、传输设备、控制设备的安装位置。

③ 根据上一级报警接收中心规定需要发送信息的信号格式，确定传输接口方式。

④ 根据防区数量、系统未来扩充要求、集成管理及投资情况，确定系统设备的选型。

⑤ 应考虑设备互换性的要求。

入侵报警系统通常包括前端设备（包括探测器和紧急报警装置）、传输设备、处理/控制/管理设备和显示/记录设备四个部分。在设计时应具有以下功能：

a. 入侵报警系统应能独立运行。系统应设置联动接口，必要时，可实现与视频安防监控、出入口控制、电子巡查等系统的联动及与安全防范系统的监控中心联网。

b. 入侵报警系统不得有漏报警。

c. 入侵报警系统报警复核功能应符合当报警发生时，系统宜能对报警现场进行声音复核，并具有报警声音复核功能。

d. 入侵报警系统应具有防拆报警、短路报警、断线报警、故障报警和自检等功能。

2.5.3　各部分的功能设计要求

1. 前端设备功能设计

当下列任何情况发生时，应向防盗报警控制设备发出报警信息。

① 在设防状态下，当探测器探测到有入侵发生时。

② 在正常工作状态下，当防盗报警探测器机壳被打开时。

③ 在正常工作状态下，触动紧急报警装置时。

④ 在正常工作状态下，当探测器被破坏或出现故障时。

2. 传输设备功能设计

① 当下列任何情况发生时，应向防盗报警控制设备发出报警信息。

a. 在有线传输系统中，当报警信号传输线被开路、短路及并接其他负载时。

b. 在有线传输系统中，当探测器电源线被切断时。

c. 在利用公共网络传输报警信号的系统中，当网络传输线被切断时。

d. 在无线传输系统中，当出现连续阻塞信号或干扰信号超过30s，足以妨碍正常接收报警信号时。

② 无线入侵报警系统的探测器、紧急报警装置进入报警状态时，发射机应立即发出报警信号，并应具有在一定周期的时间间隔后重复发射报警信号的功能。

③ 探测器的无线报警发射机，应有电源欠压指示，当其电源工作在欠压状态时，应发射一个故障信号给监控中心的接收机，以便及时更换发射机的电源。

3. 处理/控制/管理设备功能设计

① 系统应能手动/自动设防/撤防，应能按时间在全部及部分区域任意设防和撤防；设防、撤防状态应有显示，并有明显区别。

② 报警后的恢复功能应符合下列规定。

a. 报警发生后，入侵报警系统应能手动复位。

b. 在设防状态下，探测器的入侵探测与报警功能应正常。

c. 在撤防状态下，对探测器的报警信息应不发出报警。

③ 系统报警响应时间应符合下列规定：

a. 当一个或多个设防区域产生报警或发生故障时，入侵报警系统的响应时间应符合下列规定。

- 分线制入侵报警系统不大于2s。
- 无线和总线控制入侵报警系统的任一防区首次报警不大于2s，其他防区后续报警不大于20s。

b. 从探测器探测到报警信号与经公共网络线传输到报警控制设备接收到报警信号之间的响应时间，应符合下列规定。

- 基于市话网电话线入侵报警系统不大于20s。
- 基于局域网入侵报警系统不大于3s。
- 基于电力网入侵报警系统不大于3s。

④ 经公共网络线传输报警信息的系统，在主叫方式下应具有报警优先功能。

⑤ 无线入侵报警系统的控制器应具有下列功能。

a. 无线收发设备宜具有同时接收处理多路报警信号的功能。

b. 宜具有自检和对使用信道进行监视的功能。

4. 显示/记录设备功能设计

① 记录显示功能设计应符合下列规定：

a. 系统应具有显示/记录开机和关机时间、报警（时间、地点、报警状态）、故障性质、被破坏、设防时间、撤防时间、更改时间等信息的显示功能。信息内容要求准确、明确。

b. 具有管理功能的系统，应能自动显示、记录系统的工作状况，并具有多级管理密码。

c. 系统记录的各种操作、报警信息应不能更改。

② 当下列任何情况发生时，防盗报警控制设备上应发出声、光报警信息，报警信息应能保持到手动复位，报警信号应无丢失。

a. 在工作状态下，当防盗报警探测器机壳被打开时，防盗报警控制设备上应显示出探测器地址。

b. 在工作状态下，当防盗报警控制器机盖被打开时。

c. 在有线传输系统中，当报警信号传输线被开路、短路及并接其他负载时。

d. 在有线传输系统中，当探测器电源线被切断时，在防盗报警控制设备上应显示出故障信息。

e. 当防盗报警控制器主电源发生故障时，备用电源应自动工作，同时应显示主电源故障信息；当备用电源发生故障或欠压时，应显示备用电源故障或欠压信息。

f. 在利用公共网络传输报警信号的系统中，当网络传输线被切断时，在防盗报警控制设备上应显示出故障信息。

g. 在无线传输系统中，当出现连续阻塞信号或干扰信号超过 30s，足以妨碍正常接收报警信号时，接收端应有故障信号显示。

h. 在距离报警发声器件正前方 1m 处，系统报警声级应不低于 80dB。

2.5.4　设备选型与设计

1. 设防区域和部位

（1）周界

周界包括外周界和内周界。

① 外周界：包括建筑物单体外围、建筑物群体外层、建筑物周边外墙等。

② 内周界：包括建筑物单体内、建筑物群体内层、建筑物地面层、建筑物顶层及墙体、地板或天花板等。

（2）出入口

出入口包括人员车辆等正常出入口和其他非正常出入口。

① 人员车辆等正常出入口：包括建筑物、建筑物群周界出入口、建筑物地面层出入口、建筑物内或楼群间通道出入口、安全出口、疏散出口等。

② 其他非正常出入口：包括建筑物门、窗、天窗、通风道、电缆井（沟）、给（排）水沟道等。

（3）通道

通道包括周界内主要通道、门厅（大堂）、楼内各楼层内部通道、各楼层电梯厅、自动扶梯口等。

（4）公共区域

公共区域包括营业场所外厅、重要部位外厅或前室、会客厅、商务中心、购物中心、会议厅、多媒体教室、功能转换层、避难层等。

（5）重要部位

重要部位包括贵重物品展览厅（室）、营业场所内厅、档案资料室、保密室、重要工作室、财务出纳室、建筑机电设备监控中心、楼层设备间、信息机房、重要物品库、保险柜、监控中心等。

2. 防区的划分

① 外周界的每一个独立防区不宜大于 200m。

② 内周界、出入口、通道、公共区域和重要部位等所设置的每个（对）探测器应为一个独立防区。

③ 需设置报警紧急装置的部位宜不少于 2 个独立防区，每个独立防区的报警紧急装置数量不应大于 4 个，且每一个独立防区不宜大于 3m。

3. 前端设备的选型与设计

① 探测器的选型原则除应符合规范规定外，还应符合下列规定：

a. 根据防护对象的要求和防区内外干扰源情况选择相应探测原理的探测器，所选用的探测器应能避免各种可能的干扰。

b. 根据防护要求和布防特点选择相应技术性能的探测器。

c. 根据不同探测原理、不同技术性能的探测器的特点、性能、环境适应性和抗干扰能力，并根据现场勘察合理配置探测器的布点，以减少误报，杜绝漏报。

d. 应能通过调节防盗报警探测器的灵敏度调整其探测作用距离和覆盖面积。

② 紧急报警装置应有防误触发措施，被触发后应自锁。

③ 探测器设置部位应符合国家现行有关标准的规定，还应与被保护对象的风险等级和防护级别相适应。

④ 防盗报警探测器的设计原则应符合下列规定：

a. 重点防护对象或部位宜实施多层次纵深防护设计。

b. 应进行均衡防护和抗易损防护设计。

c. 防盗报警探测器的探测灵敏度及覆盖范围应满足使用要求。

d. 防范区域应在防盗报警探测器的有效探测范围内，防范区域内应无盲区。防盗报警探测器盲区边缘与防护对象间的距离宜大于 5m。

e. 采用多种技术的防盗报警探测器交叉覆盖时，应避免相互干扰。

⑤ 周界的探测器选型。

a. 规则的外周界宜选用主动式红外探测器、微波墙式探测器、激光式探测器、光纤式周界探测器、长导电体断裂原理探测器、振动电缆探测器、泄漏电缆探测器、电场线感应式探测器、高压电子脉冲式探测器等。

b. 不规则的外周界宜选用光纤式周界探测器、长导电体断裂原理探测器、振动电缆探测器、泄漏电缆探测器、电场线感应式探测器、高压电子脉冲式探测器等。

c. 无围墙（栏）的外周界选用主动式红外探测器、微波墙式探测器、激光式探测器、泄漏电缆探测器、电场线感应式探测器、高压电子脉冲式探测器等。

d. 内周界宜选用振动探测器、声控振动双技术玻璃破碎探测器等。

⑥ 出入口的探测器选型。

a. 人员车辆等正常出入口宜选用多普勒微波探测器、被动红外探测器、超声波探测器、声控探测器、视频探测器、微波红外双技术探测器、超声波红外双技术探测器、磁控开关等。

b. 其他非正常出入口宜选用多普勒微波探测器、被动红外探测器、超声波探测器、声控探测器、视频探测器、微波红外双技术探测器、超声波红外双技术探测器、声控玻璃破碎探测器、次声波玻璃破碎高频声响双技术玻璃破碎探测器、振动探测器、声控振动双技术玻璃破碎探测器、磁控开关、短导电体的断裂原理探测器等。

⑦ 通道的探测器选型。通道宜选用多普勒微波探测器、被动红外探测器、超声波探测器、声控探测器、视频探测器、微波红外双技术探测器、超声波红外双技术探测器等。

⑧ 公共区域的探测器选型。公共区域宜选用多普勒微波探测器、被动红外探测器、超声波探测器、声控探测器、视频探测器、微波红外双技术探测器、超声波红外双技术探测器、报警紧急装置等。

⑨ 重要部位的探测器选型。重要部位宜选用多普勒微波探测器、被动红外探测器、超声波探测器、声控探测器、视频探测器、微波红外双技术探测器、超声波红外双技术探测器、振动探测器、声控振动双技术玻璃破碎探测器、磁控开关、报警紧急装置、短导电体的断裂原理探测器等。

4. 控制设备的选型与设计

① 控制设备的选型应符合下列规定：

a. 应根据使用条件和现场干扰源情况选择控制器的类型。

b. 应根据系统规模、设备的分布、传输距离利方式、环境条件等因素选择控制设备的类型。

c. 宜具有可编程和联网功能。

d. 接入公共网络的报警控制设备应满足相应网络的入网要求。

② 控制设备的设计应符合下列规定：

a. 现场报警控制设备宜采用壁挂式安装，宜安装在隐蔽安全的位置。

b. 壁挂式控制器在墙上的安装位置，其底边距地面的高度不应小于 1.5m，如靠门安装时，靠近其门轴的侧面距离不应小于 0.5m，正面操作距离不应小于 1.2m。

③ 中心控制设备宜采用台式安装，宜设置在安全防范系统的监控中心，独立设置的中心控制设备宜安装在值班室。

④ 台式安装控制器的操作、显示面板、微机显示器屏幕应避开阳光直射。

5. 无线设备的选型与设计

① 无线报警的设备选型应符合下列规定：

a. 传输频率和功率必须符合国家相关管理部门的规定。

b. 探测器的无线发射机使用的电池应保证有效使用时间不少于 6 个月，在发出欠压报警信号后，电源应能支持发射机正常工作 7d。

② 无线报警设备的安装设计应符合下列规定：

a. 无线报警发射机应有防拆报警和防破坏的保护措施。

b. 接收机安装位置应由现场试验确定，以保证接收到防范区域内任意发射机发出的报警信号。

6. 管理软件的选型与设计

① 系统管理软件的选型除应符合 GB 50348—2004《安全防范工程技术规范》中有关入侵报警系统功能及相关标准的要求，并经国家或行业授权的检测机构检测合格和认证机构认证合格外，还应满足以下功能要求：

a. 应具有电子地图显示，并能发出声、光报警提示的功能。

b. 应具有系统工作状态实时记录、查询、打印功能。

c. 应具有记录系统开机、关机、操作、报警、故障等多种信息的功能，并具有多级权限，且值班人员无权更改。

d. 应具有自检功能。

② 系统的管理软件应汉化（简体中文），有较强的容错能力。

③ 系统软件应有备份和维护保障能力。

④ 系统软件发生异常后，能在 3s 内发出故障报警。

2.5.5　传输方式、线缆选型与布线设计

1. 传输方式

① 传输方式的确定应取决于前端设备分布、传输距离、环境条件、系统性能要求及信息容量等因素。一般采用有线传输为主、无线传输为辅的传输方式。

② 传输方式除应符合 GB 50348—2004《安全防范工程技术规范》相关规定外，还应符合下列规定。

a. 防区较少，且探测器与报警控制器之间的距离不大于 100m 的场所，宜选用分线制入侵报警系统。

b. 防区数量较多，且探测器与报警控制器之间的距离不大于 1500m 的场所，宜选用总线制入侵报警系统。

c. 布线困难的场所，但无线设备不应对其他电子设施造成各种可能的相互干扰，宜选用无线制入侵报警系统。

d. 防区数量很多，且现场与监控中心距离大于 1500m，或现场要求具有布防、撤防等控制功能的场所，宜选用公共网络入侵报警系统。

e. 当出现以上四种情况均无法独立构成系统时，可采用以上四种方式的组合，即组合入侵报警系统。

2. 线缆选型

① 应符合 GB 50348—2004《安全防范工程技术规范》相关规定。

② 系统线缆应按系统的传输特性、额定电压、负荷、敷设环境及其与附近电气装置、设施之间能否产生有害的电磁感应等要求，选择合适的型号和截面。

③ 线缆线径应根据传输距离而定，应满足探测器、紧急报警装置信号传输的要求，且线路电压损失不应超过允许值。

④ 当系统采用分线制时，宜采用不少于 5 芯的通信电缆，每芯截面不宜低于 $0.5mm^2$。

⑤ 当系统采用总线制时，总线电缆宜采用不少于 6 芯的通信电缆，每芯截面积不宜低于 $1.0mm^2$。

⑥ 当现场与监控中心距离较远时，可选用光纤传输。

⑦ 探测器电源供电传输线路，宜采用耐压不低于交流 500V 的铜芯绝缘多股电线或电缆，所选用线径应根据供电距离进行选择。

3. 布线设计

① 基本原则如下：

a. 应符合 GB 50348—2004《安全防范工程技术规范》和国家现行标准的相关规定。

b. 应与区域内其他弱电系统线缆综合考虑、合理设计。

c. 管线宜隐蔽敷设，防止被破坏。

d. 报警信号电缆宜独立敷设，应与 220V 交流电源线分开敷设。

e. 系统采用总线制时，其通信传输线宜采用双绞线或屏蔽双绞线，线缆的屏蔽层应单端接地。

② 室内管线敷设设计应符合下列规定：

a. 室内线路优先采用金属管，可采用阻燃硬质或半硬质塑料管、塑料线槽及附件等。

b. 竖井内布线时，应设置在弱电竖井内。如受条件限制强弱电竖井必须合用时，报警系统线路和强电线路应分别布置在竖井两侧。

c. 系统的主电源引入线宜直接与电源连接，宜避免采用电源插头。

③ 室外管线敷设设计应符合下列规定：

a. 架空式：线路路径上有可利用的线杆时，可采用架空方式。当采用架空敷设线路时，同共杆架设的电力线（1kV 以下）的间距不应小于 1.5m，同广播线的间距不应小于 1m，同通信线的间距不应小于 0.6m。

b. 管道式：线路路径上有可利用的管道时，可优先采用管道敷设方式。

c. 壁挂式：线路路径上有可利用建筑物时，可优先采用墙壁固定敷设方式。

d. 直埋式：线路路径上没有管道和建筑物可利用，也不便立杆时，可采用直埋敷设方式。引出地面的出线口，应尽量选在隐蔽地点，并宜在出口处设置从地面计算高度不低于 3m 的出线防护钢管，且周围 5m 内不应有易攀登的物体。

e. 电缆线路由建筑物引出时，应尽量避开避雷针引下线，不能避开处两者平行距离应不小于 1.5m，交叉间距应不小于 1m，并应尽量防止长距离平行走线。在不能满足上述要求时，可在间距过近处对电缆加缠铜皮屏蔽，屏蔽层要有良好的就近接地装置。

4. 监控中心设计

① 应说明监控中心及分控中心的位置、布局、面积及环境要求。

② 室内应无高温、高湿及腐蚀气体，且环境清洁。

③ 监控中心应安装防盗门、防盗窗和防盗锁。

④ 室内照度要均匀，应在 200 lx 以上。

⑤ 引入控制器（台）的电缆或电线的位置应保证配线整齐，避免交叉。

⑥ 控制器（台）的主电源引入线宜直接与电源连接，应尽量避免用电源插头。

⑦ 应在图中标明设备连线情况及线缆的编号，且控制设备的线缆编号应与前端设备的线缆编号相对应。

2.6　建筑入侵报警系统典型工程应用示例

下面以常见的大厦防盗报警系统和小区防盗报警系统以及综合保安系统与金库安全系统防范的典型工程实例进行叙述。

1. 某大厦防盗报警系统

某大厦是一幢现代化的 9 层涉外商务办公楼。根据有关部门要求，为保证大楼安全，要求建立一套现代化的电视监控和防盗报警系统。这里着重对防盗报警部分的设计进行说明。

根据大楼特点和安全要求，在首层各出入口各配置 1 个双鉴探头（微波/被动红外探测器），共配置 4 个双鉴探头，对所有出入口的内侧进行保护。2 ~ 9 楼的每层走廊进出通道，各配置 2 个双鉴探头，共配置 16 个双鉴探头；同时每层各配置 4 个紧急按钮，共配置 32 个紧急按钮，紧急按钮安装位置视办公室具体情况而定。整个防盗报警系统如图 2-37 所示。

保安中心设在二楼电梯厅，约 10m²。管线利用原有弱电桥架为主线槽，用 DG20 管引至报警探测点（或监控电视摄像点）。防盗报警系统采用美国 ADEMCO（安定宝）大型多功能主机 4140XMPT2。该主机有 9 个基本接线防区，还有可总线式结构，扩充防区十分方便，可扩充多达 87 个防区，并具备多重密码、布防时间设定、自动拨号以及"黑匣子"记录等功能。4140XMPT2 主机的设备配置及接线图如图 2-38 所示。

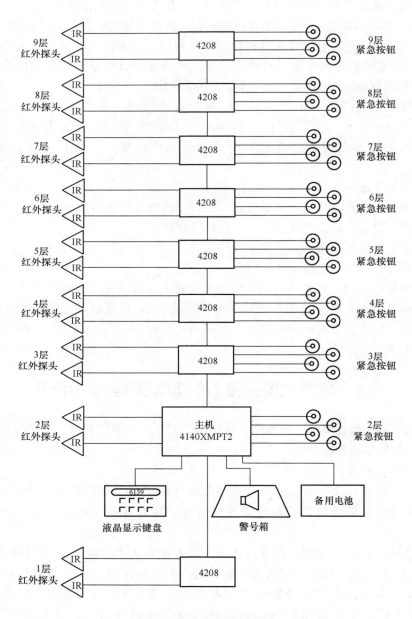

图 2-37　某大厦报警系统图

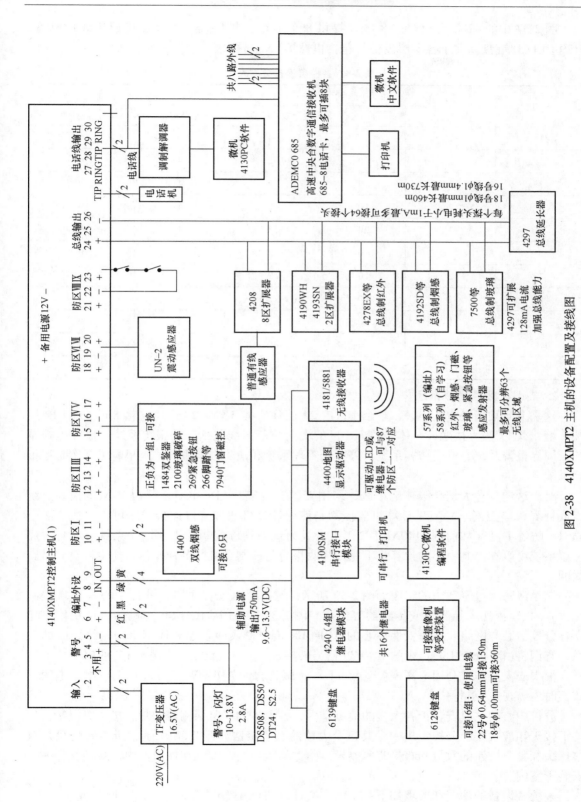

图 2-38　4140XMPT2 主机的设备配置及接线图

图 2-37 中的 4208 为总线式 8 区（提供 8 个地址）扩展器，可以连接通 4 线探测器。6139 为 LCD 键盘。关于各楼层设备（包括摄像机）的分配表如表 2-8 所示。

表 2-8　各楼层设备分布表

楼 层	摄 像 机		报 警 器		
	固定云台	自动云台	双鉴探头	紧急按钮	门磁开关
1	2	1	4	0	0
2	3	0	2	4	0
3	2	0	2	4	0
4	2	0	2	4	0
5	2	0	2	4	0
6	2	0	2	4	0
7	2	0	2	4	0
8	2	0	2	4	0
9	1	0	2	4	0
电梯	2	0	0	0	0
合计	20	1	20	32	0

2. 某小区防盗报警系统

这是上海某高级住宅小区，整个小区有 24 层住宅楼 5 幢、22 层住宅楼 8 幢、8～12 层楼 4 幢，共 17 幢大楼融成一体。整个小区的安全防范系统包括防盗报警系统、监控电视系统、周界报警系统、电子访客系统、停车场管理系统和消防报警系统。这里着重介绍防盗报警系统。

对于这样一个大型高级住宅小区，采用美国安定宝（ADEMCO）公司 V-NET 报警系统组成计算机监控网。V-NET 计算机监控网是使用计算机通过直接连接线路可将多达 512 个 VISTA 防盗主机（如前例 4140XMTP2）组合成为统一管理控制的报警网络系统。而且，通过该系统可以在控制中心的计算机上完成接收报警与控制主机的各种操作，使主机真正做到联网。

该小区防盗报警系统的组成如图 2-39 所示，它由小区安保中心、分控中心（区域控制主机）、接口模块、控测器或传感器等组成。图 2-39 中 ADI-4164RSB 主机接口模块用来建立各分控中心与网络联系，安保中心的 ADI-CRS 接口模块用来建立计算机与网络之间的联系，它们将由各分控中心传来的 RS-485 信号转换成 RS-232 信号，传送至 PC 的串行口。这样安保中心人员即可利用中文视窗（Windows）服务软件 ADI-NW 在计算机上以电子地图形式实时地监视及控制整个 V-NET 网络。

分控中心的主机安装于各大楼的值班室内，各大楼的双鉴探测器和紧急按钮等报警器件均汇接于相应大楼的分控主机中，其每个大楼的系统接法如图 2-38 所示，所不同的只是双鉴探头和紧急按钮的数量和布量有所差异，本例的紧急按钮安装在住户室内，被动红外探头安装于室内。

系统各设备的功能和要求如下：安保中心计算机的配置要求为 486 以上原装或兼容机、

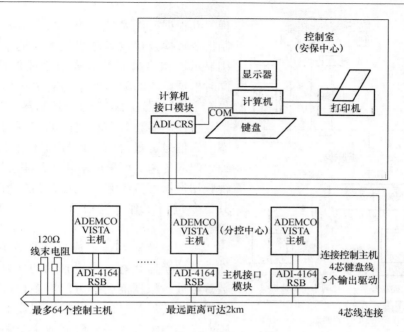

图 2-39　某小区防盗报警系统

120MB 以上硬盘，8Mb 以上内存，2 个串口，1 个中置式鼠标。采用基于 Windows 的 ADI-NW-WINNET 监控软件。对每个用户，可以在显示器上自绘多个防区平面图，当发生报警时，该用户的防区平面图会立即弹出，同时报警点探头图标做闪烁指示。而且，在监控状态下由一个用户状态总表显示所有用户状态（布防、撤防、防区旁路等），通过计算机可以对用户主机做布撤防、旁路等操作，还可选择所有用户主机集体做布撤防操作，并提供多条件查询。

ADI-4164RSB 主机接口模块用做主机与网络的接口，一个接口模块连接一台 VISTA 主机（如 4140XMPT2），并由主机供电。该模块使用 RS-485 格式传送信号，距离可达 2km 远，使用普通 4 芯线作为网络线，并以地址码区分，并在网络末端接上两个匹配电阻。该模块除了监控主机键盘数据外，还可通过计算机输出控制信号控制主机操作。该模块还提供 5 组可由计算机控制的输出，可以控制如出入口、CCTV 摄像机、电灯等，使系统具有自动化控制功能。

ADI-CRS 计算机接口模块用做计算机与网络的接口，每个 ADI-CRS 模块可支持最多 64 个 ADI-4164RSB 模块，每个 ADI-4164RSB 模块以并联方式接到 ADI-CRS 模块上。ADI-CRS 与计算机的串行口连接，每台计算机可使用 2 个 ADI-CRS 模块，并可扩充至 8 个 ADI-CRS 模块。

在这两级的系统中，例如当住户遇到意外事件（如遭劫、火警或求助）按动紧急按钮时，分控主机将产生声光报警信息，并在液晶显示键盘上显示编号代码（见图 2-37），同时将报警信息传到安保中心控制室。

3. 综合保安系统与金库安全防范

图 2-40 所示为将电视监控和防盗报警合为一体的一种微机警卫监控系统示例。主控制器是系统的控制核心，也是系统中人机对话的重要设备。它对整个系统各种单机实现动态管

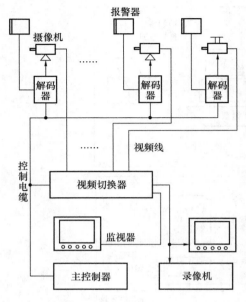

图 2-40　微机警卫监控系统

理，并根据操作人员的输入指令对各单机发送控制指令数据及接收各单机发送来的信息，处理后用显示器和蜂鸣器等方式告之操作员和值班员，同时根据系统的编程要求向有关单机发出联动信号。主控制器还可扩充接分控制器。

主控制器与各单机之间的控制指令数据、状态回送信号、报警回送信号均在单一双芯屏蔽电缆中双向传递，可采用串联、并联总线方式连接。视频切换器可接收来自主控制器的控制数据并按其指令进行工作，同时把状态信息回送给主控制器。

视频切换器可设置成自动切换和手动切换。在自动切换器状态可设置自动切换时间、切换路数等参数。根据需要，可以用多台视频切换器进行串并联扩展，组成一套较大规模的视频切换矩阵，尤其能组合成一套既有数个全切换通道又有多个分段切换通道的系统。

解码器装在现场。它一方面接收来自主控制器的控制数据，经解码后驱动摄像机及其他部件工作（可控制摄像机开关、除霜器开关、除尘器开关、报警开关、电动云台、电动镜头动作及自动线扫、面扫、两个定点寻位等），另一方面又同时把状态信息回传给系统主控制器。解码器内的报警端口和辅助端口，在报警探头动作后自动打开摄像机和辅助端口，并将报警信号回传给主控制器。

图 2-41 所示为金库中利用监控电视和被动红外/微波双鉴报警探测器进行安全防范的布置图。

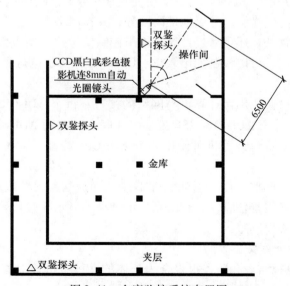

图 2-41　金库监控系统布置图

本章小结

　　本章通过建筑入侵报警系统构成、常用入侵探测器原理及应用、防盗报警控制器的组成及原理、入侵报警系统的信号传输模式、建筑入侵报警系统工程设计、建筑入侵报警系统典型工程应用示例讲述了建筑入侵报警系统。首先讨论了建筑入侵报警系统的构成，通常由前端设备（包括探测器和紧急报警装置）、传输设备、处理/控制/管理设备和显示/记录设备四个部分构成，比较复杂的入侵报警系统还包括验证设备。入侵报警探测器一般是由传感器、放大器和转换输出电路组成，其中传感器是核心器件。讲述了常用入侵报警探测器传感器基本原理，并详细介绍了常用入侵探测器种类、特性及应用。常用入侵探测器主要有开关报警探测器、声控报警探测器、微波报警探测器、超声波报警探测器、红外线报警探测器、双技术防盗报警器、玻璃破碎报警探测器、场变化式报警探测器、周界报警探测器等几种。防盗报警控制器是在入侵报警系统中，实施设防、撤防、测试、判断、传送报警信息，并对探测器的信号进行处理以断定是否应该产生报警状态以及完成某些显示、控制、记录和通信功能的装置。防盗报警控制器可以分为小型报警控制器、区域报警控制器和集中报警控制器等几种类型。信号传输系统就是把探测器中的探测信号送到控制器去进行处理、判别，确认"有""无"入侵行为。根据信号传输方式的不同，入侵报警系统组建模式宜分为分线制、总线制、无线制和公共网络等四种模式。通过设计步骤、入侵报警系统工程设计应考虑的因素、入侵报警系统各部分的功能设计要求和设备选型与设计详细讲述了建筑入侵报警系统工程设计。最后通过两个建筑入侵报警系统典型工程，示范如何进行建筑入侵报警系统设计。

习题与思考

2-1　建筑入侵报警系统的作用是什么？

2-2　建筑入侵报警系统通常有哪几部分组成，各部分的作用是什么？

2-3　常用入侵探测器有哪几种，分别适应于哪种场所？

2-4　入侵报警系统信号传输模式分为哪几种？

2-5　四种信号传输模式的特点及适用场所是什么？

2-6　入侵报警系统工程设计应考虑的因素是什么？

2-7　入侵报警系统各部分的功能设计要求是什么？

2-8　入侵报警系统设备选型注意事项是什么？

第3章　建筑出入口控制系统与电子巡查系统

重点提示/学习目标

1. 建筑出入口控制系统构成与分类；
2. 建筑出入口控制系统识别技术；
3. 建筑出入口控制系统典型工程应用示例；
4. 电子巡查系统及应用。

3.1　建筑出入口控制系统构成与分类

出入口控制系统（Access Control System，ACS）是利用自定义符识别或/和模式识别技术对出入口目标进行识别并控制出入口执行机构启闭的电子系统或网络。

建筑出入口控制系统又称门禁管理系统，是在建筑物内的主要管理区、出入口、电梯厅、主要设备控制中心机房、贵重物品的库房等重要部位的通道口，安装门磁开关、电控门锁或读卡机等控制装置，由中心控制室监控，出入口控制系统采用计算机多重任务的处理，既可控制人员的出入，也可控制人员在楼内及其相关区域的行动，它代替了保安人员、门锁和围墙的作用。在智能建筑中采用电子出入口控制系统可以避免人员的疏忽、钥匙的丢失、被盗和复制。出入口控制系统在大楼的入口处、金库门、档案室门、电梯等处安装磁卡识别器或者密码键盘，机要部位甚至采用指纹识别、眼纹识别、声音识别等唯一身份标识识别系统，以使在系统中被授权可以进入该系统的人员进入，而其他人员则不得入内。这样系统可以将每天进入人员的身份、时间及活动记录下来，以备事后分析，而且不需门卫值班人员，只需很少的人在控制中心就可以控制整个建筑物内的所有出入口，节省了人员，提高了效率，也增强了保安效果。因此，适应一些银行、金融贸易楼、综合办公楼和住宅小区等的安全管理。

3.1.1　建筑出入口控制系统构成

出入口控制系统主要由识读部分、传输部分、管理/控制部分和执行部分以及相应的系统软件组成。系统有多种构建模式，可根据系统规模、现场情况、安全管理要求等，合理选择。出入口控制系统的基本组成结构如图 3-1 所示。

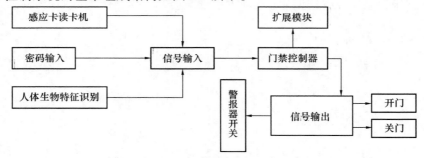

图 3-1　出入口控制系统的基本组成结构

网络技术令出入口控制系统更成熟、更实用、功能更全面。出入口控制系统主要涉及安全学和数据管理学两门科学。安全学的内容包含持卡人的身份识别、授权、定位和门控等；数据管理学则指对持卡人数据资料库以及进出、报警等事件的管理。出入口控制系统功能如图 3-2 所示。

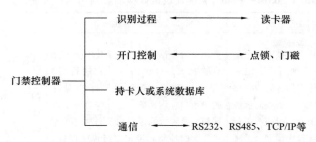

图 3-2　出入口控制系统的功能结构

为了复核出入口控制系统发生的报警，出入口控制系统可与 CCTV 的联动实现集成联动，主要用于有效刷卡的卡像核实、无效刷卡、无效进入级别、无效时区、防反传、防跟随、防重入、无效进入/退出、发生报警等情况，如图 3-3 所示。更可取的是采用摄像机的视频移动检测报警功能。出入口控制系统设备联动示意如图 3-4 所示。

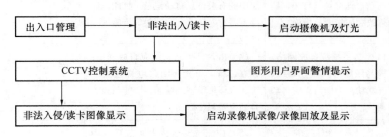

图 3-3　出入口控制系统与 CCTV 的联动控制功能示意图

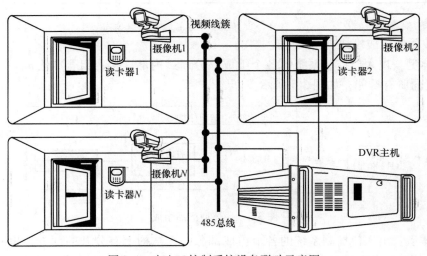

图 3-4　出入口控制系统设备联动示意图

3.1.2 建筑出入口控制系统分类

1. 分类要求

《智能建筑设计标准》中对出入口控制系统的分类要求如表 3-1 所示。

表 3-1 GB/T 50314—2006《智能建筑设计标准》对出入口控制系统分类要求

系统	甲 级 标 准	乙 级 标 准	丙 级 标 准
出入口控制系统	（1）应根据建筑物安全技术防范的要求，对楼内（外）通行门、出入口、通道、重要办公室门等处设置出入口控制装置。系统应对被设防区域的位置、通过对象及通过时间等进行实时控制和设定多级程序控制。系统应有报警功能	（1）应根据建筑物安全技术防范管理的要求，对楼内（外）通行门、出入口、通道、重要办公室门等处设置出入口控制系统。系统应对被设防区域的位置、通过对象及通过时间等进行实时控制和设定多级程序控制。系统应有报警功能	（1）应根据建筑物安全防范的总体要求，对楼内（外）通行门、出入口、通道、重要办公室门等设置出入口控制系统。系统应对被设防区域的位置、通过对象及通过时间等进行实时控制和设定多级程序控制。系统应有报警功能
	（2）出入口识别装置和执行机构应保证操作的有效性	（2）出入口识别装置和执行机构应保证操作的有效性	（2）出入口识别装置和执行机构应保证操作的有效性
	（3）系统的信息处理装置应能对系统中的有关信息自动记录、打印、储存、并有防篡改和防销毁等措施	（3）系统的信息处理装置应能对系统中的有关信息自动记录、打印、储存、并有防篡改和防销毁等措施	（3）系统信息处理装置应能对系统中的有关信息自动记录、打印、储存、并有防篡改和防销毁等措施
	（4）出入口控制系统应自成网络，独立运行。应与闭路电视监控系统、入侵报警系统联动；应能与火灾自动报警系统联动	（4）出入口控制系统应自成网络，独立运行。应能与闭路电视监控系统、入侵报警系统联动；应能与火灾自动报警系统联动	（4）出入口控制系统应能与入侵报警系统联动；应能与火灾自动报警系统联动
	（5）应能与安全技术防范系统中央监控室联网，实现中央监控室对出入口进行多级控制和集中管理	（5）应能与安全技术防范系统中央监控室联网，满足中央监控室对出入口控制系统进行集中管理和控制的有关要求	（5）应能向管理中心提供决策所需的主要信息

2. 分类

（1）按硬件构成模式

① 一体型：出入口控制系统的各个组成部分通过内部连接、组合或集成在一起，实现出入口控制的所有功能，如图 3-5 所示。

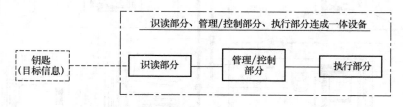

图 3-5 一体型产品组成

② 分体型：出入口控制系统的各个组成部分，在结构上有分开的部分，也有通过不同方式组合的部分。分开部分与组合部分之间通过电子、机电等手段连成为一个系统，实现出

入口控制的所有功能，如图 3-6 所示。

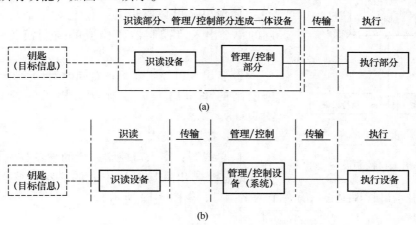

图 3-6　分体型结构组成

（2）按管理/控制方式

① 独立控制型：出入口控制系统，其管理与控制部分的全部显示/编程/管理/控制等功能均在一个设备（出入口控制器）内完成，如图 3-7 所示。

② 联网控制型：出入口控制系统，其管理与控制部分的全部显示/编程/管理/控制功能不在一个设备（出入口控制器）内完成。其中，显示/编程功能由另外的设备完成。设备之间的数据传输通过有线和（或）无线数据通道及网络设备实现，如图 3-8 所示。

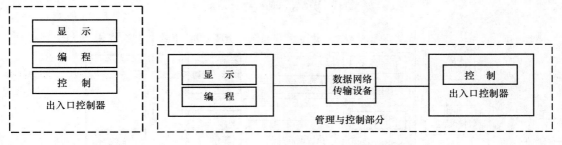

图 3-7　独立控制型组成　　　　　　　　图 3-8　联网控制型组成

③ 数据载体传输控制型：出入口控制系统与联网型出入口控制系统区别仅在于数据传输的方式不同，其管理与控制部分的全部显示/编程/管理/控制等功能不是在一个设备（出入口控制器）内完成。其中，显示/编程工作由另外的设备完成。设备之间的数据传输通过对可移动的、可读写的数据载体的输入/导出操作完成，如图 3-9 所示。

图 3-9　数据载体传输控制型组成

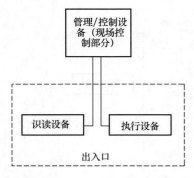

图 3-10　单出入口控制设备型组成

（3）现场设备连接方式

① 单出入口控制设备：仅能对单个出入口实施控制的单个出入口控制器所构成的控制设备，如图 3-10 所示。

② 多出入口控制设备：能同时对两个以上出入口实施控制的单个出入口控制器所构成的控制设备，如图 3-11 所示。

（4）按联网模式

① 总线制：出入口控制系统的现场控制设备通过联网数据总线与出入口管理中心的显示、编程设备相连，每条总线在出入口管理中心只有一个网络接口，如图 3-12 所示。

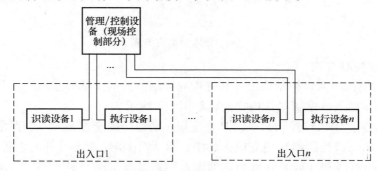

图 3-11　多出入口控制设备型组成

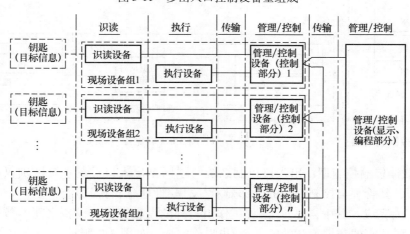

图 3-12　总线系统组成

② 环线制：出入口控制系统的现场控制设备通过联网数据总线与出入口管理中心的显示、编程设备相连，每条总线在出入口管理中心有两个网络接口，当总线有一处发生断线故障时，系统仍能正常工作，并可探测到故障的地点，如图 3-13 所示。

③ 单级网：出入口控制系统的现场控制设备与出入口管理中心的显示、编程设备的连接采用单一联网结构，如图 3-14 所示。

④ 多级网：出入口控制系统的现场控制设备与出入口管理中心的显示、编程设备的

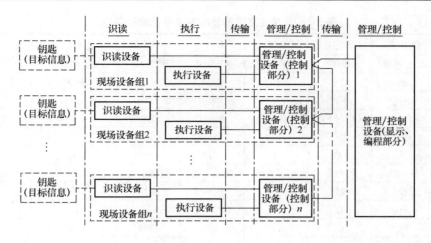

图 3-13 环线制系统组成

图 3-14 单级网络系统组成示意图

连接采用两级以上串联的联网结构，且相邻两级网络采用不同的网络协议，如图 3-15 所示。

图 3-15 多级网系统组成

3.2 建筑出入口控制系统识别技术

识别出入人员的身份是否被授权可以进出是出入口控制系统的关键技术。有效授权的方式是持有身份卡、特定密码或控制中心记忆有被授权人的人体特征（如指纹、掌纹、眼纹、声音等）。因此，出入口控制系统一般分为卡片出入控制系统、密码识别出入控制和人体特征自动识别出入控制三大类。

① 卡片出入控制系统主要由读卡机、打印机、中央控制器、卡片和附加的报警监控系统组成。卡片的种类很多，通常有磁卡（Magnetic Card）、条码卡（Bar Code）、射频识别（Radio Frequency Identification，RFID）卡、威根卡（Weicon Card）、智能卡（又称 IC 卡，Integrated Circuit Card）、光卡（Optical Card）、OCR 光符识别卡（Optical Character Recognition，OCR）等。有关各种卡片的性能特点如表 3-2 所示。目前智能卡的应用已经越来越多。

表 3-2　几种定义识别技术的主要性能和指标

	OCR 卡	条码卡	磁卡	IC 卡	RFID 卡	光卡	韦根卡
信息载体	纸、塑胶	纸等	磁性材料	EPROM	EPROM	合金塑胶	金属丝
信息量	小	较小	较大	大	较大	最大	较小
可修改性	不可	不可	可	可	可	不可、但可追加	不可
读方式	CCD 扫描	CCD 扫描	电磁转换	电方式	无线发收	激光	电磁转换
保密性	差	较差	较好	最好	好	好	较好
智能化	无	无	无	有	无	无	无
抗干扰	怕污染	怕污染	怕强磁场	静电干扰	电波干扰	怕污染等	电磁干扰
证卡寿命	较短	较短	短	长	较长	较短	较短
ISO 标准	有	有	有	有、不全	在制定中	有	有
证卡价格	低	低	较高	高	较高	较高	较高
读/写设	写：高　读：低	写：高　读：低	高	较低	较低	高	较高
特点	可读性好	简单可靠　接触识读	可改写	信息安全可靠	可遥读	信息量大	较安全可靠
弱点	抗污染差	抗污染差	寿命短	卡价格高	易受电磁波干扰	表面保护要求高	不便推广应用

② 密码识别控制系统是指定密码进行识别，如用数字密码锁开门等。

③ 人体自动识别技术是利用人体生理特征的非同性、不变性和不可复制性进行身份识别的技术，例如人的眼纹、字迹、指纹、声音等生理特征几乎没有相同者，而且也无法复制他人的这一特征。

各种出入凭证和识别方法的优缺点如表 3-3 所示。下面将分别介绍这三种识别系统。

表 3-3　各种个人识别方法的优缺点

分　类		原　理	优　点	缺　点	备　注
代　码		输入预先登记的密码进行确认	不要携带物品、价廉	不能识别个人身份、会泄密或遗忘	要定期更改密码
卡片	磁卡	对磁卡上的磁条存储的个人数扰进行读取与识别	价廉、有效	伪造更容易、会忘带卡或丢失	为防止丢失和伪造，可与密码法并用
	IC 卡	对存储在 IC 卡中的个人数据进行读取与识别	伪造难、存储量大、用途广泛	会忘带卡或丢失	
	非接触式IC 卡	对存储在 IC 卡中的个人数据进行非接触式的读取与识别	伪造难、操作方便、耐用	会忘带卡或丢失	
生物特征识别	指纹	输入指纹与预先存储的指纹进行比较与识别	无携带问题、安全性较高、装置易小型化	对无指纹者不能识别	效果好
	掌纹	输入掌纹与预先存储的掌纹进行比较与识别	无携带问题、安全性很高	精确度比指纹法略低	
	视网膜	用摄像输入视网膜与存储的视网膜进行比较与识别	无携带问题，安全性极高	对弱视或睡眠不足而视网膜充血以及视网膜病变者无法对比	注意摄像光源强度不致对眼睛有伤害

1. 身份识别卡片

身份识别卡片常用的有磁卡、条码卡、射频识别卡（RFID）、威根卡、智能卡（IC卡）、光卡、OCR 光符识别卡等。目前智能卡的使用越来越广泛。智能卡又称 IC 卡，是英文 Integrated Circuit Card 的缩写，含意为集成电路卡，它是把集成电路芯片封装在塑料基片中。卡面的尺寸为 54mm×85.6mm×（0.76~5）mm。

按对智能卡上信息读写的方式不同，智能卡可分为接触型和非接触型（感应型）两种。前者由读写设备的接触点与卡片上的接触点相接触而接通电路进行信息读写。在接触型智能卡中又分为存储卡、智能卡和超级智能卡三种。存储卡即卡内集成电路为电可擦写的可编程只读存储器（EEPROM），没有 CPU，由写入设备先将信息写入只读存储器，然后持有人即可持卡插入读卡机，读卡机读出卡上数据与中心的原始数据进行比较分析，以判定持卡人是否为已授权可以通过者。智能 IC 卡则除含有存储器外，还包括 CPU（微处理器）等。其结构如图 3-16 所示。CPU 一般为 8 位微处理器，是整个卡的心脏部件。RAM 为随机存储器，用来存储卡片在使用中的临时数据信息。ROM 为只读存储器，存放 CPU 执行的程序代码。EEPROM 为电可擦写存储器，存放各种需保存的数据信息。BUS 为内部总线，包括数据总线、地址总线和控制总线。接触型 IC 卡上我们总是可以看到一个金色的小方块，块中被蚀线分为 8 个部分，这实际上是 IC 卡与读卡机的接触端子，分别是电源、地线、时钟、复位及串行数据通信线，另外两触点未做定义为备用。而超级智能卡则带有液晶显示屏及键盘，但通常不用做身份识别卡。实际上作为身份识别卡使用存储卡就完全可以了。

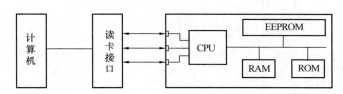

图 3-16　智能 IC 卡芯片结构

非接触型智能卡又称感应式智能卡。这种卡也分为两种，一种为近距离耦合卡，必须插入机器缝隙内，卡的位置对于正确操作很重要。电能通过卡上线圈耦合进入证卡，信号则通过板面产生的电容耦合传递。第二种非接触卡是远程耦合通信卡，其独特之处是能源与信息皆经一个或两个线圈耦合传送。读卡器无线发送一或多路射频信号，证卡将这种射频能量转换成直流电压，供卡内部的电路使用。由该电路将通信信号解码，通信信号可以载波于发射能源的射频上，也可以用不同频率单独由读卡器发射。在证卡与读卡器之间收发过程可以连续进行若干交换。这种证卡读卡器信息在 10~300s 完成，取决于应用中的信息交换量。图 3-17 是两种非接触型智能卡。因为不必为接触暴露电路，降低了电路损坏的机会，亦可

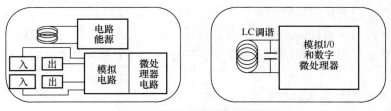

图 3-17　两种非接触智能卡结构

避免误触而增加了证卡的可靠性。无接触损伤可延长使用寿命，降低成本。智能卡的分类及其特性如表 3-4 所示。

表 3-4　智能卡的分类及其特性

	项　目	触点数	CPU	构成	尺寸、规格	芯片的种类	组成零件	举例
接触型	智能卡 M/S 对比 (ISO) 卡	8	有	CPU + 存储器	ISO 规格	8bit CPU + 16 ~ 64KB EPROM 16 ~ 64KB EEPROM	芯片、R、制板、卡片基体	法、日、美开发的大部分智能卡
	智能卡 ROM 卡				54mm × 85.6mm ×（2 ~ 3）mm	8bit CPU + CMOS · SRAM		
	智能卡 RAM 卡				同上	8bit CPU + 16KB ROM 8K RAM	同上 + 电池	
	超级智能卡	8	有	CPU + 存储器 + 液晶显示屏(LED) + 键盘	ISO 规格	8bit CPU + 16KB ROM 8KB RAM	同上 + 电池	VISA （东芝）
	存储卡 ROM 卡	8	无	存储器	54mm × 85.6mm × 2.2mm	Mask ROM (1M × 1 ~ 4)	芯片 RC 制板 卡片基体	法国公共电话卡
						EPROM (256KB × 2)		
						EEPROM (64K × 4)		
						CMOS · SRAM (64K × 16) 周边电路用 IC	芯片、RC、制板、卡片、基体、电池	
非接触型	近接结合卡	1	有	CPU + 存储器	ISO 规格			日本 LSI 卡社
		4	无	存储器	54mm × 85.6mm × （1 ~ 5）mm 左右	—	—	
	远隔结合卡	1	有	CPU + 存储器				
		4	无	存储器	54mm × 85.6mm × （1 ~ 5）mm 左右			

2. 密码识别系统

机械式密码已经有相当长的历史了。出入口控制系统采用的是电子密码锁。智能卡虽然可以作为通行证，但一般任何人持有都可通行，一旦丢失则会带来安全隐患。这时则可以配用密码，密码被记忆在大脑中不会随卡丢失，只有证、码全相符时才可确认放行。密码输入通常采用小键盘。

3. 人体特征识别技术及识别系统

人体特征识别技术又称生物识别技术（Biometric Identification Technology）是利用人体

生物特征进行身份认证的一种技术。生物特征是唯一的（与他人不同），可以测量或可自动识别和验证的生理特性或行为方式，一般分为生理特征和行为特征。

从开门方式上说，用钥匙开门是用"你拥有的东西（something you have）"，用密码开门是用"你知道的东西（something you know）"，而用生物特征识别开门则是用"你的一部分（something you are）"。人体生物特征识别系统是以人体生物特征作为辨识条件，有着"人各有异、终身不变"和"随身携带"的特点，因此具有无法仿冒与借用、不怕遗失、不用携带、不会遗忘、有着个体特征独特性、唯一性、安全性的特点，适用于高度机密性场所的安全保护。

人体生物特征（图 3-18）识别系统主要类别如下：

（1）指纹比对识别

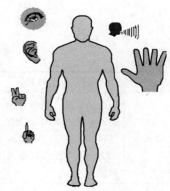

指纹识别系统是以生物测量技术为基础，利用人类的生物特性——指纹来鉴别用户的身份。指纹识别系统原理如图 3-19 所示。19 世纪初人们就发现了指纹的唯一性和不变性，即人的指纹有两个重要特征：一个是两个不同手指的指纹纹脊的式样（ridges pattern）不同，另一个是指纹纹脊的式样终生不变。指纹是每个人所特有的东西，即使是双胞胎，两人指纹相同的概率也小于十亿分之一，而且在不受损伤的条件下，一生都不会有变化。由于指纹的特殊特性，因此指纹识别具有高度的保密性和不可复制性。指纹识别主要包括活体指纹图像获取、提取指纹特征和指纹比对三部分。其用途很广，包括门禁控制、网络网际安全、金融和商业零售等。

图 3-18　人体生物特征

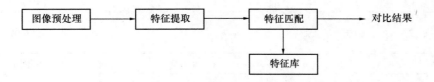

图 3-19　指纹识别系统原理

每个指纹一般都有 70 ~ 150 个基本特征点，从概率学角度而言，在两枚指纹中只要有 12 ~ 13 个特征点吻合，就可以认定为是同一指纹。而且，一个人的 10 个指纹皆不相同，因此，可以方便地利用多个指纹来做复合式识别，从而极大地提高指纹识别的可靠性。指纹典型特征如图 3-20 所示。

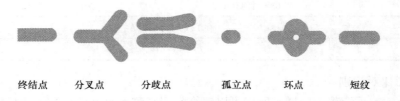

终结点　　　分叉点　　　分歧点　　　孤立点　　　环点　　　短纹

图 3-20　指纹典型特征

指纹识别典型产品及指标如图 3-21 和表 3-5 所示。

(a)

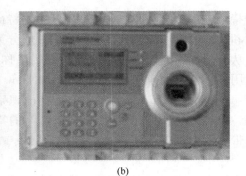
(b)

图 3-21　指纹机

表 3-5　指纹识别系统的规格

项　目	V-FLEX	V-PROX	V-PASS
说明	独立设备，执行注册、验证功能，可存储 4000 个指纹；安装在任何韦根接口（Wiegand）读卡器旁边，为现有门禁系统添加双重验证	使用卡和指纹匹配来确定持卡人的身份。双重验证来自于组合了指纹 OmniTek 或 HID 感应读卡器的集成方案	门禁系统中的指纹识别安装在一个独立的识别器中。V- Pass 提供单触式指纹识别，根据已授权的指纹模板来确定用户身份的合法性
尺寸	130mm ×50mm ×65. 5mm		
通信	数据/时钟	支持 RS-232、RS-485、Weigand 入/出的尾线连接	
登记时间	小于 3s		
识别时间	N/A	N/A	对于 100 模板的数据库，小于 1s
误辨率（EER）	0.1%	0.1%	N/A
错误接受率	可调整	可调整	固定
错误拒绝率	可调整	可调整	0.1%
自定义功能	打开/关闭声音，外部 LED 控制（三色：红/黄/绿）		
验证时间	对于所有识别器，小于 1s		
模板数量	每个装置 4000	每个装置 4000	最佳存储 100 个，最多 200 个
模板大小	348B	348B	2352B
待机电流	在 12V 时为 0. 15A		在 12V 时为 0. 20A
工作电流	在 12V 时为 0. 25A		
电压	7 ~ 24V（DC）		

（2）掌形比对识别

因为每个人的手形都不一样，所以可以三维空间来测试手掌的形状、四指的长度、手掌的宽度及厚度、各指的两个关节部分的宽与高等来作为辨识的条件。通常是以俯视得到手的长度与宽度数据，从侧视得出手的厚度数据，从而获得手的轮廓数据，最终经数据压缩将手的图像变换成若干个字符长度的辨识矢量，作为用户模板存储起来。掌型几何扫描，最能与出入口控制系统结合，侵入性最低，其模板仅需 9B（72bit），是现有生物识别技术中最小的，处理及储存的需求较小。专家预言，未来人体的掌纹代码有可能取代护照而可在全世界范围内通行。掌型机的联网应用原理图和典型规格数据如图 3-22 和表 3-6 所示。

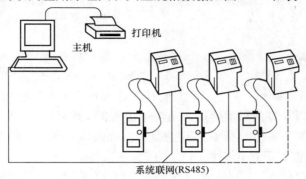

图 3-22　掌型机的联网应用

表 3-6　掌型机的典型规格数据

掌型机规格表	
辨识枚数	256～7904 枚（单机型）
掌型登录时间	10s
辨别时间	1s
判别方式	立体几何特征
拒绝回应时间	1s
误判拒绝率	0.01%（可调整）
误判接受率	0.01%（可调整）
时间计时	使用锂电池，可修改日期
存储体	128～512KB，512KB 可储存 27904 个掌型及 3400 次使用记录
按键	12 键
显示单元	32 字，两行液晶显示器
串行接口	RS-232、RS-485
辅助接口	磁卡、weigand 卡输入/磁卡、weigand 卡模拟输出、可搭配分离式控制箱、警报输入/输出、4 点输入/输出
线圈驱动输出	内含门锁继电器驱动电路
电力需求	12V，0.5A
尺寸大小（mm）	210 高×164 宽×185 厚
防伪安全装置	活体辨识启动开关
供电时间	8h，资料存储一年以上

（3）视网膜比对与虹膜识别。视网膜及虹膜的结构如图 3-23 所示。

① 视网膜识别：视网膜的血管路径同指纹一样为各人特有，如果视网膜不受损的话，从 3 岁起就终生不变。此外，每个人的血管路径差异很大，外观看不出来，所以被复制的机

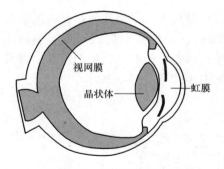

图 3-23 视网膜及虹膜

会很小。市售装置是使用微弱的近红外线来检查出视网膜的路径。这种方法在不是生物活体时无法反应，因此不可能伪造。但是在眼底出血、白内障、戴眼镜的状态下也无法辨识比照。在误判率百万分之一的高精密度下，个人资料92bit，登记1500枚时，识别时间在5s以下，误判率为零。

在技术上，基于可变灵敏度光检测单元（Variable Sensitivity Photo detection Cell，VSPC）的人体视网膜芯片已经诞生。以其可完成影像感知、模式匹配、边缘探测、二维到一维的摄影等多种影像处理，出现了像素值128×128、352×288的二维空间滤波芯片。芯片功耗15MW（约为CCD芯片的1/10）和人体视网膜摄影机。

② 虹膜识别：眼睛虹彩路径同视网膜一样为各人特有，出生第二年左右就终生不变。虹彩不同于视网膜，它存在于眼的表面（角膜的下部），是瞳孔周围的有色环形薄膜，眼球的颜色由虹膜所含的色素决定，所以不受眼球内部疾病等影响。另外，与摄像机距离1m左右拍摄，比照时的阻碍非常少。新推出的产品，个人资料256bit，可达到误判率十万分之一以下的高精度。在眼睛上贴眼球相片的伪造者，也会在眼线转动测试中被排除。虹膜识别机的安装如图3-24所示。

目前，很多生产虹膜识别设备的厂商，都是以1993年John Daugman博士的专利和研究为基础的。从直径11mm的虹膜上，Daugman的算法用3.4B的数据来代表每平方毫米的虹膜信息。这样，一个虹膜约有266个量化特征点。而一般的生物识别技术只有13~60个特征点。在算法和人类眼部特征允许的情况下，通过Daugman算法可获得173个二进制自由度的独立特征点，这在生物识别技术中，所获得特征点的数量是相当大的。虹膜识别技术将虹膜的可视特征转换成一个512B的Iris Code（虹膜代码）。这个代码模板被存储下来以便为实际的识别所用。

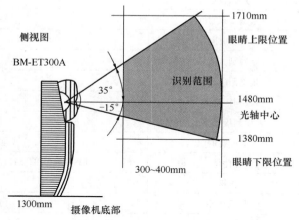

图 3-24 虹膜识别机的安装

由于虹膜代码（Iris Code）是通过复杂的运算获得的，并能提供数量较多的特征点，所以虹膜识别技术是精确度最高的生物识别技术，具体描述如下：

① 人类中产生相同虹膜的概率是1：1078。

② 误识别率为1：1200000。

③ 两个不同的虹膜产生相同的Iris Code（虹膜代码）的可能性是1：1052。

（4）手掌静脉识别

手掌静脉生物识别技术目前正在兴起，包括手掌静脉识别（palm vein）、手背筋脉识别（back vein）和手指静脉识别（finger vein）。手掌静脉识别示意如图3-25所示。

（5）人脸识别

人们只要看上某人一眼，往往就能描述出其特征，足见脸面的识别信息最丰富。人脸最有效的分辨部位有眼、鼻、口、眉、脸的轮廓、（头、下巴、颊）的形状和位置关系、脸的轮廓阴影等都可利用，它有"非侵犯性系统"的优点，可用在公共场合对特定人士进行主动搜寻，也是今后用于电子商务认证方面的利器之一，

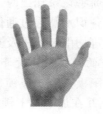

图 3-25　手掌静脉识别

各国或地区都在竞相努力，并已经开始在 ATM 自动取款机、机场的登机控制、司法移民及警察机构、巴以加沙地带出入控制系统等应用。

人脸识别包含人脸检测和人脸识别两个技术环节。人脸检测的目的是确定静态图像中人脸的位置、大小和数量。而人脸识别则是对检测到的人脸进行特征提取、模式匹配与识别。

用于安全防范的人像辨识机产品是以 1 台或多台服务器主机和 Windows 或 Linux 操作系统为平台的专用机。分为二维人像辨识机和三维人像辨识机，其系统框图如图 3-26 所示。

人脸识别系统主要应用于人员身份的认证，但从实用性考虑，一要解决环境光线对识别带来的影响，二要能防范利用照片或视频播放来做假的可能性，以提高系统的安全性。

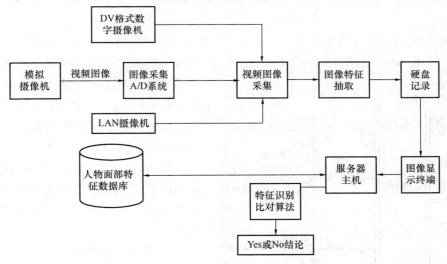

图 3-26　安全防范用人像辨识机的基本结构

3.3　建筑出入口控制系统典型工程应用示例

出入口控制系统工程的建设，应与建筑及其强、弱电系统的设计统一规划，根据实际情况，可一次建成，也可分步实施。

出入口控制系统应具有安全性、可靠性、开放性、可扩充性和使用灵活性，做到技术先进，经济合理，实用可靠。

通常使用的出入口控制系统有两种类型。一种是简单的独立系统，即用一个读卡识别器（或人体特征识别器）、一个电控锁及 IC 卡组成。IC 卡密码的弃值（或修改）以及出入的记

录均由识别器本身完成，需将记录输出时，连上打印机或通过计算机边上打印机即可将记录打印出来。另一种则是将各识别器通过通信总线与一台计算机联网构成一个系统，卡的充值修改、记录、打印、管理等均由计算机及其有关的辅件完成。

1. 出入口控制系统中的锁具及其设计原则

锁具类型主要有包括阳极锁、阴极锁、剪力锁、电力式推把锁等在内的电控锁；以12V（DC）或24V（AC）供电并在加电时上锁的电磁锁；以12V（DC）或24V（AC）供电并在加电时开锁、无电时上锁的电击锁等。各种类型的锁具如图3-27所示。

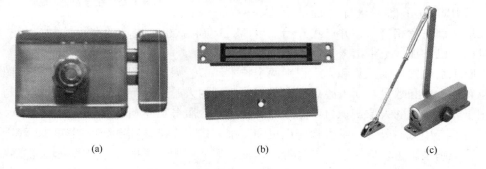

| (a) | (b) | (c) |

图 3-27　各种类型的锁具
（a）电控锁；（b）电磁锁；（c）闭门器

锁具运行机制的设计非常重要。对于诸如电影院等公共场合，应设计成失电时可逃生的出入机制（Fail Save），此时应采用电磁锁，以保障人员的逃生安全；而对于诸如银行、机房等机要部门，则应设计为失电时保安机制（Fail Secure），即失电时锁具处于锁住状态以确保财产和设备的安全，等待来电时开门或者需用钥匙开门。

与出入口控制系统相配套的还需有出入门的管理法则，需根据具体要求设计，可采用的出入门管理法则主要包括如下几种：

① 进出双向控制；

② 双重密码控制；

③ 双人同时出入法则；

④ 出入次数控制；

⑤ 缺席法则。

2. 出入口控制装置的布置示例

图 3-28 所示为是某大楼各室的出入口控制系统的设备平面布置图。该系统使用IC卡结合监控电视（CCTV）摄像机进行出入个人身份鉴别和管理。图 3-29 所示为计算机管理出入口进出的程序流程图。

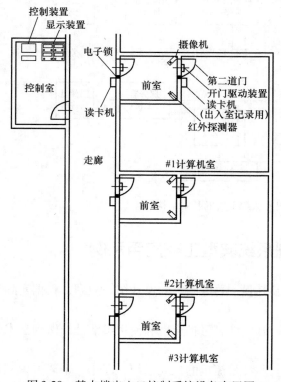

图 3-28　某大楼出入口控制系统设备布置图

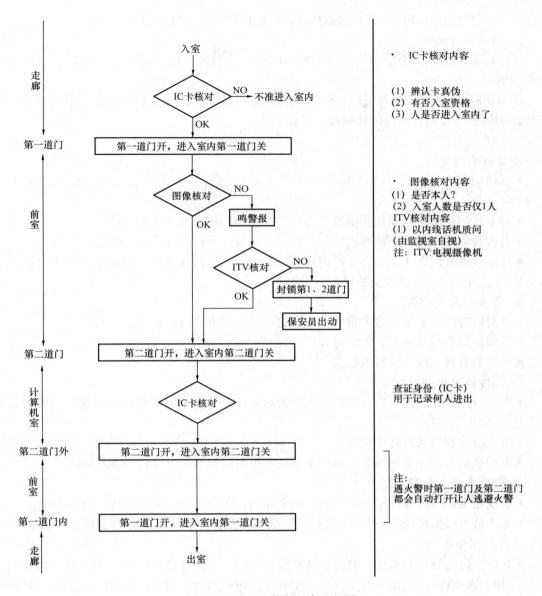

图 3-29　出入口控制程序流程图

3. 出入口控制系统举例

下面以美国 UNITEK 公司的 UNITEAM IBAC5000 型出入口控制系统（门禁系统）为例进行说明。

IBAC5000 出入口控制系统是一种新型多功能门禁系统，具有安全可靠、使用方便、易于管理和保密等特点，系统的功能特点详述如下：

系统特点如下：

高度的安全性：

① 可使用双介质控制方式，即使用个人卡片识别与个人密码相配合，出入控制更为严格。

② 对卡片的使用期限及使用次数可进行严格控制，这尤其适用于来访者。

4. 出入口控制系统举例

下面以美国 UNITEK 公司的 UNITEAM IBAC5000 型出入口控制系统（门禁系统）为例进行说明。

IBAC5000 出入口控制系统是一种新型多功能门禁系统，具有安全可靠、使用方便、易于管理和保密等特点，系统的功能特点详述如下：

（1）系统特点

①高度的安全性。

• 可使用双介质控制方式，即使用个人卡片识别与个人密码相配合，出入控制更为严格。

• 对卡片的使用期限及使用次数可进行严格控制，这尤其适用于来访者。

• 对没有关好的门及非法开门可及时提示、报警，并通知保安部门处理。

• 提供核准开门方式，即在监控电视系统的配合下，保安人员全面验证出入者合法性之后，做出适当反应，准许或拒绝出入门。

② 强大的报表功能。

• 可对所有出入事件、报警事件、故障事件等保持有完整的记录。

• 可根据需要分类查询，做出报表。

• 为其他管理工作提供数据依据。

③ 高度的可靠性。

• 出入口控制器设计可靠，它采用电池做后备，即使发生网络或电源问题，仍可可靠地工作达一周以上。

• 出入口控制器都有防撬功能。

• 主控也采取了一系列措施，对整个系统不可间断地监视，处理事务及故障。

④ 操作方便，配置灵活。

• 系统在 Windows2000 平台下运行，中文环境，图形界面，鼠标操作，使用方便。

• 操作员可对系统的动行状况一目了然，方便地维护系统的各种数据库，改变运行多数，实施控制操作。

• 从单一门的管理到整楼、群楼甚至异地辖区的出入口管理，IBAC5000 均能从容应付。

⑤ IBAC5000 的连线结构完全符合 SCS 综合布线标准，给用户的应用提供极大的灵活性。

⑥ 丰富的扩展功能，本系统可扩充作为巡更、身份核实、考勤、人员定位、停车场控制、客户自我管理等使用。

（2）主要功能与技术指标

① 操作员管理。

• 设置多达 256 种操作员操作级别，定义操作程度。

• 每个操作员只能操作被限定的模块。

• 操作员每一步操作都将产生一个事件，存入事件库中，作为操作员的工作记录。

② 使用者管理。

• 本系统的使用者的基本容量为 4000 人，最大为 65000 人（要考虑硬盘容量及运行效率）。

- 数据库中有使用者照片、个人密码及其他个人信息。
- 可设定使用期限及使用次数，可对使用者进行分组管理等。

③ 设备管理。

- 统在基本模式下可管理 1～124 个出入口，在扩展模式下可管理无限个出入口（建议不超过 4000 个）。
- 可由控制中心在图形方式下设定、监视、控制各个出入口控制器的各种参数及设备状态。

④ 事件管理。

- 系统对操作员事件、门控器事件以及各类故障事件等分类处理，存入事件管理数据库。
- 可生成日志文件。
- 可为考勤等其他应用提供数据源。

⑤ 报警管理。

- 除故障及常用报警外，系统操作员还可定义其他某个事件为报警事件。
- 当报警发生时，系统会自动弹出故障点的报警画面，并有声、光及语音提示。

⑥ 巡更管理。

- 本系统可设计多达 2000 条巡更路线。
- 能同时处理 16 个并发巡更操作。
- 配合巡更终端使得巡更管理更为安全可靠，易于操作。

（3）系统组成

① 设备配置：IBAC5000 出入口控制系统的标准应用为控制 1～124 个门（出入口），以 RS-485 联网，传输距离小于 500m。系统的标准备组成如图 3-30 所示。系统的设备配置如下：

- 主控工作站 1 台：PC/586、32MRAM、2GHD、800X600CRT、1.44MFD、1MOUSE。
- IBAC5000-B 基本门禁管理控制软件 1 套；SURGE400 控制适配卡 1 块。
- TORNADO6000 门禁控制器 1～M 台（M 小于 124）。
- 彩色摄像头 1 个。
- VEDIO Card 视频采集卡。
- HAIL100IC 卡读卡器（或 MOTOROLA Indala 感应卡读卡器）2～M 台（M 小于 124）。
- 电控门锁 1～M 台（M 小于 124）。
- IC 卡（或感应卡）$N+1$ 张（N 小于 4000）。

系统的选件如下：

- IBAC5002 考勤管理软件。
- CONVECTION7000 通信控制器（用于支持 SCS 结构化布线、提高可靠性、提高运行效率、易于维护管理）。
- FOEHN200IC 卡读写驱动器 1 台及 IC 卡管理软件（用于写 IC 卡）。

② 系统说明如下：

- 可供 4000 人以上同时使用，并可利用考勤管理软件做出考勤报表（选项）。
- 可对 124 个门进行联网控制，配合 CCTV 系统，可完成核准开门功能（选项）。

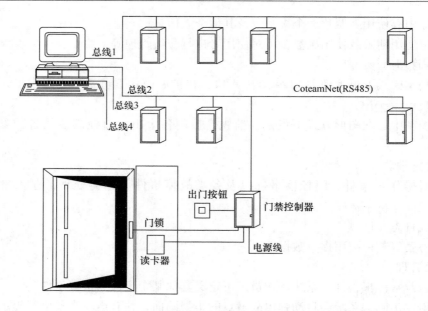

图 3-30　IBAC5000 出入口控制系统的标准组成

- 对每个控制器，能按控制要求对 256 个不同群组分别控制。
- 对每个控制器有 64 个控制时段，使出入口在周一至周日及节假日可采用不同的控制方式。
- 可对操作员进行严格的管理，可设置多达 256 种级别，每个操作员只能操作被限定的模块。
- 每台控制器有两组读卡器输入端，可一个在门外一个在门里，用于防反传，也可用于一个房间或区域的两个不同的门。
- 每台控制器还有两组按钮端入端，两组门锁控制输出，用户可根据需要灵活地选择配置方法。
- 每台控制器有三个可编程输入能采集现场各种信息，3 组独立可编程控制输出采用波表控制方式，输出动作可与输入及相关事件联动，实现复杂的逻辑控制。
- 每台控制器用 RS485 接口与上位机连接，完成系统设置、数据收集、实时控制等工作。
- 采用 4 条 RS485 总线，每条总线可接 31 个 TORNADO6000 门控器，每条总线长度小于 500m；具有实时事件采集能力，对系统故障、紧急事件、非法出入等产生报警，并有语音报警输出。

③门禁控制器（TORNADO6000）的功能：TORNADO6000 型门禁控制器是 IBAC5000 出入口控制系统的控制终端，是对出入口实行管理和控制的控制装置。其性能与功能如下：

- 可管理 4000 张个人卡片，能按控制要求对 256 个不同群组分别控制。
- 具有 64 个控制时段，使出入口在周一至周日及节假日可采用不同的控制方式。
- 每台控制器有两组读卡器输入端；可一个在门外一个在门里，用于防反传，也可用于一个房间或区域的两个不同的门。
- 具有两组按钮输入端，两组门锁控制输出，用户可根据需要灵活地选择配置方法。

● 三组可编程输入能采集现场各种信息，3 组可独立可编程控制输出采用报表控制方式，输出动作可与输入及相关事件联动，实现复杂的逻辑控制。

● 本控制器能兼容配接各种读卡器组成系统，如 IC 卡读卡器、感应卡读卡器、威根卡读卡器等。

● 控制器采用 220V 交流供电，可配接备用电池。当主电源断电时，系统仍可正常工作。

● 系统通信：控制器与上位机采用 RS-485 连接，通信协议为 CoteamNET。它有基本信息由控制中心通过控制网络下载，它的每个操作都作为事件上传。当上位机故障或通信线路故障时，本控制器仍可正常工作，并能保持超过 2 万条事件信息，以备系统正常时上传。

● 本控制器还可工作在核准开门方式。

④ IC 卡读卡器（HAIL100）功能：HAIL100 型 IC 卡读卡器是专为本系统设计的 IC 卡读卡器，有带键盘和不带键盘两种规格。该读卡器适用于符合 ISO7816 标准的 IC 卡，输出格式为 26bit Wiegand、RS-232。读卡指示为 LED，蜂鸣器。外形尺寸为 86mm×86mm×42mm。

（4）系统扩展应用

IBAC5000 出入口控制系统利用网络控制器（MONSOON8000）构成两级网络系统，如图 3-31 所示，可控制多达 4000 个门（出入口）。网络系统的布线可采用综合布线系统，要求符合 ISO/IEC11801 综合布线标准。

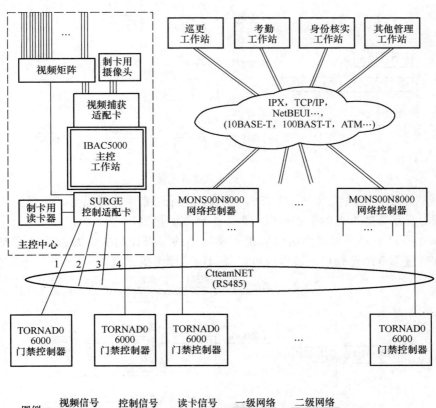

图 3-31　IBAC5000 扩展构成两级网络系统

3.4 电子巡查系统及应用

电子巡查系统（Electronic Patrol System，EPS）是对保安巡查人员的巡查路线、方式及过程进行管理和控制的电子系统。

电子巡查系统主要由信息标识（信息装置或识别物）、数据采集、信息转换传输及管理终端等部分组成。

现代化大型楼宇中（办公楼、宾馆、酒店等），出入口很多，来往人员复杂，必须有专人巡逻，以保证大楼的安全。较重要的场所应设巡查站，定期进行巡逻。现代化的电子巡查系统已完全实现微机管理，利用微电子技术，加强事故处理。

电子巡查系统可以用微处理机组成独立的系统，也可纳入大楼设备监控系统。如果大楼已装设管理计算机，应将电子巡查系统与其合并在一起，这样比较经济合理。

1. 电子巡查系统的类型

依照巡查信息是否能即时传递，电子巡查系统一般分为离线式和在线式两大类。

① 离线式电子巡查系统（见图 3-32）。保安值班人员开始巡查时，必须沿着设定的巡视路线，在规定时间范围内顺序达到每一巡查点，以信息采集器去触碰巡查点处的信息钮。如果途中发生意外情况时，及时与保安中控值班室联系。

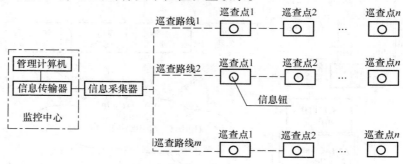

图 3-32　离线式巡查系统

② 在线式电子巡查系统（见图 3-33）。在线式电子巡查系统可以与其他报警系统合用一套装置，因为在某个巡查点的巡查可以视为一个已知的报警。

在线式电子巡查系统可以由防侵入报警系统中的警报控制主机编程确定巡查路线，每条路线上有数量不等的巡查点，巡查点可以是门锁或读卡机，视为一个防区，巡查人员在走

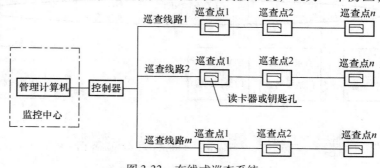

图 3-33　在线式巡查系统

到巡查点处，通过按钮、刷卡、开锁等手段，将以无声报警表示该防区巡查信号，从而将巡查人员到达每个巡查点时间、巡查点动作等信息记录到系统中，从而在中央控制室，通过查阅巡查记录就可以对巡查质量进行考核。这样，对于是否进行了巡查、是否偷懒绕过或减少巡查点、增大巡查间隙时间等行为均有考核的凭证，也可以此记录来判别发案大概时间。倘若巡查管理系统与闭路电视系统综合在一起，更能检查是否巡查到位以确保安全。监控中心也可以通过对讲系统或内部通信方式与巡查人员沟通和查询。

2. 电子巡查系统设计原则

① 应编制巡查程序，应能在预先设定的巡查线路中，用信息识读器或其他方式，对人员的巡查活动状态进行监督和记录，在线式电子巡查系统应在巡查过程发生意外情况时能及时报警。

② 系统可独立设置，也可与出入口控制系统或入侵报警系统联合设置。独立设置的电。子巡查系统应能与安全防范系统的安全管理系统联网，满足安全管理系统对该系统管理的相关要求。

③ GB/T 50314—2006《智能建筑设计标准》对巡查系统的分类要求，如表 3-7 所示。

表 3-7   《智能建筑设计标准》对巡查系统的分类要求

甲 级 标 准	乙 级 标 准	丙 级 标 准
（1）应编制保安人员巡查软件，应能在预先设定的巡查图中，用通行卡读出器或其他方式，对保安人员的巡查运动状态进行监督和记录，并能在发生意外情况时及时报警	（1）应编制保安人员巡查软件，应能在预先设定的巡查图中，应用读卡器或其他方式，对保安人员的巡查运动状态进行监督和记录，并能在发生意外情况时及时报警	（1）应编制保安人员巡查软件，应能在预先设定的巡查图中，应用适当方式对保安人员的巡查运动状态进行监督和记录，并能在发生意外情况时及时报警
（2）系统可独立设置，也可与出入口控制系统或入侵报警系统联合设置。独立设置的保安人员巡查系统应能与安全技术防范系统的中央监控室联网，实现中央监控室对该系统的集中管理与集中监控	（2）可独立设置，也可与出入口控制系统或入侵报警系统联合设置。独立设置的保安人员巡查系统应能与安全技术防范系统的中央监控室联网，满足中央监控室对该系统进行集中管理与控制的有关要求	（2）应能向管理中心提供决策所需的主要信息

3. 电子巡查系统实例（见图 3-34）

在中央监控室的计算机屏幕上，可以标注各巡查点，实时监控各个巡查点的状态，并以电子地图判断巡查人员的位置。

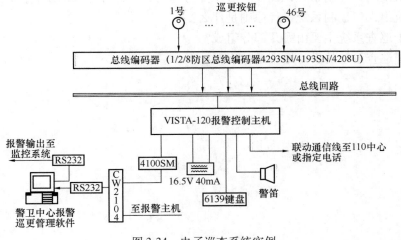

图 3-34   电子巡查系统实例

本章小结

本章讲述了建筑出入口控制系统构成与分类、建筑出入口控制系统识别技术、建筑出入口控制系统典型工程应用示例。出入口控制系统是利用自定义符识别或（和）模式识别技术对出入口目标进行识别并控制出入口执行机构启闭的电子系统或网络。出入口控制系统主要由识读部分、传输部分、管理/控制部分和执行部分以及相应的系统软件组成。出入口控制系统可按硬件构成模式、管理/控制方式、现场设备连接方式和联网模式等进行分类。识别出入人员的身份是否被授权可以进出是出入口控制系统的关键技术，按照识别技术，出入口控制系统一般分为卡片出入控制系统、密码识别出入控制和人体特征自动识别出入控制三大类。人体特征识别主要包括指纹比对识别、掌型比对识别、视网膜比对与虹膜识别、手掌静脉识别、人脸识别等几种。在讲解工程应用前，首先说明了建筑出入口控制系统设计应遵循的总体原则，又对出入口控制系统中的锁具及其设计原则和出入口控制装置的布置示例进行了介绍，最后通过工程实例说明如何进行出入口控制系统设计。电子巡查系统是对保安巡查人员的巡查路线、方式及过程进行管理和控制的电子系统。

电子巡查系统主要由信息标识（信息装置或识别物）、数据采集、信息转换传输及管理终端等部分组成。先介绍了电子巡查系统的分类，又对电子巡查系统设计时应符合的规范进行了说明，最后通过实例说明如何进行电子巡查设计。

习题与思考

3-1 建筑出入口控制系统的作用是什么？

3-2 建筑出入口控制系统通常由哪几部分组成，各部分的作用是什么？

3-3 按管理/控制方式，建筑出入口控制系统可以分为哪几类？

3-4 按联网模式，建筑出入口控制系统可以分为哪几类？

3-5 建筑出入口控制系统识别技术可以分为哪几类，各有什么优缺点？

3-6 建筑出入口控制系统设计原则是什么？

3-7 电子巡查系统主要由哪几部分组成？

3-8 电子巡查系统的设计原则是什么？

第4章 建筑视频安防监控系统

〜〜〜〜〜〜〜
重点提示/学习目标
〜〜〜〜〜〜〜

1. 建筑视频安防监控系统组成与分类；
2. 常用监控摄像机特点及应用；
3. 建筑视频安防监控系统的信号传输；
4. 建筑视频安防监控系统图像显示与记录设备；
5. 建筑视频安防监控系统控制设备；
6. 建筑视频安防监控系统典型工程应用示例。

4.1 建筑视频安防监控系统组成与分类

视频安防监控系统（Video Surveillance & Control System，VSCS）是利用视频探测技术、监视设防区域并实时显示、记录现场图像的电子系统或网络。

视频安防监控系统是安防领域中的重要组成部分，系统通过摄像机及其辅助设备（镜头、云台等），直接观察被监视场所的情况，同时可以把被监视场所的情况进行同步录像。另外，电视监控系统还可以与防盗报警系统等其他安全技术防范体系联动运行，使用户安全防范能力得到整体的提高（见图4-1）。

4.1.1 建筑视频安防监控系统组成

视频安防监控系统包括前端设备、传输设备、处理/控制设备和记录/显示设备四部分，如图4-2所示。

图 4-1 视频安防监控系统

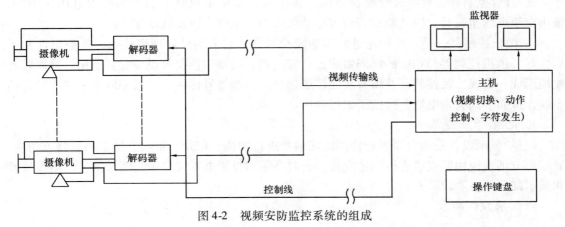

图 4-2 视频安防监控系统的组成

1. 前端设备

前端设备的作用是把系统所监视的目标，即把被摄体的光、声信号变成电信号，然后送入 CCTV 系统的传输分配部分进行传送。摄像部分的核心是电视摄像机，它是光电信号转换的主体设备，是整个 CCTV 系统的眼睛。摄像机的种类很多，不同的系统可以根据不同的使用目的选择不同的摄像机以及镜头、滤色片等。

2. 传输设备

传输设备的作用是将摄像机输出的视频（有时包括音频）信号馈送到中心机房或其他监视点。CCTV 系统的传输分配一般采用以视频信号本身的基带传输，有时也采用载波传送或脉冲编码调制传送，采用光缆为传输介质的系统都采用光通信方式传送。传输设备主要有：

① 馈线：传输馈线有同轴电缆（以及多芯电缆）、平衡式电缆、光缆。

② 视频分配器：将一路视频信号分配为多路输出信号，供多台监视器监视同一目标，或者用于将一路图像信号向多个系统接力传送。包括音频信号的视频分配器又称视频音频分配器或称视音分配器。

③ 视频电缆补偿器：在长距离传输中，对长距离传输造成的视频信号损耗进行补偿放大，以保证信号的长距离传输而不影响图像质量。

④ 视频放大器：用于系统的干线上，当传输距离较远时，对视频信号进行放大，以补偿传输过程中的信号衰减。具有双向传输功能的 CCTV 系统，必须采用双向放大器，这种双向放大器可以同时对下行和上行信号能予补偿放大。视频放大器一般为桥接放大器，可以把放大后的视频信号分成两路或多路。

3. 处理/控制设备

控制部分的作用是在中心机房通过有关设备对系统的摄像和传输分配部分的设备进行远距离遥控。控制部分的主要设备有：

① 集中控制器：一般装在中心机房、调度室或某些监视点上。使用控制器再配合一些辅助设备，可以对摄像机工作状态，如电源的接通、关断、水平旋转、垂直俯仰、远距离广角变焦等进行遥控。一台遥控器按其型号不同能够控制摄像机的数量不等，一般为 1~6 台。

② 电动云台：它用于安装摄像机，云台在控制电压（云台控制器输出的电压）的作用下，做水平和垂直转动，使摄像机能在大范围内对准并摄取所需要的观察目标。

③ 云台控制器：它与云台配合使用，其作用是在集中控制器输出的控制电压作用下，输出交流电压至云台，以此驱动云台内电动机转动，从而完成旋转动作等。

④ 微机控制器：是一种较先进的多功能控制器，它采用微处理机技术，其稳定性和可靠性好。微机控制器与相应的解码器、云台控制器、视频切换器等设备配套使用，可以较方便地组成一级或二级控制，并留有功能扩展接口。控制信号传输线可以采取串并联相结合的布线，从而节约大量电缆，降低了工程费用。

4. 记录/显示设备

记录/显示设备是指对系统传输的图像信号进行切换、记录、重放、加工和复制等功能。显示部分则是使用监视器进行图像重现，有时还采用投影电视来显示其图像信号。图像处理和显示部分的主要设备有：

（1）视频切换器

它能对多路视频信号进行自动或手动切换，使一个监视器能监视多台摄像机信号。在要求高的场合，如专业电视台节目制作和播出系统还使用特技切换器，其功能全、效果好，但操作复杂。

（2）监视器和录像机

监视器的作用是把送来的摄像机信号重现。在 CCTV 系统中，一般需配备录像机，尤其在大型的保安系统中，录像系统还应具备如下功能：

① 在进行监视的同时，可以根据需要定时记录监视目标的图像或数据，以便存档。

② 根据对视频信号的分析或在其他指令控制下，能自动启动录像机，如设有伴音系统时，应能同时启动。系统应设有时标装置，以便在录像带上打上相应时标，将事故情况或预先选定的情况准确无误地录制下来，以备分析处理。

③ 系统应能手动选择某个指定的摄像区间，以便进行重点监视或在某个范围内几个摄像区做自动巡回显示。

④ 录像系统既可快录慢放或慢录快放，也可使一帧画面长期静止显示，以便分析研究。

4.1.2　建筑视频安防监控系统分类

根据对视频图像信号处理/控制方式的不同，视频安防监控系统结构宜分为以下模式：

（1）简单对应模式

监视器和摄像机简单对应，如图4-3所示。

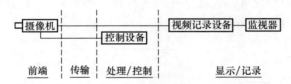

图4-3　简单对应模式

（2）时序切换模式

视频输出中至少有一路可进行视频图像的时序切换，如图4-4所示。

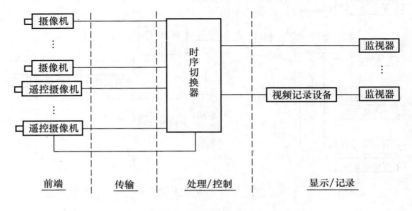

图4-4　时序切换模式

（3）矩阵切换模式

可以通过任意控制键盘，将任意一路前端视频输入信号切换到任意一路输出的监视器上，并可编制各种时序切换程序，如图4-5所示。

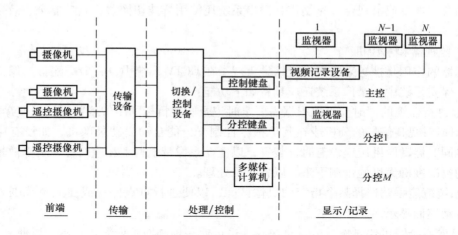

图 4-5　矩阵切换模式

（4）数字视频网络虚拟交换/切换模式

模拟摄像机增加数字编码功能，被称为网络摄像机，数字视频前端也可以是别的数字摄像机。数字交换传输网络可以是以太网和 DDN、SDH 等传输网络。数字编码设备可采用具有记录功能的 DVR 或视频服务器，数字视频的处理、控制和记录措施可以在前端、传输和显示的任何环节实施，如图4-6所示。

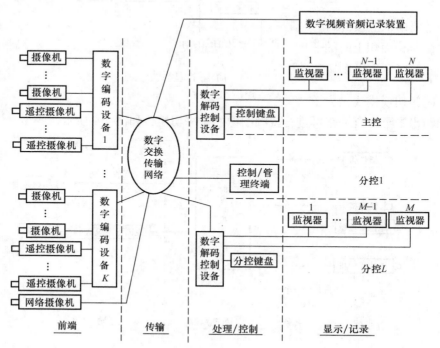

图 4-6　数字视频网络虚拟交换/切换模式

4.2　常用监控摄像机特点及应用

在视频安防监控系统中，摄像机处于系统的最前端，它将被摄物体的光图像转变为电信号-视频信号，为系统提供信号源，因此它是视频安防监控系统中最重要的设备之一。

4.2.1　监控摄像机的主要技术指标

1. 色彩

监控摄像机有黑白和彩色两种，通常黑白监控摄像机的水平清晰度比彩色监控摄像机高，且黑白监控摄像机比彩色监控摄像机灵敏，更适用于光线不足的地方和夜间灯光较暗的场所。黑白监控摄像机的价格比彩色便宜。但彩色的图像容易分辨衣物与场景的颜色，便于及时获取、区分现场的实时信息。

2. 清晰度

分为水平清晰度和垂直清晰度两种。垂直方向的清晰度受到电视制式的限制，有一个最高的限度，由于我国电视信号均为 PAL 制式，PAL 制垂直清晰度为 400 行。所以摄像机的清晰度一般是用水平清晰度表示。水平清晰度表示人眼对电视图像水平细节清晰度的量度，用电视线 TVL 表示。

过去选用黑白监控摄像机的水平清晰度一般应要求大于 500 线，彩色监控摄像机的水平清晰度一般应要求大于 400 线。目前，高清监控摄像机已经达到 1080P。

3. 照度

单位被照面积上接受到的光通量称为照度。lx（勒克斯）是标称光亮度（流明）的光束均匀射在 $1m^2$ 面积上时的照度。监控摄像机的灵敏度以最低照度来表示，这是监控摄像机以特定的测试卡为摄取标，在镜头光圈为 0.4 时，调节光源照度，用示波器测其输出端的视频信号幅度为额定值的 10%，此时测得的测试卡照度为该摄像机的最低照度。所以实际上被摄体的照度应该大约是最低照度的 10 倍以上才能获得较清晰的图像。

目前一般选用黑白监控摄像机的最低照度，当相对孔径为 $F/1.4$ 时，最低照度要求选用小于 0.1 lx；选用彩色监控摄像机的最低照度，当相对孔径为 $F/1.4$ 时，最低照度要求选用小于 0.2 lx。

4. 同步

要求监控摄像机具有电源同步、外同步信号接口。对电源同步而言，使所有的摄像机由监控中心的交流同相电源供电，使监控摄像机场同步信号与市电的相位锁定，以达到摄像机同步信号相位一致的同步方式。对外同步而言，要求配置一台同步信号发生器来实现强迫同步，电视系统扫描用的行频、场频、帧频信号，复合消隐信号与外设信号发生器提供的同步信号同步的工作方式。系统只有在同步的情况下，图像进行时序切换时就不会出现滚动现象，录、放像质量才能提高。

5. 电源

监控摄像机电源一般有交流 220V、交流 24V、直流 12V，可根据现场情况选择摄像机电源，但推荐采用安全低电压。选用 12V 直流电压供电时，往往达不到摄像机电源同步的要求，必须采用外同步方式，才能达到系统同步切换的目的。

6. 自动增益控制（AGC）

所有摄像机都有一个将来自 CCD 的信号放大到可以使用标准的视频放大器，其放大量即增益，等效于有较高的灵敏度，可使其在微光下灵敏，然而在亮光照的环境中放大器将过载，使视频信号畸变。为此，需利用摄像机的自动增益控制（AGC）电路去探测视频信号的电平，适时地开关 AGC，从而使摄像机能够在较大的光照范围内工作，此即动态范围，即在低照度时自动增加摄像机的灵敏度，从而提高图像信号的强度来获得清晰的图像。

7. 白平衡

白平衡只用于彩色摄像机，其用途是实现摄像机图像能精确反映景物状况，有手动白平衡和自动白平衡两种方式。

（1）自动白平衡

① 连续方式：此时白平衡设置将随着景物色彩温度的改变而连续地调整，范围为 2800 ~ 6000K。这种方式对于景物的色彩温度在拍摄期间不断改变的场合是最适宜的，使色彩表现自然，但对于景物中很少甚至没有白色时，连续的白平衡不能产生最佳的彩色效果。

② 按钮方式：先将摄像机对准诸如白墙、白纸等白色目标，然后将自动方式开关从手动拨到设置位置，保留在该位置几秒或者至图像呈现白色为止，在白平衡被执行后，将自动方式开关拨回手动位置以锁定该白平衡的设置，此时白平衡设置将保持在摄像机的存储器中，直至再次执行被改变为止，其范围为 2300 ~ 10000K，在此期间，即使摄像机断电也不会丢失该设置。以按钮方式设置白平衡最为精确和可靠，适用于大部分应用场合。

（2）手动白平衡

开手动白平衡将关闭自动白平衡，此时改变图像的红色或蓝色状况有多达 107 个等级供调节，如增加或减少红色各一个等级、增加或减少蓝色各一个等级。除此之外，有的摄像机还有将白平衡固定在 3200K（白炽灯水平）和 5500K（日光水平）等档次命令。

8. 电子快门

在 CCD 摄像机内，是用光学电控影像表面的电荷积累时间来操纵快门。电子快门控制摄像机 CCD 的累积时间，当电子快门关闭时，对 NTSC 摄像机，其 CCD 累积时间为 1/60s；对于 PAL 摄像机，则为 1/50s。当摄像机的电子快门打开时，对于 NTSC 摄像机，其电子快门以 261 步覆盖从 1/60s ~ 1/10000s 的范围；对于 PAL 型摄像机，其电子快门则以 311 步覆盖从 1/50s ~ 1/10000s 的范围。当电子快门速度增加时，在每个视频场允许的时间内，聚焦在 CCD 上的光减少，结果将降低摄像机的灵敏度，然而较高的快门速度对于观察运动图像会产生一个"停顿动作"效应，这将大大增加摄像机的动态分辨率。

9. 背景光补偿

通常，摄像机的 AGC 工作点是通过对整个视场的内容做平均来确定的，但如果视场中包含一个很亮的背景区域和一个很暗的前景目标，则此时确定的 AGC 工作点有可能对于前景目标是不够合适的，背景光补偿有可能改善前景目标显示状况。当背景光补偿为开启时，摄像机仅对整个视场的一个子区域求平均来确定其 AGC 工作点，此时如果前景目标位于该子区域内时，则前景目标的可视性有望改善。

10. 宽动态

宽动态技术是在非常强烈的对比下让摄像机看到影像的特色而运用的一种技术。就是用一颗 CCD，上面的每一点在单一时间内曝光两次，一次长曝光（低快门），一次短曝光（高快门），因此每一点都有两个数据输出，就称为"双输出 CCD"。因为每点有两个数据输出，总资料量比一般 CCD 多了一倍，因此传输的速度得大上一倍才能把资料搬出来，所以又称"双速 CCD（Double Speed CCD）"。双输出 CCD 扔出一个长曝光及短曝光的信号给 DSP，DSP 去运算再加总，即"宽动态摄像机"。

4.2.2　摄像机的分类及常见类型特点

1. 监控摄像机的分类

① 按传感器类型分为 CCD 摄像机和 CMOS 摄像机。

② 按功能分为普通型摄像机、日夜摄像机和红外摄像机。

③ 按清晰度分为标清摄像机和高清摄像机。

④ 按传输方式分为模拟摄像机和网络摄像机。

⑤ 按外形结构分可以分为枪机、半球、红外一体化和其他几类（见图 4-7）。

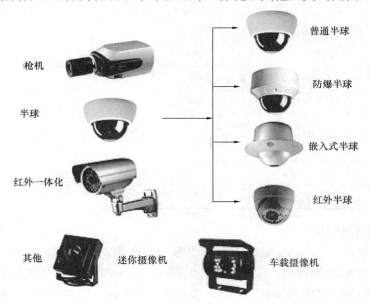

图 4-7　常见摄像机

2. 监控摄像机类型

除传统的枪式摄像机外，应用较多的摄像机主要有以下几种。

（1）内置镜头的一体化摄像机

镜头与摄像机自由组合方式虽然灵活，但调节起来并不容易，为此而出现的内置镜头的一体化摄像机，日本称为 Box Camera 或 Integrated Camera，它向使用者提供了一个操作方便、安装简单、功能齐全的产品。内置镜头的一体化摄像机在图像处理和物理结构上有质的提高，主要表现在大多采用了数字处理技术，增加了内置的高倍变焦镜头（Varifocal Lens），前期以 3.5~8mm 的可变镜头最为热门，但现已有 12 倍、18 倍、22 倍、32 倍光学变焦镜头出现。机身与镜头一体化设计，体积小巧。为了提升产品附加价值，有的进而发展了自动聚焦功能和自动光圈功能，或提供 IR（红外）光源使得在夜间也能有清晰影像，或配置红外灯，或与快速球型机相结合，或与网络相连等。

一体化摄像机的机芯供应商主要是 Sony、Hitachi、LG、CNB。典型产品如最新的 320 倍变焦一体化摄像机 SCC-C4207P，其产品规格如表 4-1 所示。

表 4-1　320 倍变焦一体化摄像机 SCC-C4207P 规格

成像器件	1/4in 宽动态彩色转黑白型 Ex View HAD CCD
有效像素	752×582（水平×垂直）
分辨率	480TVL
扫描方法	625 行，2∶1 隔行扫描
镜 头	32 倍光学变焦
光 圈	F1.6（广角），F3.8（望远），自动聚焦
信噪比	50dB（自动增益关）
最低被摄体照度	彩色 0.2 lx（Sense Up×4），0.005 lx（Sense Up×l60）：黑白 0.07 lx（Sense Up×4），0.002lx（Sense Up×l60）
动态范围	128 倍
遥 控	变焦（望远/广角），聚焦（近/远），光圈（开/关）
信号输出	合成视频输出：$1.0V_{pp}$（75Ω/BNC）
报 警	报警输入：1 输入（5mA 反向）
电源要求	DC 12V±10%
工作温度	−10～+50℃
工作湿度	90% 以下

（2）快速球型摄像机

快速球型摄像机（Dome Camera），俗称快球，它是 PTZ（Pan Tilt Zoom）组合成的一体化摄像系统，包括 CCD 摄像机、伸缩变焦光学镜头、全方位云台以及解码驱动器在内的全套摄像系统以及附属的底座和外罩。目前，快球在功能方面，则实现了云台的快速和无级变速运动、云台及变焦镜头的精确预置定位、程序式的多预置位设定，甚至还有在云台运动过程中镜头能快速自动聚焦的功能，从而使摄像系统具备部分自动跟踪功能，能跟踪移动物体，有的还有"隐私区域"（Privacy Zones）或"遮罩区域"（Masking）隐蔽功能，使整个摄像系统从单纯的功能型向智能型转变。

快速球型摄像机是光、机、电高度集成的产品，包含有一体化机芯、电动机、滑块、传动部分、电源等几大部件。其中滑块是保证快球连续旋转、线路不打结的装置，以确保快球能持续工作。

一体化机芯是快球中的关键部件，现多采用具有自动聚焦功能的 DSP 芯片，使用最多的机芯晶牌是日本的 Sony 和 Hitachi。一体化机芯最重要的指标是分辨率、聚焦速度、变焦倍数等。镜头以带变倍的电动变焦镜头居多，可选带滤光片、自动光圈和预置位置式。室外机型为了能适应白天有太阳能、晚上是人造光源或无光源的变化，需要具有白天彩色/晚上黑白转换功能，晚上再辅以红外线灯。采用非球面镜头可以改善摄像机照度，降低摄像机对红外线的依赖程度。

快速球型摄像机中云台实现旋转和倾斜运动，其传动采用的电动机有直流电动机和步进电动机，直流电动机能实现连贯性的旋转选择过程，耗能少、寿命长达 10 年，但价格较高；而步进电动机的旋转过程呈跳动的，旋转过程中，图像的连续性还有一些缺陷，并且步进电动机耗能大、寿命为 3～5 年之间。传动部分主要有皮带传动和蜗轮蜗杆传动机构。

采用微型步进电动机，可平稳实现如 100°/s 的高速直至 0.5°/s 的低速运行，它的转轴设计与中心点不会卡线。采用高速电机时，有定速运动和变速提升两种工作状态。水平旋转和垂直俯仰速度一般为 360°/s 和 120°/s，但有的产品可高达 400°/s。

快速球型摄像机内的摄像机通过云台可做水平 360°、垂直 90° 自动来回不停的回转，回转速度超过 90°/s 的称为"高速"，否则为"快速"。其控制方式有两类，一类是影像传输线与控制信号线相分离的 RS485 传统型，另一类是影像与控制信号共用同一条同轴电缆的同轴视控单线传输型。云台与镜头预置是球型摄像一体机特有的功能，以此可发挥相当广的用途，如可与报警输入功能搭配使用等。另外，球型摄像机还具备巡扫功能（Tour Programming），个别球型摄像机还具有自动对焦、镜头数位放大、标识摄像机名称与安装位置等附加功能。

快速球型摄像机结构设计精巧，具有嵌入天花板、吸顶安装、从天花板悬吊、支架固定等不同的安装方式，尺寸也有不同的规格，加之具有镀铬、镀金、烟色玻璃、黑色不透明等各种外观新颖的球形外罩，因而具有很好的观察隐蔽性。360°的旋转使其视野开阔，大范围的镜头变倍功能可让被观察景物拉近或拉远，预置定位和变速运动能实现快速定位，室外防护罩有风扇和加热器，现已成为较为理想的室内外监控装置，在公共性场合被广泛采用。实践证明，在图像质量、灯光要求、目标跟踪、操作控制等各方面，它应该是摄像设备的首选之一。

在快速球型摄像机中，至少配有云台、解码器等组件的常被称为一体化球型摄像机（Integrated Dome Camera）。解码器用于完成控制协议的转换。当前，绝大多数球型摄像机采用的是属于 Pelco D 的控制协议，但也有通过调整其拨码开关来选用不同控制协议的，以方便用户的操作使用。

有的一体化球型摄像机中还有多个报警输入及继电器驱动输出端，以方便构成所需要的报警及联动应用装置，一般可与预置点搭配使用，有的还带有 OSD 屏幕显示调整菜单。

一体化球型摄像机的基本功能包括镜头调整、云台控制、预置点（Preset）、自动巡航（Auto Tour）、自动扫描（Auto Scan）、自动运行（Auto Run）、改变模式路径（Pattern）、区域遮盖（Masking Zone）、屏幕菜单（On Screen Display）等。

球型摄像机代表性产品如 Pelco 公司的 Spectra Ⅲ SE。

Spectra Ⅲ SE 球驱动器的所有摄像机均采用 LowLight 低照度技术，彩色/黑白型号的摄像机内置 23X 镜头、80X 宽动态范围及移动检测功能。带 22X 镜头和 EXView HAD 技术成像器的型号，有彩色和黑白可选两种标准摄像机。

Spectra Ⅲ SE 的云台水平变速范围：从 0.1°/s 的极慢速方式到 360°/s 的快速方式。系统可进行 360°旋转并具有"自动翻转"功能，自动翻转功能可使球转动 180°再转回原位，以便对直接经过球下的任何物体进行观察。

除传统型快球外，为便于传输起见，还出现了内置光端机的一体化快球，如图 4-8 所示。

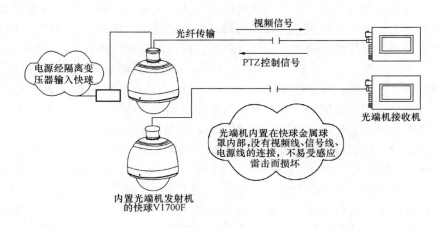

图 4-8　内置光端机的一体化快球

（3）宽动态范围摄像机

宽动态范围摄像机最大的优势在于它优良的背光补偿功能，而背光补偿是用户对摄像机产品的主要功能要求之一，也是工程商所强调的一项功能需求。

市场上各种品牌摄像机的基本功能差异在于内部电路的研发和设计能力上，其中摄像机辅助电路的设计关系到色温调整、背光补偿等功能。当日光很强时，安装在建筑物内的摄像机在向外拍摄入口处景物时，会出现背景过于明亮，图像明亮的部分会泛白，暗的部分会发黑，也看不清站在那里的人。

而宽动态摄像机采用了专用的 DSP 电路，在同一时间内，首先对明亮的被摄物体用最适合的快门速度进行曝光，再对暗的被摄物体用其最适合的快门速度进行曝光，最后对这两个图像进行处理，消除其中的较差像素，保留优质像素，再将二者合成在一起，从而扩大了可能处理的动态范围，使得明亮的和暗的被摄物体都可以看得很清楚。

宽动态摄像机有以下三个种类：双倍速 CCD 传感器加上 DSP 芯片，普通 CCD 加上双快门速度，以及面世尚不足两年以 CMOS 传感器为基础的 DPS 技术，后者已日益受到重视。宽动态技术有松下的 SD-Ⅲ、索尼的 Dyna View、GE 的 XPosure 等。

双倍速 CCD 传感器加上 DSP 芯片方案如图 4-9 所示。

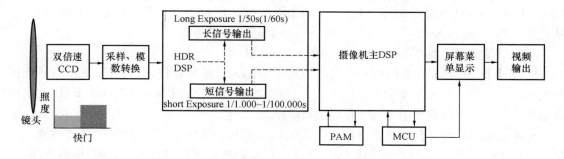

图 4-9　双倍速 CCD 传感器宽动态范围摄像机方案

摄像机的动态范围越宽，明亮物体与暗的物体之间的照度比对数越大，说明背光补偿的功能越好。此外，宽动态摄像机的背光补偿功能不但适用于强逆光的环境下，而且对西晒和反射条件下的景物拍摄也同样有良好的表现。

宽动态摄像机代表性产品如 SHC-730P，其动态范围高达 72dB。其规格如表 4-2 所示。

表 4-2　SHC-730P 规格

总像素	$795(H) \times 596(V)$	宽动态范围	72dB
有效像素	$752(H) \times 582(V)$	日/夜	COLOR/BW/AUTO/EXT
CCD	1/3in CCD 彩色隔行扫描	增益控制	Low，Middle，High，OFF 可选
扫描系统	2:1 隔行	白平衡	ATW/AWC/Manual
同步系统	内同步/外同步	O. S. D	内置
扫描	625 行/50 场/25 帧，水平：15.625kHz，垂直：50Hz	SSNR 功能	Low，Middle，High，OFF 可选
		隐私功能	ON/OFF 可选（最多可设置 4 个区域）
水平分辨率	彩色 540TV 线，黑白 570TV 线	镜头安装	CS 型
视频输出	$1.0V_{pp}$ PAL 复合视频信号 75Ω/BNC 插头	电源和功率	双电压 DC12V/AC24V 兼容，4.5W
		工作温度	$-10 \sim +50℃$
信噪比	52dB	工作湿度	小于 90%
		外观尺寸	$70mm(W) \times 56mm(H) \times 130mm(D)$
最低照度	彩色：0.05 lx @ F1.2（50IRE，0.13 lx EIAJ Standard） 0.004 lx @ F1.2 Sens-Up Mode 黑白：0.01 lx @ F1.2（50IRE）	质量	480g

（4）高分辨率摄像机

高分辨率摄像机也被称为高清晰度摄像机，对何为高分辨率没有严格的界定和分类，多以彩色图像像素达到 752×582 或图像水平分辨率有 480 线以上为相对认可标准。现多采用 1/3 in 芯片，如 SCC-B1391P/B2391P，但 1/4 in 芯片也已崭露头角。高分辨率摄像机都有 DSP 数字信号处理，某些还有屏幕显示菜单 OSD，如图 4-10 所示。

```
MAIN  MENU
1. White Balance        8. ENHANCED
2. IRIS                 9. UP/DOWN
3. ZOOM                 10. NEGATIVE
4. AGC                  11. MASK
5. MIRROR               12. Wide Dynamic
6. BLC                  13. INTEGRATION
```

图 4-10　摄像机菜单举例

高分辨率低照度摄像机应用面较广，有的还有 BNC 复合视频和 Y/C 双输出，有的还有 S-Video 三种输出。该类摄像机可具有高清晰度（高于 752×582 Pixel）、高分辨率（480 ~ 540 线）和高感光度（低于 0.4 lx/F1.2）特性，信噪比大于 50dB。

典型产品如 SSC-E473P/478P 高清晰度彩色摄像机，其规格如表 4-3 所示。

表 4-3　SSC-E473P/478P 摄像机规格

1/3 in Super Exwave IT CCD. 540 电视线	
最低照度	彩色 0.3 lx（F1.2，30IRE，ACC ONA，Turbo mode） 黑白 0.04 lx（F1.2，30IRE，ACC ONA，Turbo mode）
日/夜转换功能	自动/手动可选
背光补偿	ON/OFF 可选
信噪比	大于 50dB（ACC OFF，Weight ON）
自动光圈镜头	DC 伺服
电源	E478P 220～240V（AC）电源 ±10% E473P 24V（AC）或 12V（DC）电源 ±10%

（5）低照度彩色摄像机

低照度摄像机没有明确的定义，但一般认为彩色摄像机照度从 0.5～1 lx，黑白摄像机照度从 0.0003～0.1 lx（若搭配红外线，可达到 01 lx）。低照度彩色摄像机主要有日夜两用型（Day and Night）摄像机、Exview HAD 高感度 CCD 摄像机、帧累积（Field integration）或称慢速快门（slow shutter）型摄像机三种。

① 双 CCD 日夜型彩色摄像机。双 CCD 日夜型彩色摄像机具有全光谱适应能力，日夜两用，白天以彩色图像成像，夜间则以黑白图像成像，彩色/黑白随照度变化自动转换。这样即使在黑暗环境下，仍能拍摄到有一定清晰度的图像，若与红外灯配合使用，可实现零照度正常工作，从而实现 24h 全天候监控。

② 单 CCD 日夜型摄像机。单 CCD 日夜型摄像机是另一种能实现 24h 连续摄像的方式，不论是在太阳下还是在夜间，均可摄得鲜明影像。有超过 400 线的高分辨率和优良的信噪比，并可拍摄高速移动物体影像。

新一代数字极低照度高灵敏度彩色摄像机，新的 DSP 技术使该摄像机能传送最佳的 AESC（自动电子灵敏度控制，控制范围达到 2000∶1）、受频率分布图控制的 ABLC（自动逆光补偿）、顺利完成 AE（自动曝光）控制、保证色彩重现的 AWB（自动白平衡），有连续可变 450 级的电子快门速度控制，达到水平分辨率 470 线、最低照度 0.125 lx。

③ 帧累积（Field integration）型摄像机。帧累型摄像机是利用计算机存储技术，连续将几个因光线不足而较显模糊的画面累积起来，成为一个影像清晰的画面。因使用数字电子控制方式，所以可达到在 0.0002 lx 的极低照度下画面仍维持彩色，但不具实时性，会存在画面动画和拖尾现象。

典型产品如 WV-CL920A，其技术特点如表 4-4 所示。

表 4-4　WV-CL920A 技术特点

传感器	762（H）×582（V）像素，行间转移 CCD
扫描区域	6.45（H）×4.48（V）mm（相当于 1/2 型扫描范围）
扫描	625 行/50 场/25 帧 水平：15.625kHz 垂直：50Hz
扫描方式	2∶1 隔行
同步	可选择内同步，电源同步，外同步（VBS/VS）或多工垂直驱动（VD2）

续表

水平清晰度	彩色模式 480 线，黑白模式 570 线
最低照度	彩色模式：0.14 lx（F1.4 时），0.1 lx（F1.2 时），0.04 lx（F0.75 时） 黑白模式：0.01 lx（F1.4 时），0.007 lx（F1.2 时），0.005 lx（F0.75 时）
信噪比	50dB（ACC OFF）
视频输出	1.0V$_{pp}$ PAL 或 CCIR 复合视频信号 75Ω/BNC 插头
移动检测器	可选择 ON/OFF
电子光线控制	相当于快门在 1/50 ~ 1/10000s 之间的连续变化
电子灵敏度提升	关，自动（x2，x4，x6，x10，16，x32），固定（x2，x4，x6，x10，16，x32，x64）
白平衡	ATW1，ATW2，AWC 可选（菜单设置）
光圈增益	设置可变
增益控制	可选择 AGC ON/OFF
AGC	可选择开（DNR-H），开（DNR-M），开（DNR-L）或关（菜单设置）
镜头卡口	CS 卡口
昼/夜输入	最大 DC5V 关（OPEN）/开（0V　0.2mA）
ALC 镜头	可选择 DC 伺服/视频伺服（菜单设置）
通信距离	用双绞线时 1.2km（RS-485）
电源和功率	220 ~ 240V（AC），50Hz，5.5W
工作温度	−10 ~ +50℃
工作湿度	小于 90%
外观尺寸	74mm（*W*）×65mm（*H*）×120mm（*D*）
质 量	450g

（6）夜视摄像机

夜视摄像机即高光敏度红外影像摄像机，是当前较常采用的摄像机机种。一般来说，红外线摄像机需要搭配红外线光源，主要有发光二极管 LED 和卤素灯两类红外线光源，最新的红外线光源是 LED-Array。

可见光的波长范围为 380 ~ 780nm，红外线的波长则介于 700 ~ 1000nm 之间，当红外线灯与黑白摄像机配合使用时，摄像机的波长曲线会由 400 ~ 700nm 延伸至 940nm，可提升摄像机的灵敏度及画质。产生红外光的方法主要有两种，一种方法是直接使用白炽灯或氙灯发出的红外光，实际使用时还要在灯上安装滤光片，即穿透率高达 98% 的光学玻璃，只让红外线射出。另一种方法是使用红外 LED 或 LED 阵列来产生红外光。

红外线投射灯（IR Lamp）有不同的功率和波长，功率从 6 ~ 500W 不等，但波长只有 730nm、840nm、940nm 三种。730nm 波长呈现一般红光；840nm 是隐约可见的红光，属于半覆盖型，由于光较接近摄像机最佳波长 880nm，故使用较多；而 940nm 则是完全覆盖的不可见光，要考虑红暴时应选用它，并配以低照度高信噪比的摄像机。红外线灯最佳的架设位置是与摄像机上下重叠，也可与摄像机并列平行。红外线灯可采用 CDS 光导管自动启闭工作方式，当光度降到 35 lx 时，CDS 开始启动，随着光度的下降逐渐地补光，当光度降到 10 lx 时，红外线完全开放，达到完全补光的效果。

（7）自动跟踪球型摄像机

自动跟踪（AutoTrack）的球型摄像机（AutoDome）是一种新型的摄像机，它可以通过编程执行"智能巡逻"，即按照预先编程的巡逻路线扫描一个区域，当发现运动后，摄像机会停止继续执行巡逻的程序，而对目标图像变焦放大，并跟踪目标，以便将运动录像，并发出报警。这些动作都不需要操作人员的帮助，使操作人员能处理报警或采取其他行动。

（8）半球摄像机（有定焦、变焦、防爆型之分）

典型产品如最新采用 DPS 技术的防爆半球摄像机 YT-1311W。该产品具有以下特色。

① 采用最新的 DPS 技术。

② 宽动态技术，宽动态范围最大达到120dB，确保强对比情况下的图像清晰。

③ 内置自动光圈变焦镜头 $f = 3.8 \sim 9.5mm$。

④ 慢快门低照度设计。

⑤ 外置控制板，可对摄像机进行设置。

⑥ 防爆球罩设计。

4.2.3 摄像机的选择

通常，CCTV 系统根据下面几个要求来选择摄像机：

1. 环境工作条件

CCTV 系统的环境工作条件随着不同的用户要求而异。对摄像机主要是防高温、防低温、防雨、防尘，特殊场合还要求能有防辐射、防爆、防水、防强振等的功能。一般都是通过采用防护外罩的办法来达到上述的功能要求。在室外使用时（即高低温差大、露天工作，要防雨防尘），防护罩内应加有自动调温控制系统和控制雨刷等。

2. 环境照度条件

从使用照度条件来看有超低照度（10^{-2} lx 以下）、低照度（$10^{-2} \sim 10^{-1}$ lx）、一般照度（$10 \sim 10^5$ lx）、高照度（10^6 lx 以上，如火焰、高温观察）之分。一般环境的典型照度范围如表4-5所示。

表4-5 典型照度范围

照度（lx）	$3 \times 10^4 \sim 10^5$	$3 \times 10^3 \sim 10^5$	5×10^2	5	$3 \times 10^{-2} \sim 3 \times 10^{-1}$
环境条件举例	晴天	阴天	日出/日落	曙光	月圆
照度（lx）	$7 \times 10^{-4} \sim 3 \times 10^{-3}$		$2 \times 10^{-5} \sim 2 \times 10^{-4}$		
环境条件举例	星光		阴暗的夜晚		

在选择摄像机时，一般要求监视目标的环境最低照度应高于摄像机要求最低照度的10倍。目前，有些摄像机要求的照度很低，如松下公司的 WV-1850 摄像机要求最低照度仅为0.1 lx，TOA 株式会社的 CC-1800 摄像机要求最低照度 0.3 lx。因此，设计时应根据各个摄像机安装场所的环境特点，选择不同灵敏度的摄像机。

3. 被监视目标的要求

CCTV 系统的最终目的之一是要将被监测的目标图像在监视器上显示出来，如何使目标在监视器上既能充分显示出目标所包括的全部信息，又能达到最合理最经济的要求是系统的设计要求之一，设计内容主要包括镜头选择和主要设备的选型。

一般来说，对于具有一定的空间范围，兼有宏观和微观监测要求，需要经常反复监测但没有同时监测要求的场合，宜采用变焦镜头和遥控云台，否则尽可能采用定焦距镜头。有关镜头及其选用将在后面详述。

摄像机的选型主要是根据环境工作条件要求来确定。首先要确定是用彩色还是黑白摄像机。从价格上讲彩色摄像机要比黑白摄像机贵一倍多，日常维修费也高；从图像分辨力讲彩色摄像机在420线左右而黑白摄像机可达600线以上。如果被观察目标本身没有明显的色彩标志和差异，也就是说接近黑白反差对比的图像，同时又希望能比较清晰地反映出被观察物的细节情况，那么最好采用黑白摄像机。若进行宏观监视，被监视场景色彩又比较丰富，那么可采用彩色摄像机以获得层次对比更为生动且富于立体感的图像。摄像机一经选定，就可选择监视器与之配合，当然彩色摄像机应当配用彩色监视器，黑白摄像机则配用黑白监视器。有关监视器和其他设备的选用可参阅后述各节。

4.2.4　镜头及其选择

摄像机光学镜头的作用是把被观察目标的光像聚焦于摄像管的靶面或CCD传感器件上，在传感器件上产生的图像将是物体的倒像，尽管用一个简单的凸透镜就可实现上述目的，但这时的图像质量不高，不能在中心和边缘都获得清晰的图像，为此往往附加若干透镜元件，组成一组复合透镜。正确选择镜头以及良好的安装与调整是清晰成像的第一步。当前，l/3in镜头是应用的主流，自动光圈镜头销售量最多，变焦镜头是应用发展的趋势。

应依据摄像机到被监视目标的距离，来选择镜头的焦距。从焦距上区分有短焦距广角镜头、中焦距标准镜头和长焦距望远镜头三类。镜头焦距通常用f来表示，镜头光圈一般用F光圈即是光圈指数表示，F取值以镜头的焦距f和通光孔径d的比值来衡量，$F = f/d$，每个镜头上均标有其最大的F值。一般CCD的镜头规格如表4-6所示。

表4-6　镜 头 规 格

镜头种类 CCD尺寸	远望镜头焦距（f）	标准镜头焦距（f）	广角镜头焦距（f）
2/3 in	>25mm	16mm	<8mm
1/2 in	>18mm	12mm	<6mm
1/3 in	>12mm	8mm	<4mm

选择镜头的焦距方法和步骤如下：

① 从图4-11中选择所需图像显示类型。

② 按以下公式计算所需焦距的定位系数。

$$焦距（mm）=定位系数 \times 物距（m） \tag{4-1}$$

③ 对照镜头定位系数表选择与所需焦距相对应的镜头。

a. 定位系数是焦距除以物距所得的结果。焦距是定位系数的倒数。

b. 定位系数根据扫描区域的大小改变。所显示的图像不会因为监视器不同而改变。

摄像机的镜头规格应与摄像机CCD靶面尺寸［1/2 in为6.4（h）×4.8（v）、1/3 in为4.8（h）×3.6（v）、l/4 in为3.2（h）×2.4（v）］相对应。当镜头尺寸与摄像机CCD靶面尺寸不一致时，观察角度将不符合设计要求，或者发生画面在焦点以外等问题。

物体识别

物体行为检查

相关环境中的物体行为检查

可变焦距比200%

可变焦距比100%

可变焦距比67%

可变焦距比50%

1/3型摄像机，定位系数4.5
1/2型摄像机，定位系数6
2/3摄像机，定位系数8

1/3摄像机，定位系数2.25
1/2型摄像机，定位系数3
2/3型摄像机，定位系数4

1/3型摄像机，定位系数1.5
1/2型摄像机，定位系数2
2/3型摄像机，定位系数2.68

1/3型摄像机，定位系数1.12
1/2型摄像机，定位系数1.5
2/3型摄像机，定位系数2

图 4-11　图像显示类型

视场是指被摄物体的大小。视场的大小应根据镜头至被摄物体的距离、镜头焦距及所要求的成像大小来确定，如图 4-12 所示。其关系可按下式计算：

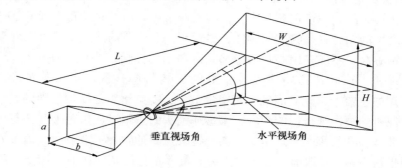

图 4-12　镜头特性参数之间的关系

焦距：
$$f = \frac{aL}{H} \tag{4-2}$$

视场：
$$H = \frac{aL}{f} \tag{4-3}$$

$$W = \frac{bL}{f} \tag{4-4}$$

式中　H——视场高度（m）；

W——视场宽度（m），通常 $W = \frac{4}{3}H$；

L——镜头至被摄物体的距离（视距），（m）；

f——焦距（mm）；

a——像场高度（mm）；

b——像场宽度（mm）。

摄像机的水平视觉度数及垂直视觉度数与摄像机 CCD 靶面尺寸 $b \times a$ 及镜头焦距 f 之间有如下关系：

$$水平视觉度数 = 2\arctan\ (b/2f) \tag{4-5}$$
$$垂直视觉度数 = 2\arctan\ (a/2f) \tag{4-6}$$

镜头焦距与摄像机水平视觉度数近似值如表 4-7 所示。

镜头有自动光圈（auto iris）和手动光圈（manual iris）之分。自动光圈用于被照物光线变化较多场合，手动光圈用于被照物体光线稳定之处。

自动光圈镜头有两种驱动方式：一类为视频输入型 Video driver（with Amp），它将一个视频信号及电源从摄像机输送到透镜来控制镜头上的光圈，这种视频输入型镜头内包含有放大器电路，用于将摄像机传来的视频信号转换成对光圈电机的控制。另一类称为 DC 输入型（DC driver = no Amp），它利用摄像机上的直流电压来直接控制光圈，这种镜头内只包含电流计式光圈电动机，摄像机内没有放大器电路。两种驱动方式产品不具有可互换性。

表 4-7　镜头焦距与摄像机水平视觉度数近似值

镜头焦距 f（mm）	1/4 in 摄像机（°）	1/3 in 摄像机（°）	1/2 in 摄像机（°）	镜头焦距 f（mm）	1/4 in 摄像机（°）	1/3 in 摄像机（°）	1/2 in 摄像机（°）
2.8	59	81	98	12.0	15	23	30
3.5	49	69	85	16.0	11	17	23
4.0	44	62	77	25.0	7	11	15
4.8	37	53	67	50.0	4	5	7
6.0	30	44	56	75.0	2	4	5
8.0	23	33	44				

镜头的安装接口要严格按国际标准或国家标准设计和制造。镜头与摄像机大部分采用 C、CS 安装座连接，这是 1-32UN 的英制螺纹连接，C 型接口的装座距离（安装靠面至像面的空气光程）为 17.52mm，CS 型接口的装座距离为 12.52mm。D 座连接方式规定连接螺纹为 5/8 – 32UN 的英制螺纹，装座距离为 12.3mm。C、CS、D 的螺纹连接标准对螺纹的旋合长度、制造精度、靠面尺寸以及装座距离公差都有详细规定。对于 CCTV 常用的 C 型接口，它是直径为 1in（25.4mm）带有 32 牙/in 的英制螺纹。C 座镜头通过接圈可以安装在 CS 座的摄像机上，反之则不行。

变焦镜头由于在一个镜头内能够使镜头焦距在一定范围内变化，因此可以使被监控的目标放大或缩小。典型的光学放大规格有诸如 6 ~ 32 倍等不同档次，并以电动伸缩镜头应用最普遍。按变焦镜头参数可调整的项目划分有：

① 三可变镜头。光圈、聚焦、焦距均需人为调节。

② 二可变镜头。通常是自动光圈镜头，而聚焦和焦距需人为调节。

③ 单可变镜头。一般是自动光圈和自动聚焦的镜头，而焦距需人为调节。

除传统的球面镜头外，新一代的是非球面镜头（Aspherical Lens），镜片研磨的形状为抛物线、二次曲线、三次曲线或高次曲线，并且在设计时就考虑到了镜头的相差、色差、球差等校正因素，通常一片非球面镜片就能达到多个球面镜片矫正像差的效果，因此可以减少镜片的数量，使得镜头的精度更佳、清晰度更好、色彩还原更为准确、镜头内的光线反射得以降低，镜头体积也相应缩小。非球面镜头具有变倍高、物距短、光圈大的特点。变倍高可以简化镜头的种类，物距短可以应用在近距离摄像的场合，光圈大则可以适应光线较暗的场所，因此应用领域日渐宽广。

作为例子，对于银行柜员制所使用的监控摄像机，其覆盖景物范围有着严格的要求，因此景物视场的高度 H（或垂直尺寸）和宽度 W（或水平尺寸）是能确定的。例如摄取一张办公桌及部分周边范围，假定 $H = 1500$mm，$W = 2000$mm，并设定摄像机的安装位置至景物的距离 $L = 4000$mm。现选用 1/3 in CCD 摄像机，则由表 4-6 查得：$a = 3.6$mm，$b = 4.8$mm，将它代入式（4-2）和式（4-4）可得：

$$f = \frac{aL}{H} = \frac{3.6 \times 4000}{1500} = 9.6\text{mm}$$

$$f = \frac{bL}{W} = \frac{4.8 \times 4000}{2000} = 9.6\text{mm}$$

因此，选用焦距为 9.6mm 的镜头，便可在摄像机上摄取最佳的、范围一定的景物图像。

以上是指定焦距镜头的选择方法，可知长焦距镜头可以得到较大的目标图像，适合于展现近景和特点画面，而短焦距镜头适合于展现全景和远景画面。在 CCTV 系统中，有时需要先找寻被摄目标，此时需要短焦距镜头，而当找寻到被摄目标后又需看清目标的一部分细节。例如防盗监视系统，首先要监视防盗现场，此时要把视野放大而用短焦距镜头；一旦发现窃贼则需要把行窃人的某一部分如脸部进行放大，此时则要用长焦距镜头。变焦镜头的特点是在成像清楚的情况下通过镜头焦距的变化，来改变图像的大小和视场角的大小。因此上述防盗监视系统适合选择变焦距镜头，不过变焦距镜头的价格远高于定焦距镜头。所以在选择镜头时首先要考虑被摄体的位置是否变化。如果被摄体相对于摄像机一直处于相对静止的位置，或是沿该被摄体成像的水平方向具有轻微的水平移动（如监视仪表指数等），应该以选择定焦距镜头为主。而在景深和视角范围较大，且被摄体属于移动性的情况下，则应选择变焦距镜头。

但是应该注意的是，有时一个被监视目标既要求有一定空间范围又要求对局部目标能清晰监测，会理所当然地想到采用变焦距镜头和遥控旋转云台，但事实上从实际使用观点来看并非最佳方案。即便是对于不要求同时性监测的系统来说，值班监测人员的精力也应当集中在被监视目标上而尽量少用在操作调整方面，否则有时会因之而遗漏掉重要的监测环节。所以有时采用定焦距镜头、固定式或半固定式云台并增加摄像机数量的办法来达到上述的时空设计往往效果更好，而在经济方面并不会增加太多费用，这在现场使用的操作简便灵活方面，在提高整个系统的有效性和可靠性方面都带来了很大的便利和好处。

4.2.5 云台和防护罩的选择

1. 云台

放在防护罩内的镜头摄像机组，可以固定安装在支架（托架）上，对空间某一方向的视场内的目标摄取图像。这种固定架上的安装方式，显然有其局限性，它受到镜头视场角的限制。任何短焦距的镜头，水平和垂直视场角都达不到 ±90°。而远摄用长焦镜头，其视场角则更小。为了扩大观察范围，将摄像机有限的视场空间角的指向改变，可以对空间扫描，是最便于实现的解决办法。这种安装摄像机（护罩）在它的平台上，而平台带着摄像机可以做水平 360° 旋转，垂直（俯仰）做小于 ±90° 运动的装置，就是电视监控系统中所说的云台。下面就云台的基本构成、云台的产品分类进行简单介绍。

（1）云台的原理和构成

根据云台的基本功能，很明显它是一种机械电气产品。云台靠电动机驱动，而它在水平方位与垂直俯仰两个轴向的转动需要有传动和减速机构，一般采用齿轮和（或）涡轮减速结构。由于摄像机（含镜头、防护罩）的尺寸、重量、安装位置有所不同，所以云台的机械结构设计，要在承重、转动性能（包括启动、停止、运动噪声）、外观造型上力求完善。

云台的驱动电动机是关键部件，一般用低速大转矩的交流电动机。由于要向两个方向转动，通常有正反两个转动方向的绕组，一个绕组加电做正向旋转，另一绕组加电时则做反向旋转。云台转向的改变，由继电器触点的接通/断开控制。继电器线圈的加电与否，又可人为直接操纵或由定位销、行程开关控制（当云台被控制工作于自动扫描状态时就是这种方式）。具有预置功能的云台，可以对云台的某几个转角位置预先设定，并可预先设定停留的时间，这种带有"记忆"功能的云台的驱动，就不是一般的交流电动机，而要选用有伺服电路控制的伺服电动机了。

为了保证云台的转动性能，云台的传动机构总是采用高分子聚合材料或高硬度优质钢制作，输出转轴上则用重载滚动轴承，在无润滑剂的情况下要能连续工作，转动灵活，启动与停止惯性小，机械噪声小。在俯仰为 0°，也就是镜头处于水平指向时，垂直（俯仰）转轴的静态力矩最大，全方位云台要能支持所安装的摄像机（含镜头、防护罩）整体重量稳定在水平状态。

云台的结构件，要求强度高、变形小，在保证承载能力、整体稳定的条件下，尽可能减轻自重。因此，优质钢、合金铝、工程塑料是首选的材料。在室内小型或轻型云台中用工程塑料较多，在室外使用的重型云台则大部采用优质钢结构，室外全方位云台，要具有全天候功能，为了保证电动机及其他电气零件不受雨水或潮湿的侵蚀，结构上要求密封防水。某些容易因电火花等导致爆炸的场所，使用防爆云台。这种云台要求密封绝缘性能好，特别是云台的线缆连接部分，需采用防爆密封绝缘套筒以保证安全。

（2）云台的主要技术参数

① 输入电压：输入电压大多为交流 24V，在欧美有交流 115V 的，在我国则有交流 220V 的云台可供选用。认准输入电压至关重要，它关系到云台控制器或解码器的选择。当云台输入电压要求交流 24V 时，必须使用输出电压为交流 24V 的云台控制器，如通过解码器控制云台，则必须保证解码器输出控制云台的电压为 24V，如误用 220V 电压，会将云台电机烧毁。反之云台输入电压要求交流 220V 时，用 24V 交流电源也不能启动正常工作。

② 输入功率（电流）：此项涉及电源的供电能力。交流 220V 电源供电一般不成问题，交流 24V 电源则一定要确认可以输出供给所要求的功率（电流）。

③ 负重能力：必须使加到云台上的摄像机整体（含镜头、防护罩等）的重量不超过规定，否则水平旋转可能达不到额定速度，而垂直方向可能根本就无法扫描或是不能保持镜头处于水平而下垂。

④ 转角限制：因结构限制，有的云台不能全方位 360° 转动。在俯仰转动时，由于防护罩的长度限制，也远小于 ±90°，在选择云台及架设的位置时，了解所用云台的水平和俯仰转角的可能范围是很必要的。

⑤ 水平转速：在电视监控系统中，跟踪快速运动目标时，必须考虑云台的水平转速，特别是在近距离范围内做横向快速运动的目标，云台必须以高速转动才能保持对目标的连续跟踪。在这种情况下，就需要选择所谓"高速云台"，这种云台的水平预置转速可以达到 250°/s 左右，而一般云台是 0°/s ~ 60°/s。

⑥ 限位、定位功能：云台的限位切换、限位方式、位置预置等功能，关系到云台的扫描和控制方式以及与云台控制器或解码器的接口关系。

⑦ 外形及安装尺寸、重量。

⑧ 环境适应性能。

（3）云台产品分类

云台按主要技术性能组合分类如图4-13所示。在图4-14和图4-15中选择列出了几种云台产品的实物照片，供读者增加感性认识。

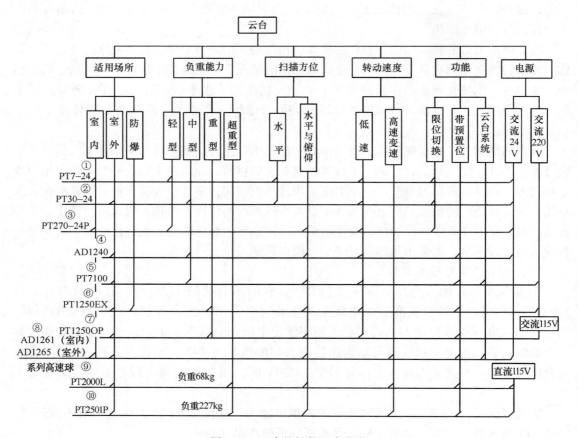

图4-13　云台按性能组合分类

2. 防护罩

摄像机和镜头是精密的电子、光学产品。作为电视监控系统的前端设备，它的安装位置可能在室内或是室外，可能在一般的环境条件下或是在特殊的环境条件下。无论在何种情况下，将摄像机及镜头用防护罩保护起来显然是必要的。

防护罩在构造原理上并无特殊之处，特别是一般安防系统中摄像机所用防护罩，只是在构成上随使用场所的环境条件而有所不同。许多知名的视频安防监控设备厂商，均生产提供适应各种使用要求的摄像机防护罩。

防护罩品种繁多，按照其适用场所，密封性能、结构强度、复合功能等方面要求，可组合形成各种类型的产品。现以图4-16表明各类产品具备的各项性能。

PS7–24室内轻型六台

PS1250P室外重型云台

PS270–24P室内轻型云台

AD1240室外中型云台

图 4-14　　几种室内、室外云台

PS30A–24中型全天候转台

PT1250EX全天候防爆云台

PT7100全天候云台系统
（带防护罩、解码器、加热器、抽风机）

图 4-15　　几种全天候云台

几类防护罩简介：

参看图 4-16 分类序号，对防护罩简介如下：

（1）一般室内防护罩

按其安装形式有：悬挂或安装于天花板上的，上部为铝合金结构，符合一般防火条例，下部则用白色 ABS 塑料，外形为斜楔形或多面锥体，以与天花板协调；安装于支架或云台上的，则多采用铝质挤压成形防护罩或黄铜质、镀铬或镀铜板材防护罩，呈长方体，有不同的大小和长度以适应连接镜头后长度不同的摄像机。在室内装设的摄像机，一般不易被破坏，但在某些场所如监狱或看守所，则需有抵御最大程度破坏的防护罩，这类防护罩，常采用厚钢板结构，或与建筑结构配合使用。另一类高安全的防护罩用于工厂车间或施工场地，除外壳有高强度外，在防护罩玻璃前还设有防止重物溅落冲击的钢网以保证安全。图4-17所示为几种室内防护罩的实物图片。

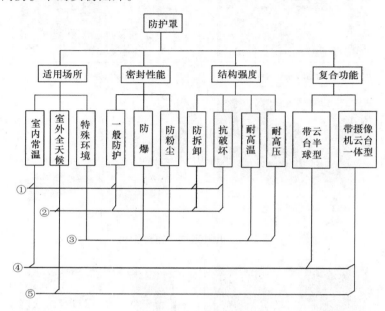

图4-16　防护罩按性能组合分类

E1003天花板安装

EH4010铝质挤压型

EH3010板材防护罩

HS6000高强度防护罩

图4-17　室内防护罩图片

（2）室外全天候防护罩

此类防护罩用于室外露天的场所，要能经受风沙、霜雪、夏日、严冬，根据使用地域的气候条件，可选择配置加热器/抽风机、除霜器/去雾器、雨刷、遮阳罩、隔热体。由于放在室外，当然也必定有防破坏栓。护罩玻璃窗口的内外，在冬季由于温度和湿度相差大，玻璃表面易生雾气和结霜，影响摄像机图像的清晰度，因此需有除霜/去雾的措施。在玻璃表面镀上很少降低透光率而能通电加热的导电膜是一种很好的解决方法。图 4-18 是一种 1/2 in 和 2/3 in CCD 摄像机全天候防护罩的图片。

图 4-18　EH4600 全天候防护罩

（3）特殊环境使用的防护罩

这一类特殊的防护罩，主要在某些有腐蚀性气体，易燃易爆气体，有大量粉尘的环境等情况下采用。在设计上着重考虑其密封性能，多用全铝结构或不锈钢结构，呈圆筒形。还有内部充气（充干氮）的防护罩，使外部空气压力小于护罩内气体压力，进一步隔绝环境的影响，图 4-19 所示为这类防护罩中的几种产品的图片。

EH8006 密封含压防护罩

EHX4 无压防爆防护罩

E704-12 防粉尘密封防护罩

图 4-19　几种特殊环境使用的防护罩

在钢铁炼熔炉或是燃烧锅炉前安装的监视摄像机，必须置于能耐高温的防护罩内，这类防护罩往往采取水冷却降温方式及其他隔热设计，其视窗使用了特种玻璃。用硼硅酸玻璃的中温水冷却防护罩，视窗可经受 164.5℃ 的温度，用石英玻璃的高温水冷却防护罩，则可抵御 1371.1℃ 的高温，图 4-20 所示为中温水冷防护罩。

还有用于海底探察的摄像机。它的防护罩在密封防水及耐深水高压方面，更有特别的要求，需由专门的设计定制，非一般市售商品的范畴。

图 4-20　MT10P 中温水冷防护罩

（4）室内半球型防护罩

为了装饰美观或隐蔽的需要，将摄像机防护罩制成吸顶灯式或烟雾感知器式的外形，这就是各种半球形的防护罩。半球罩的大小有不同，有的厂家还有不同颜色的玻璃罩，一般监视槽的光耗是 0 ~ 2 个光圈数（f-stop）。简单分体的半球罩，只有半球形的外罩和固定安装的零件，摄像机镜头的视场固定于空间某一指向，在安装好以后不便调整。后来进一步发展了带高速云台的半球罩，将保护罩与云台做成一体，便于安装和使用，图4-21中的SB1900即是这种产品之一。

室内也有整球形的防护罩可供选用。图4-22所示为一种球形防护罩。SS2000用于CCD摄像机带高速球云台，球径14in，视槽光耗为1个光圈数，黑色不透明低半球，可选择360°连续旋转。

图4-21　SB1900带高速云台吸顶半球形防护罩

图4-22　SS2000带高速云台球形防护罩

图4-23　ED2820全天候球形防护罩

（5）全天候球形防护罩

一种全天候球形监视防护罩系统，带有特定的云台和标准的加热器、抽风机，以及可供选择的其他附件，ED2820（见图4-23）就是这种产品。

另有一种一体化球形罩系统，实质上是一个完整的摄像机系统，它包括摄像机、电动变焦镜头、智能化云台以及微处理器芯片、存储芯片、解码器等，集成于一个球形护罩内。严格说来它不能归类于防护罩系列，仅就外形来说，属于球形防护罩的一种。

4.3　建筑视频安防监控系统的信号传输

4.3.1　视频安防监控传输系统简介

视频安防监控系统中，主要的信号有两种。

电视信号：从系统前端摄像机输出的视频信号流向控制中心。

控制信号：从控制中心流向前端的摄像机（包括镜头）、云台等受控对象。流向前端的控制信号一般又是通过设置在前端的解码器解码后再去控制摄像机和云台等受控对象的。

图像信号的基本特点一是频带宽，电视信号的频带宽达4～6MHz，相当于960路电话的信道传送；二是图像信息量大，传输数码率要求高。

视频图像的传输涉及方面较多，有图像的传递方式、传输容量、传输媒体、传输速率、传输终端显示效果等多种因素，也涉及有图像信息压缩算法和编/解码器的性能指标。

1. 传输方式的确定

① 各摄像机安装位置离监控中心较近，即几百米以内时采用视频基带传送方式。

② 各摄像机安装位置距离监控中心较远时，采用射频或频带有线传输或光纤传输方式。

③ 当距离更远且不需要传送标准动态实时图像时，也可以采用窄带电视用电话线路传输。

2. 信号传输方式分类

① 视频图像传输有以架空明线、同轴电缆、光缆等线缆传输的有线传输方式和依靠电磁波在空间传播达到传送目的的无线传输方式两大类；按基带信号（即调制之前的原信号）的形式不同，可分为在时间特性上状态连续变化的模拟信号通信和在时间特性上状态变化是离散可数的数字信号通信。

② 数字信号的传输又有基带传输和频带传输（又称载波传输）两类。数字信号的形式一般是二进制或多进制序列，例如脉冲编码调制 PCM、增量调制（DM）信号等，这些信号称为基带信号，通常使用电缆、同轴电缆、架空明线而不用调制和解调装置直接传送基带信号的方式称为数字基带传输，要求信道具有低通特性。而经过射频调制，将基带信号的频谱搬移到某一载波上形成的信号称为频带信号，如相移键控 PSK、频移键控 FSK、幅移键控 ASK 等，频带信号的传输信道具有带通特性，称为频带传输，数字微波通信和数字卫星通信均属于此类，它是广泛采用的传输方式。

因此除近距离图像传输采用模拟传输方式外，一般都采用数字传输方式。首先，要对图像进行数字化，即图像数字编码，由于图像信号具有大量的冗余度，因此有可能对其传输数码率进行压缩编码，即在信噪比要求或主观评价得分等质量条件下，以最小的比特数来传送一幅图像，压缩编码在图像数字传输、存储、交换中有着广泛的应用。

③ 从传输装置类别来区分，视频图像信号的传输又可分为专用传输设备方式和计算机联机网络传输两大类。前者包括了连接专用线路或公共通信线路上的视频传输设备，有同轴电缆、电话线或光纤、专用视频图像发射机与图像接收机、微波与卫星通信设备等，后者则是通过计算机网络和多媒体技术来传输视频图像，此项技术正在快速发展之中。

3. 传输内容

现场摄像机与控制中心之间需要有信号传输，一方面摄像机的图像要传到控制中心，要求图像信号经过传输后，不产生明显的噪声、失真，保证图像清晰度和色彩，具有良好幅频和相频特性。另一方面控制中心要把摄像前端的控制信号和电源传送到现场，所以传输系统主要包括视频信号、控制信号及电源的传输。

4.3.2　视频图像的主要传输方法

视频是 $0 \sim 6MHz$，再加上负载波是 $0 \sim 8MHz$。

1. 视频通过同轴电缆传输（非平衡传输）

同轴电缆是传输视频图像最常用的媒介，同轴电缆截面的圆心为导体，其外用聚乙烯同心圆状覆盖绝缘，再外是金属编织物的屏蔽层，最外层为聚乙烯封皮。同轴电缆对外界电磁波和静电场具有屏蔽作用，导体截面积越大，传输损耗越小，从而可以传送更长的距离。

SYV-75-5 型同轴电缆在传输距离 300m 以内时，其衰减的影响可以不计。在电缆敷设中应最好无中间接头，在需要有接头处时应采取焊接方式进行处理；电缆过墙/楼板要开孔，所有视频线都放在弱电系统监控桥架内。同轴电缆应符合 BS 3573 标准，特性阻抗 $(75 \pm 3)\Omega$，30MHz 时衰减特性小于 $1.3 \times 10^{-3} dB/m$，低烟、无卤、阻燃，编数96。

摄像机输出通过同轴电缆直接传输至某一监视器，若要保证能够清晰地加以显示，则同轴电缆的长度有限制，如果要传输得更远，一种方法是改用截面积更大的同轴电缆类型，另一种方法是在靠近监视器处安装一台后均衡视频放大器（Post Equalizing Video Amplifier），通过补偿视频信号中容易衰减的高频部分使经过长距离传输的视频信号仍能保持一定的强度，以此来增长传输距离。国产 SYV-75-5 型同轴电缆经过 300m 传输后图像的分辨率仍能达到 400 线左右，可满足一般监视器的要求。如用 SYV-75-9 型同轴电缆，则传输距离可达500m，若要传输得更远，则需更换同轴电缆类型或加电缆补偿器。其关系如表 4-8 所示。

表 4-8　同轴电缆的传输距离

同轴电缆类型	最大有效传输距离	同轴电缆类型	最大有效传输距离
SYV-75-5（RG59）	3000ft（914.4m）	SYV-75-9（RG11）	6000ft（1828.8m）
SYV-75-7（RG6）	4500ft（1371.6m）	SYV-75-12（RG15）	8000ft（2438.4m）

值得指出的是，后均衡视频放大器只能安装在靠近监视器之处，如图 4-24 所示。如果安装在摄像机附近作为前均衡放大器则将失效。此外，所有电缆均应是阻抗为 75Ω 的纯铜芯电缆，绝对不可用镀铜钢芯或铝芯电缆。对较短距离的传输，推荐用 RG59 型电缆，对于较长距离的传送，则以采用 RG11 型电缆为宜。

图 4-24　同轴电缆传输的后端均衡视频放大器

采用同轴电缆传送视频信号时，由于存在不平衡电源线负载等因素会导致各点之间存在地电位差，其峰-峰幅值可从 0 至大于 10V，为此应采用被动式接地隔离变压器（Ground I-solation Transformer），可放置在同轴电缆中存在地电位差的任何一处，并可放置多个，用它可以消除存在地电位差带来的问题，并且有效地降低 50Hz 频率共模电压 CMV，其视频性能特性等价于约 200ft 的 RG59U 同轴电缆。还有称为隔离放大器的产品，即通过均衡视频信号中衰减严重的高频部分来保持均匀的信号强度，可用宽带频率光隔离来解决接地环路隔离问题。它可提供最高 20dB 的高频补偿和 12dB 的中频补偿。

2. 视频图像通过双绞线传送（平衡传输）

非屏蔽双绞线电缆（Unshielded Twisted Pair，UTP）随着网络的发展，可能成为视频图像传输的主流，如图 4-25 所示。

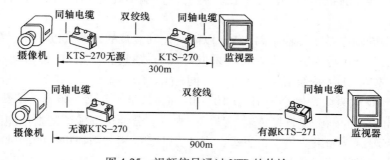

图 4-25　视频信号通过 UTP 的传输

（1）UTP 的无源适配器传输

用无源适配器传输时，随着频率增高插入损耗会增大。这样，在视频图像信号传输距离稍远时，图像质量将会受到严重的影响。在实际使用中将受到较大的限制。

（2）UTP 通过有源适配器传输

通过有源适配器，采用非平行抗干扰技术，可以通过一根 5 类 UTP 线无损失地传输全动态图像、音频、报警、控制信号，也可直接传送非数字化非压缩的视频信号。一般还内置有瞬间保护和浪涌保护。

采用有源信号适配器（又称有源视频接收器），还有如下优点：

① 可以充分利用 5 类双绞线的 4 对线缆，将电源、视频、控制这三种电缆或者电源、视频、音频这三种电缆合成一根 5 类双绞线传输，从而减少线缆的种类和数量。

② 视频图像和音频信号的增益与补偿可以随距离远近方便地调整。同时由于视音频信号采用对地平衡的差分信号传输，它不受地电位、相电位的干扰，因此使得摄像机可以就近取电而不必采用集中供电方式。此外，由于它的共模抑制比大于 65dB（10MHz），不易受外界的信号干扰，因此使信号传输变得更加灵活、方便。

③ 由于安防电视监控系统采用 UTP 线传输，是与计算机网络和电话系统所用线缆相同，因此可以统一到综合布线系统之中。

非屏蔽双绞线的铜质导线外有绝缘层包围，并且每 2 根绞合成线对，线对与线对之间也进行了相应的绞合，在所有绞合在一起的线对外，再包上有机材料制成的外皮。常用线为 4 对线对。但 UTP 线缆传输长度一般不应超过 100m。

① 5 类线 Cat 5 传输频率为 100MHz，链路等级为 D，原来主要用于 100base-T 以太网，但是并非所有的五类线缆都可运行千兆位以太网。

② 超 5 类线 Cat 5E（Enhanced Category5）的传输特性最高规定仍为 100MHz，但对近端串扰、远端串扰和回程损耗等性能指标有明显改善，并且超五类线的全部 4 个线对都能实现全双工传输，其链路等级为 D，可运行千兆位以太网。

③ 6 类线 Cat 6 传输频率为 250MHz，链路等级为 E，将是 UTP 应用的主流。

就目前而言，UTP 起码应选用超 5 类线，最好是采用很快将成为主流的 6 类线，到 7 类线缆时，只有屏蔽技术才能满足要求。线缆的特性参数及典型指标如表 4-9 所示。

表 4-9　线缆的特性参数及典型指标

序号	特 性 参 数	100MHz		250MHz
		Cat 5	Cat 5E	Cat 6
1	衰减（Attenuation）	24. 0dB	21. 3	36
2	近端串扰 NEXT	27. 1dB	39. 9	33. 1
3	功率相加近端串扰（Power Sun NEXT）	N/A	37. 1	30. 2
4	信噪比 ACR	3. 1dB		
5	功率相加信噪比（Power Sun ACR）	N/A		
6	等效远端串扰 ELFEXT	17. 0dB	23. 3	15. 3
7	功率相加等效远端串扰（Power Sun ELFEXT）	14. 4dB	20. 3	12. 3
8	回波损耗（Return Loss）	8. 0dB	12. 0	
9	传播延迟（Propagation Delay）	548ns	555ns	
10	延迟失真（Delay Skew）	50ns	50ns	

3. 通过光纤传送视频图像

同轴电缆传送视频图像衰减较大，传送距离一般为 427~610m，即每公里需要增加 1~2 个放大器，但最多也只能串接约 20 个放大器，这无疑增加了系统的复杂性和降低了系统的可靠性。而单模光纤在 1310nm 和 1550nm 时光速的低损耗窗口，每公里衰减可做到 0.2~0.4dB 以下，是同轴电缆每公里损耗的 1%，因此可实现图像 20km 无中断传输，适用于长距离的远程传输，光纤 + 光端机是图像远程传输的主要方式之一。光端机环形传输网络如图 4-26 所示。

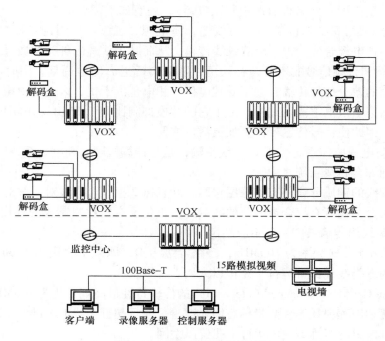

图 4-26　光端机环形传输网络

光缆有直埋、架空、墙装混合等安装方式，距离较长且条件许可时以直埋型多芯层绞单模光缆为宜，在重点防雷区域可采用全塑防雷光缆。

① 模拟光纤传输调制技术分为 AM 和 FM 两大类。AM 调制技术较 FM 技术成熟，且结构简单，但 FM 调制技术抗干扰能力强，保真度高，会逐渐成为市场的主流。视频模拟信号在光纤中的传输有两个主要指标，即信噪比 S/N 和表示线形好坏的微分增益 DG，高标准的传输线路要求 $S/N = 56\text{dB}$，微分增益 DG = 0.3dB。随着光纤价格的下降，应尽量采用 16 路、32 路等大容量的光纤传输设备，而采用 4 路、8 路等小容量的光纤传输设备可以保证系统整体的安全性。但总体而言，模拟光端机将会逐渐被安防市场淘汰。

② 光纤传输的另一类是数字光纤传输，有非压缩数字化光纤传输和压缩数字化光纤传输两种。它们的应用都是点对点传输，与模拟光纤传输应用方式相同。数字光纤传输过程中，源图像在前端经过 A/D 转换，已经存在图像损耗，如果采用压缩图像方式传输，其损耗则会更大。光纤传输性能比较表如表 4-10 所示。数字代替模拟是光纤通信技术的必然发展趋势。具有以太网接口等带有网络功能的模块化光端机将会引领市场。

表 4-10　光纤传输性能比较表

性能指标	数字非压缩传输	数字压缩传输	模拟传输
图像清晰度	好	一般	最好
所需宽度	高	低	中
传输指标	误码率 BER	BER	S/N、DG、DP
终端图像损耗	损耗小	损耗大	损耗小
码速率	高	低	中
设备价格	较贵	贵	低

图像通过光纤、双绞线和视频线三种方式传输的示意如图 4-27 所示。

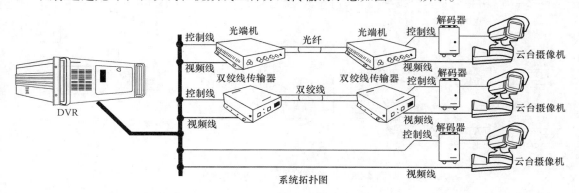

图 4-27　图像传输的三种方式

4. 视频图像通过有线电视的同轴电缆以射频 RF 传输

视频图像通过有线电视的同轴电缆以射频 RF 传输，如图 4-28 所示。

此种传输方式就是宽频一线通，采用频率搬移的办法，把 0～6MHz 的信号搬移至载波上进行传输（FDM 技术）。不同摄像机的视频信号调制到不同的射频频率，然后用多路混合器，把所有的频道混合到一路射频输出，实现用一条电缆同时传输多路信号。在末端再用射频分配器分成多路，每路信号用一个解调器解出一个频道的视频信号。

5. 视频图像通过无线传输

在不易施工布线的近距离场合，采用无线方式来传送视频图像是最合适的。无线视频传输由发射机和接收机组成，每对发射机和接收机有相同的频率，无线视频传输具有一定的穿透性，除传输图像外，还可传输声音。但无线传输设备在采用 2.4GHz 频率时，一般只能传 200～300m，若试图通过增大功率来传得更远，则可能会干扰正常的无线电通信而受到限制。

此外，还可以微波的形式来发射和接收图像，微波是一种具有极高频率（通常为 300MHz～300GHz）、极短波长（通常为 1mm～1m）的电磁波。为可靠传输远程视频图像，通常划分为 L（1.0～2.0GHz）、S（2.3～3.0GHz）、Ku（10.75～11.7GHz）三个频段供选用。微波近距离直接传送系统如图 4-29 所示，Ku 波段远距离安防信息传送系统如图 4-30 所示。可分为模拟微波和数字微波两种。模拟微波发射采用调频调制的办法，占用 25MHz 带

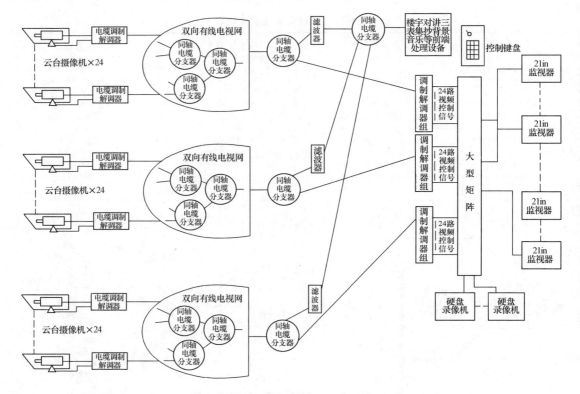

图 4-28　图像通过有线电视网作传输

宽，只适合于远距离传输，但会受到阻挡物的影响，如 3000MW 的微波发射机，在开阔无障碍的环境能传输 2～5km，而在建筑物较多的环境下则只能传几百米或几十米；数字微波传输如 Wi－Fi（802.1 lx）和蓝牙（Bluetooth）技术，基本上都采用 2.4GHz 扩频传输的方法。

无线视频图像传输，单路的也可用 802.1 lb、11Mbit/s 的室外无线网桥，虽然带宽较窄（纯带宽 3～4Mbit/s），但传输距离较远，可达 15～20km。多路视频集中传输及远距离多点视频传输也可分别用 802.1 lg、54Mbit/s 的室外无线网桥（传输距离较近，为 3～4km）和 802.1 la、54Mbit/s 无线网桥（带宽高、传输距离远），频段可为 5.8GHz 或 2.4GHz。

6. 视频图像通过网络的传输

网络传输方式主要有通过以太网传输和通过互联网传输两种，也是图像远程传输的一种主要方式。这里包括利用城市公共电信网络传输线路，如图 4-31 所示。如传统的 ADSL 铜缆（下行速率 2Mbit/s、上行 640kbit/s），更可利用速率较高的 EDSL 和 ADSL2＋（下行可达 24Mbit/s、上行可达 2.3Mbit/s），还可利用电信宽带城域网中的 2M 光纤、100M 光纤和 1000M 光纤。

① 通过以太网传输是基于 IP 协议下的传输，要求对数据先采集和量化，然后进行编码或者视频压缩，再打包通过视频服务器进行传输。遵循的协议有 ITU H.323（电话网上的）、H.324（IP 网上的），包含 H.245、H.225 ORAS、H.225 Q931 呼叫信令，MCU 包括有中心、无中心多播、混合式三种。

② 通过互联网传输是把视频信号量化以后，视频服务器有自己的 IP，故可用 IE 浏览

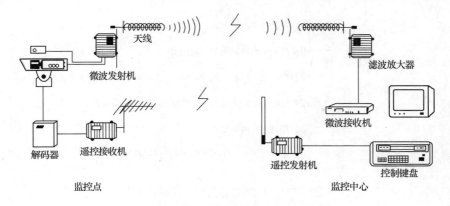

图 4-29　微波近距离直接传送系统

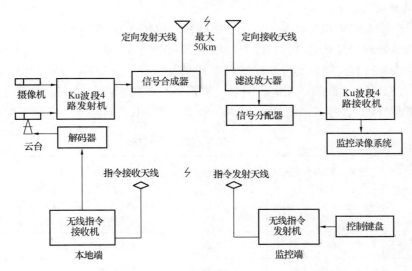

图 4-30　Ku 波段远距离安防信息传送系统

器。采用的是 SIP 协议（互联网多媒体协议），是基于 HTTP 文本方式，有服务器注册、代理、重定向等。

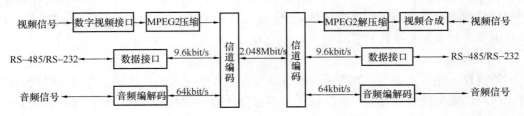

图 4-31　通过电信网络传输

4.3.3　控制信号的传输

CCTV 系统在以控制信号传输时，控制的种类如图 4-32 所示。

近距离的可以多线直接控制或以多线编码间接控制，但技术上较落后，因此控制信号的传输主要采用以下几种方式。

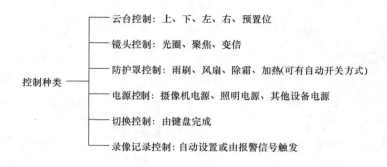

图 4-32　CCTV 系统需要的控制种类

1. 串行编码间接控制

适用于规模较大的电视监控系统，用单根线路可以传送多路控制信号，通信距离在 1km 以上，若加信号处理更可传送 10km 以上。用屏蔽双绞线 RVVP2×1.5，作为室外云台摄像机的控制信号线，所有控制线都应在线槽内。其参数为最大 DC 环路阻抗 110Ω/km、20℃ 最大导体电阻 13.3Ω/km，低烟、无卤、阻燃。解码器与视频矩阵切换主机之间连线采用 2 芯屏蔽通信线缆 PVVP，每芯截面积为 0.3~0.5mm²。通信电缆的型号规格如表 4-11 所示。

表 4-11　通信电缆的型号规格

线缆型号 / 线缆规格	芯线×标称截面积（mm²）	导线电阻（Ω/km）	耐　压（V）	频　率
RVV	2×0.5/2×0.75	39/26	300/500	低频
RVV	4×0.5/4×0.75	39/26	300/500	低频
RVVP	2×0.5/2×0.75	39/26	300/500	低频
RVVP	4×0.5/4×0.75	39/26	300/500	低频

安装在非木结构上的铜缆可采用 RVV3×0.75，但在防火等安全因素要求较高和在木结构上使用的铜缆则需采用阻燃线缆 ZRVV3P×0.75，并将铜缆最大布设长度限制在 100m 以内，且铜缆全程需加套金属护管。

2. 同轴视控

同轴视控传输技术是当今监控系统设备的发展主流，它只需一根同轴电缆便可同时传输来自摄像机的视频信号以及对云台、镜头、预置位功能等所有的控制信号，这种传输方式以微处理器为核心，节省材料和成本、施工方便、维修简单化，在系统扩展和改造时更具灵活性。同轴视控实现方法有两类，一是采用频率分割方式，即把控制信号调制在与视频信号不同的频率范围内，然后同视频信号复合在一起传送，再在现场作解调以将二者区分开；二是利用视频信号场消隐期间来传送控制信号，类似于电视的逆向图文传送。

同轴视控传输除采用同轴电缆外，现也在发展同轴视控的光纤传输设备，如图 4-33 所示。

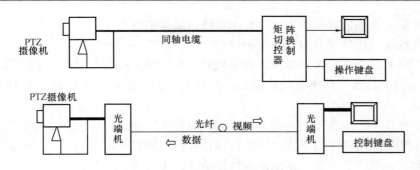

图 4-33　两种同轴视控的传输技术

4.4　建筑视频安防监控系统图像显示与记录设备

4.4.1　图像显示与记录设备总体要求

显示与记录设备安装在控制室内，主要有监视器和录像机，国家标准规范对它们的选型和设计有明确要求，具体如下：

1. 显示设备的选型与设置

① 选用满足现场条件和使用要求的显示设备。

② 显示设备的清晰度不应低于摄像机的清晰度，宜高出 100TVL。

③ 操作者与显示设备屏幕之间的距离宜为屏幕对角线的 4～6 倍，显示设备的屏幕尺寸宜为 230～635mm。根据使用要求可选用大屏幕显示设备等。

④ 显示设备的数量，由实际配置的摄像机数量和管理要求来确定。

⑤ 在满足管理需要和保证图像质量的情况下，可进行多画面显示。多台显示设备同时显示时，宜安装在显示设备柜或电视墙内，以获取较好的观察效果。

⑥ 显示设备的设置位置应使屏幕不受外界强光直射。当有不可避免的强光入射时，应采取相应避光措施。

⑦ 显示设备的外部调节旋钮/按键应方便操作。

⑧ 显示设备的设置应与监控中心的设计统一考虑，合理布局，方便操作，易于维修。

2. 记录与回放设备

① 宜选用数字录像设备，并宜具备防篡改功能；其存储容量和回放的图像（和声音）质量应满足相关标准和管理使用要求。

② 在同一系统中，对于磁带录像机和记录介质的规格应一致。

③ 录像设备应具有联动接口。

④ 在录像的同时需要记录声音时，记录设备应能同步记录图像和声音，并可同步回放。

⑤ 图像记录与查询检索设备宜设置在易于操作的位置。

4.4.2　监视器

1. 视频监视器

监视器是监看图像的显示装置，在 CCTV 系统中可以仅有单台大屏幕监视器，也可能是由数十台监视器组成的电视墙；既可以是黑白监视器，但更多的应是彩色监视器；14in 以下的小屏幕监视器已被淘汰；未来 40in 左右的大型监视器、等离子体或液晶平板显示器或上百英寸的投影将会成为显示的主流。显示器件主要类别有：

（1）传统的阴极射线管监视器和电视墙

传统的阴极射线管（CRT）监视器和电视墙，生产技术成熟，驱动方法简单，性能价格比好，在 14～29in 显示器件中居统治地位，但体积大、重量重、电压高，有使人眼易疲劳的闪烁等缺点。

监视器在性能上，主要反映在图像清晰度、色彩还原度、整机稳定度这三个方面。

① 图像清晰度。清晰度主要是由视频通道的幅频特性决定的，监视器在通道电路上具备带宽补偿和提升电路的功能，从而使通频带更宽，图像清晰度更高。

② 色彩还原度。还原度主要由监视器中有红（R）、绿（G）、蓝（B）三基色的色度信号和亮度信号的相位决定。监视器的视放通道在亮度、色度处理和 R、G、B 处理上应具备精确的补偿电路和延迟电路，以确保亮/色信号和 R、G、B 信号的相位同步。

③ 整机稳定度。监视器通常需要连续无间断的通电使用，并且应用环境可能较为恶劣，这就要求监视器的可靠性和稳定性更高。在设计上，监视器的电流、功耗、温度及抗电干扰、电冲击的能力和富裕度以及平均无故障使用时间均要远大于电视机，同时监视器还必须使用全屏蔽金属外壳确保电磁兼容和干扰性能。

从应用而言，黑白监视器的水平清晰度达到 1000 线，而彩色监视器按其性能指标，可分为下列类型：

① 高档监视器。图像清晰度高，一般达到 600～800 线以上。

② 高质量监视器。图像清晰度一般在 370～500 线之间。

③ 图像监视器。清晰度为 300～370 线，被 CCTV 系统广泛使用。

④ 收监两用监视器。为普通电视机类，图像清晰度一般不超过 300 线。

纯平监视器是 CRT 监视器的新亮点。此外，采用逐行扫描（Progressive Scan）可提高垂直方向的清晰度，60Hz、75Hz 及 100Hz 逐行扫描监视器由于采用了高帧和逐行技术，可使图像画面更稳定。而且以减少电磁辐射量；重视环保和健康的 TCO 标准将被普遍接受。目前已出现具有 16：9 宽屏幕和 1000 线高分辨率的全数字式彩色监视器，支持 1920×1080i 显示格式，并带有网络地址和网络接口。

（2）大屏幕投影显示系统

① CRT 投影机。是用高亮度显像管显示出彩色图像，再利用光学镜头将图像投射到屏幕上，它有极高的清晰度，但由于采用阴极射线管的方式发光，故亮度不高，亮度一般在 1250 lm 以下。投影像管多为 7in CRT×3（RGB），清晰度模拟信号可达 600 线以上，数字信号最高达到 2500×2000Pixel 水平。采用具有数字接口的投影机可显示电子地图，比较符合中央监控室的需求，但体积较大，将逐渐被淘汰。

应用上是以多台 CRT 投影组成的无缝拼接电视墙产品，点距为 0.21～0.24mm，分辨率达到 1600×1280Pixel。

② LCD 液晶投影机。是利用（大功率金属卤素）投射光源和三原色液晶显示板，产生色彩鲜艳、对比度清晰的图像。现多采用 3 片 LCD 液晶成像器件，但图像清晰度不够高，清晰度模拟信号可达 450 电视线，数字信号在 1600×1280Pixel 以下，亮度则集中在 400～1200 lm 范围内。优点是体积小、便于携带、使用时不需要调整会聚，灯泡寿命为 3kh 左右。缺点是对比度一般仅在 500：1 左右。

③ 数字光处理（Digital Light Processing，DLP），美国 TI 公司推出的数字化多媒体组合显示系统，称之为是利用数字微镜器件（Digital Micromirror Device，DMD）反射像素实现的全数字化方式成像，DMD 技术是在 1～1.5cm 的芯片上集成 50 多万个微型铝镜，每个铝镜代表一个像素，每个像素由一个专用存储单元控制，以极高的频率开关微型铝镜，同时经过颜色再生，将光束投影到成像屏上，形成色彩丰富、真实清晰的投影图像，分辨率为 800×600，水平视角达到 160°。因为光利用效率达到 85% 以上时有很高的亮度，而且有分辨率越高、有效反射面积越大，亮度也越高的特性。

组合显示控制器（见图 4-34）产品，既可接受模拟视频输入，又可接受 RGB 输入。模拟视频输入有 32 路复合视频输入或 16 路 S-Video 输入，并可同时将这 32 路视频显示在大屏幕组合显示墙上，每一路视频信号的实时性和分辨率都不受影响。单个机箱最多也可以接受 16 路 RGB 信号输入，并可同时将其中 8 路 RGB 信号显示在大屏幕组合显示墙上，每一路 RGB 信号的实时性和分辨率也不受影响。基于 Windows 2000 操作系统平台，因此任何与其联网的计算机都可在本地实现对显示器的控制。控制器系统的原理如图 4-35 所示。

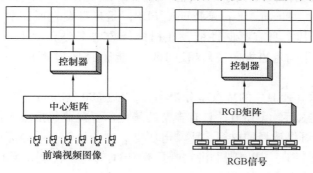

图 4-34　DLP 组合显示器

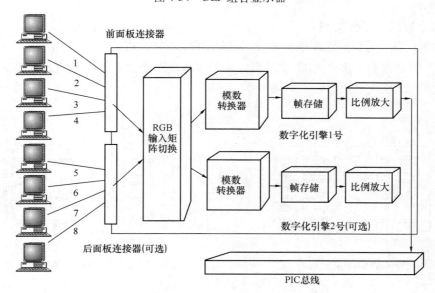

图 4-35　DLP 控制器系统的原理图

（3）平板显示器件

平板显示（Flat Panel Display，FPD）指显示器件的深度小于显示屏幕对角线 1/4 长度的显示器件，FPD 按工作原理的不同，可分为：

① 液晶显示（Liquid Crystal Display，LCD）是本身不发光的被动型显示器件，具有低工作电压、微功耗、体积轻薄、适于 LSI 驱动、易于实现大画面显示、全色显示性能优良等特点，已被公认为多媒体时代的关键电子器件，被誉为第二半导体工业，现已进入薄膜晶体管驱动液晶显示器（TFT-LCD）发展时代。液晶显示器具有无高压磁场产生的辐射、无扫描过程所产生的闪烁、占地面积小、正面可观看不失真图像范围高达 160°、可直接数字传输等优点。

价格、视角和使用寿命是影响 LCD 监视器普及的三大瓶颈。目前新型采用面内切换技术的薄膜晶体（TFT）工艺的 LCD 屏的水平视角已达到 160°、垂直视角已达到 140°。同时，LCD 屏的价格将随着产品的逐步普及和产量的逐步上升而逐渐下降。LCD 的使用寿命也将随着 LCD 背光源及液晶材料技术的不断进步而提高。

② 等离子体显示（Plasma Display Panel，PDP）是自身发光型显示器件，厚度只有 8 ～ 15cm，可挂在墙上，其本身有存储性能，在扫描行数增多时亮度不下降，易于实现 40 ～ 60in 大屏幕显示。水平与垂直方向视角超过 160°，能显示 1670 万种不同颜色（红、绿、蓝各 256 色）。

③ 电致发光显示（ELD）的特点是分辨率高，可达 80 线/mm。

④ 有机电致发光显示（OELD）具有丰富的颜色，可覆盖包括蓝光在内的整个可见光波段，同时具有广泛的可供选择的材料、驱动电压低、制备比较简单等优点。

⑤ 场发射显示（FED）从原则上讲它既具有 CRT 的显示性能，又具有液晶显示低功耗的优点，是有发展潜力的显示技术。

2. 电视墙

电视墙分为以下三种类型：

① 全 CRT 型。此类型已逐渐被淘汰，其结构如图 4-36 所示。

② 一个 DLP 大屏 + 多个 CRT 小屏型。此类型多在中小型系统中采用，其结构如图 4-37 所示。

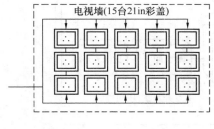

图 4-36　全 CRT 型电视墙

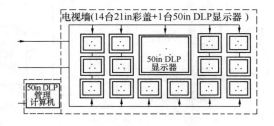

图 4-37　一个 DLP 大屏 + 多个 CRT 小屏方案

③ 多个 DLP 大屏组合型。此类型在交通道路等大型系统中采用，如图 4-38 所示。

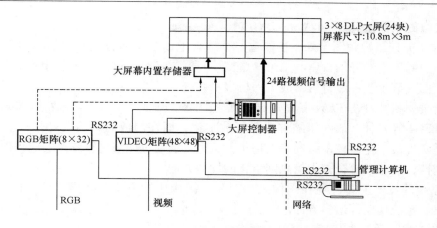

图 4-38　多个 DLP 的电视墙方案

4.4.3　画面分割器

1. 实时四画面分割器

四画面分割器是指在一个屏幕上同时显示四个画面图像，从功能而言，四画面分割器的影像处理技术是将四个视频信号同时进行数字处理，将每一个全画面缩小成 1/4 的画面大小并放置于不同位置，从而在监视器上组合成四画面分割显示。由于四画面分割器是同时处理四个画面信号，因此可以作实时录像与监视，画面动作不会有延迟现象，这是其突出的优点。

2. 非实时多画面图像分割器

在大型监控系统中往往要同时监视多台摄像机的输出图像，为此采用将若干台摄像机输出图像显示于同一个监视器屏幕上，实现图像分割显示或画中画功能，具有这种功能的装置称之为多画面分割器（Video Multiplexer）。

多画面分割器现以 16 画面分割器最为普遍，它可显示从 1 ~ 16 的若干种画面组合。多画面分割器从色彩上有黑白和彩色之分；从分割方式上则有帧切换型和场切换型（每场为 2 帧）。评价多画面分割器性能优劣的关键指标是影像处理速度和画面的清晰程度。

多画面分割器在技术层面上比四画面分割器有很大的提高，一是录取速度快，每个画面仅需 1/30 s 即可编排完毕；二是以全画面全程录影，因此在回放时其清晰度不会降低；三是既可以多画面同时显示于一台监视器上，也可以选择只监视其中某一台摄像机，而输入至多画面分割器中的其他摄像机图像则被存储于分割器的存储器之中，不会遗漏和丢失，而且能够清楚地标识每台摄像机所在位置、日期与时间；四是多画面分割器有单工、双工和全双工三种类型可供选择。

多画面分割器除可同时分割显示多台摄像机的图像外，其优点是在回放时既可放送多画面图像，也可只放送其中任一道的单画面。但是由于多画面分割器是依序对各道画面作压缩处理，因此各道画面是分别进入的，这样当第二个画面进来时，第一个画面就会产生延迟的现象，从而在观看多画面分割器的每个画面时是不连续的，这是其本质上的不足。

4.4.4　数字硬盘录像机

数字硬盘录像机（Digital Video Recorder）是将视频图像以数字方式记录保存在硬磁盘之中的数码录像机。现时 DVR 产品的结构，主要有两大类，一类是采用工业 PC 和 Windows 操作系统作平台，在计算机中插入图像采集压缩处理卡，再配上专门开发的操作控制软件，以此构成基本的硬盘录像系统，即基于 PC 的 DVR 系统（PC-Based DVR）。另一类是非 PC

类的嵌入式数码录像机（Stand Alone DVR）。

DVR 除了能记录视频图像外，还能在一个屏幕上以多画面方式实时显示多个视频输入图像，集图像的记录、分割、VGA 显示功能于一身。在记录视频图像的同时，还能对已记录的图像做回放显示或者做备份，成为一机多工系统。

硬磁盘录像机由于是以数字方式记录视频图像，因此对图像需要采用 Motion JPEG、H. 264、MPEG4 等各种有效的压缩方式进行数字化，而在回放时则需要解压缩。这种数字化图像既是实现数字化监控系统的一大进步，又因其能通过网络进行图像的远程传输而带来众多的优越性，故非常符合未来信息网络化的发展方向。

DVR 系统的技术主要表现在图像采集速率、图像压缩方式、硬磁盘信息的存取调度、解压缩方案、系统功能等诸多方面。

1. 硬盘录像机的基本处理流程

图 4-39 所示为硬盘录像机的基本架构，除计算机、硬盘和 VGA 显示器外，最重要的是实现图像压缩及解压缩的方法、芯片和板卡，当然也与实现进程调度的操作系统以及实现系统功能的应用程序软件密切相关。所有的硬盘录像机都是围绕着采用的压缩方法与板卡、选择的操作系统、应用软件的水平、硬盘的类型（是 SCSI 盘还是 IDE 盘、是 7200r/min 还是 5400r/min）等几个要素而呈现出不同特性。

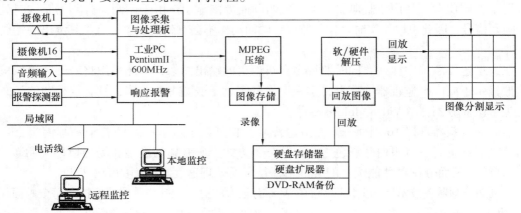

图 4-39　DVR 处理流程框图

2. 评价硬盘录像机的主要技术指标

（1）采用的图像压缩标准

H. 264 和 MPEG4 代表了人类在视频编解码方面的最新成果，是图像压缩方面发展的方向和重点，特别是 H. 264 近期将会逐渐取代 MPEG4，因为采用 H. 264 压缩算法，其占用带宽和需要的存储量比 MPEG4 下降 50% 左右。

但是也有观点认为，在 DVR 硬盘容量问题得到解决后，人们关注的焦点将是图像的画质。因此，不仅 M-JPEG 和小波压缩 Wavelet 仍会被 DVR 压缩使用，而图像质量最好的MPEG2 压缩标准也将得到更多的应用。此外，结合 M-JPEG 和 MPEG4 两者优势的双码流压缩方式被认为是较理想的方案。

（2）图像回放的清晰度

达到 800×600Pixel 以上的高品质画面、同时能够对每路的清晰度可做动态分配将是

DVR 的主要目标之一。

（3）可同时输入摄像机的路数

一般多为 4 路、8 路、16 路，但已有 24 路及更多路数的产品问世。要高度重视网络型嵌入式硬盘录像机的发展动向，超大路数的 DVR 将会是未来市场的领衔产品，并将成为传统模拟视频矩阵切换控制器的强大竞争对手。

（4）图像回放的显示速度

在某些场合要求"实时"时，如 8 路为 200 帧/s，16 路为 400 帧/s，24 路为 600 帧/s，但一般应用场合，则不必过分强调"实时性"。

（5）可记录图像的时间

一般，记录 7 ~ 15d 足矣，现在单体硬盘容量已达 500GB 或更大，因此不难实现。

（6）硬盘录像机的稳定可靠性

要采取足够的技术措施来予以保证，Seagate 公司现已推出专供监控应用的优质硬盘 SV35，有 160GB、250GB、500GB 等类型。

（7）联网性能

这取决于该 DVR 的使用是以记录图像作为首位，还是以图像传输或远程监控为主，要在记录图像和传输特性这一对矛盾中处理平衡好相互制约的程度。硬盘录像机从理论上讲都可以联网，特别是采用局域网传输均表现良好，但许多产品在使用 ISDN、DDN、xDSL 等公网传输媒体时的表现却不尽人意，连通性差、实时性差、带宽无法随时保证、只能传送多分割图像画面而不能传送单一画面大图像等。未来，DVR 可能与 IP 联网更紧密结合而变成 NVR（Network Video Recorder）。

（8）本身具有的或可控制的图像切换能力

硬盘录像机当前从功能上而言，还是以"录"为主，以"控"为辅，因此只能说它是数字式监控的雏形。但现已出现 DVR 同时具有 DVS（数字视频服务器）和 DVX（带切换功能的 Digital Video matriX）的产品。

（9）性能价格比

民用数码录像机中配备 500GB 单体硬盘的录像机，最长录像时间已达 342h，而实际销售价格相对较低。

3. PC 式与嵌入式硬盘录像机比较

（1）PC 式 DVR

这种架构的 DVR 以传统的 PC 为基本硬件，以 Windows 2000、Windows XP 操作系统为软件平台，配备图像采集压缩卡和相应的监控应用软件，组成为一套完整的 DVR 系统。PC 是一种通用的平台，PC 的硬件更新换代速度快，因而 PC 式 DVR 的产品性能提升较容易，同时软件修正、升级也比较方便。

① PC 式 DVR 可分为工控机 PC 式和服务器 PC 式两大类。

a. 工控机 PC 式 DVR：工控机 PC 式 DVR 因采用工控机，故可以抵抗恶劣的环境影响和干扰，也可以支持较多的视频输入和有更多的硬盘。

b. 服务器 PC 式 DVR：服务器 PC 式 DVR 采用服务器机箱和主板等，其系统的稳定可靠性有很大的提高，还常常具有 UPS 不间断电源和海量的磁盘存储阵列，支持硬盘热拔插功能。它常应用于监控要求非常高的特殊部门。

② PC 式 DVR 的优点有：

a. 存储空间较大（容易扩展存储硬盘），适宜长时间录像。

b. 有良好的人机接口和文件管理等，通过鼠标、键盘只要用过计算机的人都可以很好地进行操作。

c. 软、硬件升级比较容易，产品更新快。

d. 一般的故障都可以通过更换部件进行维修，整机不会报废，相对来说也就降低了对系统的二次投资。

③ PC 式 DVR 产品存在的问题有：

a. 稳定性不如嵌入式。软件与 PC 硬件、Windows 操作系统间兼容性不够，以及 Windows 操作系统自身的不完善，很容易造成系统死机。

b. PC 式 DVR 产品操作及维护需要有一定的技术基础，而操作系统有时还会"冲掉"一些系统配置及软件，这就使维护工作难度更大。

c. PC 式 DVR 的数据存储及操作系统均在硬盘中，无论如何加密，均可以从 PC 的底层进入系统，能对记录的图像文件进行删改。如果 PC 的硬盘零件发生了故障，整个硬盘甚至整个系统将瘫痪，因此数据可靠性不佳。

d. Windows 操作系统的抗入侵能力较差，一旦操作系统遭到破坏（如病毒入侵等），整个 PC 式 DVR 就会受到严重影响，甚至系统崩溃。

e. PC 式 DVR 的板卡均是大批量生产的产品，质量可以保证，但在组装为 DVR 产品时却很难做到规范化批量生产，所以整机的质量以及产品的一致性也难以保证。

f. PC 各类配件的发展非常快，1～2 年原有产品就会淘汰，这对于只有长期使用才能体现性价比优势的 DVR 产品来说，会使 PC 或 DVR 的维护费用较高。

（2）嵌入式 DVR

嵌入式 DVR 就是基于嵌入式处理器和嵌入式实时操作系统的嵌入式系统，它采用专用芯片对图像进行压缩及解压回放，嵌入式操作系统主要是完成整机的控制及管理。此类产品没有 PC 式 DVR 那么多的模块和多余的软件功能，在设计制造时对软、硬件的稳定性进行了针对性的规划，因此此类产品品质比较稳定，不会有死机的问题出现，而且在视音频压缩码流的储存速度、分辨率及画质上都有较大的改善，就功能来说丝毫不比 PC 式 DVR 逊色。

嵌入式 DVR 系统建立在一体化的硬件结构上，整个视音频的压缩、显示、网络等功能全部可以通过一块单板来实现，故大大提高了整个系统硬件的可靠性和稳定性。

当前很多公司的嵌入式 DVR 方案都是基于 Philips 公司提供的 TriMedial300 和 pSOS 操作系统，其实嵌入式处理器还有很多，如摩托罗拉的 68K、ColdFire、860、8260，以 ARM 为内核的各种 ARM 处理器，IBM 的 Power PC 系列，TI 的 DSP 处理器。嵌入式操作系统也有很多，如 WindRiver 公司的 VxWorks、ATI 公司的 Nucleus，微软的 WinCE，开放源码的嵌入 Linux 等。

嵌入式 DVR 技术门槛和资金门槛都比较高，小型公司因无低层嵌入开发能力，通常只能采用国外一些低档的方案，但要受原方案限制，导致灵活性不够，无法满足客户多样化的需求。有的无网络功能，有的有网络功能但不强。

嵌入式系统的软硬件设计难度通常都较高，但它有以下好处：

① 易于使用，无需具有 PC 操作技能。嵌入式 DVR 的操作一般通过面板按键或遥控器进行操作。

② 系统稳定性相对较高，软件容错能力更强，无需专人管理。嵌入式 DVR 采用嵌入式实时多任务操作系统，视频监视、压缩、存储、网络传输等功能集中到一个体积较小的设备内，系统的实时性、稳定性、可靠性大大提高，无需专人管理，适于无人值守的环境。

③ 软件固化在 FLASH/EPROM 中，不可修改，可靠性高。而 PC 式 DVR 的软件一般都安装在硬盘上，系统的异常关机都可能造成系统文件被破坏或者系统硬盘被损坏，从而导致整个系统崩溃。嵌入式 DVR 没有系统文件被破坏及硬盘损坏的可能，可靠性相对较高。

④ 使用嵌入式实时操作系统，系统开关机快。PC 式 DVR 使用的桌面操作系统 Windows、Linux 等，由于其操作系统的内核比较庞大，都需要较长的开关机时间。而嵌入式 DVR 采用内核可裁剪的嵌入式实时操作系统，其内核最小的只达到几十千字节，整个系统内核的加载以及设备的初始化可以在短短几秒内完成，同时无需对系统文件进行保护，关机可以在 1 ~ 2s 内完成。

⑤ 软硬件成本较低。嵌入式 DVR 采用一体化的硬件结构，无需 PC 式 DVR 那样购买显卡、内存等外部设备。硬件成本比 PC 式 DVR 低。软件采用专用的嵌入式操作系统，用户不需要支付该部分费用。

⑥ 机械尺寸较小，结构简单紧凑。嵌入式 DVR 的硬件采用一体化设计，整个系统结构简单、体积小、质量轻，使系统稳定性和可靠性大大提高。

（3）PC 式与嵌入式硬盘录像机比较表

PC 式与嵌入式硬盘录像机比较，如表 4-12 所示。

表 4-12　PC 式与嵌入式硬盘录像机比较

项　目		嵌　入　式	PC 插 卡 式	分　析
稳定性	硬件架构	厂家自行设计和生产的特定架构，多用一板或二板方式	采用 IT 行业的标准计算机架构	自行设计和生产的特定架构和标准 PC 架构，各有其自身优缺点。前者成本较低，但灵活性较差，在维护和更新换代上存在相当大的问题；而后者成本较高，但其灵活性极强，在维护和更新换代上得到了保障
	操作系统	嵌入式操作系统，如 Linux 等	采用 Windows 等操作系统	由于嵌入式 DVR 操作系统固化在电子盘上，而电子盘不易损坏且抗病毒性能较强；插卡式 DVR 操作系统多采用 Windows，安装在硬盘上，而硬盘属于机械盘，容易损坏，且 Windows 是开放构架的系统，会感染病毒。从两者所采用的操作系统及操作系统的存储介质来分析，嵌入式 DVR 较插卡式 DVR 更加稳定，但嵌入式操作系统受其功能的影响，客户在应用层面上较欢迎开放的 Windows 系统
	应用程序	自行研制	自行研制	嵌入式 DVR 和插卡式 DVR 的应用软件都由各厂家自行研发，各有优缺点。但整体而言，插卡式 DVR 的发展历程更长，且其使用的操作系统为开放的 Windows，到目前为止，插卡 DVR 的应用软件较嵌入式 DVR 应用软件功能更加强大，更加完善和稳定
图像质量		目前，在低路数时，支持 D1、half‑D1、CIF，但在高路数时，无法实现 D1、half‑D1 功能	支持 D1、half‑D1、CIF、QCIF 的任意组合	不同的图像分辨率可满足不同监控位置对图像清晰度的不同要求，如银行储蓄所储蓄柜台采用 D1 或 half‑D1、会计柜台采用 CIF，以达到较好的监控目的

国内的代表性产品如 DS-8000HF 型硬盘录像机。它是 8 路嵌入式网络硬盘录像机（FULL D1），每个视频输入通道最高支持 D1 分辨率的编码，也可以选择 DCIF、2CIF、CIF、QCIF 等分辨率。

4.5 建筑视频安防监控系统控制设备

4.5.1 视频图像的切换控制装置

视频图像切换控制器的功能是将多台摄像机的视频图像按需要向各个视频输出装置做交叉传送，又称视频矩阵切换控制主机。视频矩阵切换就是可以选择任意一台摄像机的图像在任一指定的监视器上输出显示，犹如 M 台摄像机和 N 台监视器构成的 $M \times N$ 矩阵一般，视应用需要和装置中模板数量的多少，矩阵切换系统可大可小，最小型系统可以是 4×1，大型系统可以达到 1024×256 或更大。

矩阵主机由视频输入模块、视频输出模块、中心处理模块、电源模块、通信接口模块、前端设备控制接口模块、报警信号处理模块、信息存储模块等组成。其中视频输出模块应有字符叠加功能，视频输入模块应有视频丢失检测功能，通信接口模块应有报警输入及报警输出通信、网络通信等功能。其构成框图如图 4-40 所示。

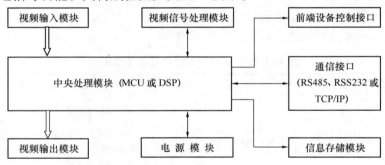

图 4-40 矩阵主机构成框图

4.5.2 视频矩阵主机的组成结构

视频矩阵切换控制主机多为插卡式箱体，除内有电源装置外，还插有一块含微处理器的 CPU 板、数量不等的视频输入板、视频输出板、报警接口板等，有众多的视频 BNC 接插座、控制连线插座及操作键盘插座等。具备的主要功能有：

① 接收各种视频装置的图像输入，并根据操作键盘的控制将它们有序地切换到相应的监视器上供显示或记录，完成视频矩阵切换功能。通常是以电子开关器件实现。

② 接收操作键盘的指令，通过解码器完成对摄像机云台、镜头、防护罩的动作控制。

③ 键盘有口令输入功能，可防止未授权者非法使用系统，多个键盘之间有优先等级安排。

④ 对系统运行步骤可进行编程，有数量不等的编程程序可供使用，可以按时间来触发运行所需程序。

⑤ 有一定数量的报警输入和继电器触点输出端，可接收报警信号的输入和连接控制输出。

⑥ 有字符发生器可在屏幕上生成日期、时间、场所、摄像机号等信息。

4.5.3　视频矩阵主机的主要参数及分类

1. 评价指标

评价一个视频矩阵优劣的主要技术指标有：

① 视频矩阵带宽：影响图像的分辨率，通常要求有超过 8MHz 的带宽，并且有平坦的幅频特性，以保证它有较小的相位失真。

② 信噪比：反映电子开关对输入图像信号信噪比的影响。使用一个 S/N 大于 70dB 的视频信号做输入，测量输出信号的 S/N，就是其信噪比。

③ 串扰：反映相邻通道间视频信号的相互干扰，它也表现为由于相邻通道的串扰，致使测试通道的 S/N 的下降。

④ 隔离度：各输入端相互隔离的能力，越小越好。

2. 类型

矩阵主机有基本型、增强型、扩展型三类，分类应符合表 4-13 的要求。

表 4-13　矩阵主机分类要求

产品功能、性能	基本型	增强型	扩展型
视频手动切换功能	√	√	√
视频巡视切换功能	√	√	√
视频群组切换功能	√	√	√
视频丢失报警功能		√	√
字符叠加功能	√	√	√
前端设备控制功能	√	√	√
信息自动存储功能	√	√	√
报警信号检测功能		√	√
报警联动功能		√	√
报警事件记录功能		√	√
音频同步切换功能		√	√
矩阵级联功能		√	√
数字视频输出及联网功能			√
光纤视频输出功能			√

3. 需要具有的重要性能

矩阵主机需要具有的重要性能为：

① 视频切换（Video Switch）功能：有手动切换、巡视（tour）切换和群组切换等方式。

② 视频丢失报警（Video Loss Alarm）功能：是指因视频信号线缆断路或视频接头松动等原因而出现的视频信号丢失现象。

③ 屏幕字符显示（OSD）功能：应能在视频信号中叠加摄像机号、摄像机所在位置、时间、日期等文字信息。

④ 前端设备控制功能：应能实现对前端设备各种预置动作的遥控。

⑤ 信息自动存储功能：在失电或关机后，所有系统数据、用户设置信息、操作日志均可保持不丢失，重新上电后应能恢复失电或关机前的状态。

⑥ 报警信号检测、状态指示和联动功能。

报警信号检测：应能实现报警信号输入功能，用户可手动或定时自动布防/撤防。报警状态指示：通过检测报警信号，应能发出报警可见指示（包括灯光和字符图形指示）或声音指示可见指示，应能显示报警发生的地址。联动功能：报警联动输出开关量，通过检测报警信号，应能实现报警信号联动开关量输出的功能；报警联动视频切换，通过检测报警信号，应能实现报警信号联动视频气切换的功能，以便用户进行报警图像复核。视频图像保持时间用户可自选设置，视频图像上应能叠加报警点位置的报警中文字符；联动前端设备动作，通过检测报警信号，应能实现报警信号联动预置位调用等前端设备动作的功能。

⑦ 音频同步切换功能：应能实现视频切换时对关联的音频同步切换功能。

⑧ 矩阵级联功能：应能实现多级视频信号级联的功能。某台矩阵的一路或多路视频输出信号可以作为另一台（或多台）矩阵的视频输入信号，以实现矩阵规模扩展、远程组网、分级监控等，如图4-41所示。

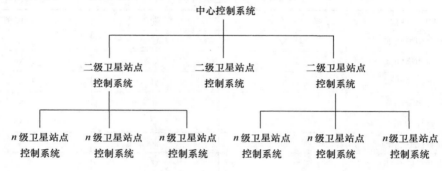

图4-41　多级矩阵级联图

⑨ 数字视频输出及联网功能。应能实现数字视频网络传输功能，以便于实现视频信号的数字化处理和远程传输、存储等操作。

⑩ 光纤视频输出功能。应能实现将一路或多路视频输入信号通过光纤接口输出的功能，以便于通过光纤和光信号接收机把视频信号传输到远端。

4.5.4　矩阵对摄像前端控制功能的实现途径

1. 通过解码器实现对摄像前端的控制

在以视频矩阵切换控制主机为核心的系统中，每台摄像机的图像需经过单独的同轴电缆传送到矩阵切换控制主机。对摄像前端云台与镜头的控制，除近距离和小系统采用多芯电缆做直接控制外，一般是由矩阵切换控制主机经由双绞线等先送至称之为解码器（Receiver）的装置，由解码器先对传送来的信号进行译码，即确定对哪台摄像单元执行何种控制动作，再经固态继电器做功率放大，驱动指定的云台或镜头，完成指定的控制动作。

解码器的功能如下：

① 前端摄像机电源的开关控制。可以220V（AC）或24V（AC）提供给摄像机，以6～12V（DC）输出提供给变焦镜头，用以改变镜头的聚焦程读、光圈大小和变倍数。

② 对来自主机的控制命令进行译码，控制对应云台与镜头的运动，目前各厂家所用控制代码不具开放性，已成为阻碍各厂家产品可互换的关键。采用的控制代码主要有曼彻斯特

码（Manchester）、SECRS – 422 码、SensorNet 码等，采用的通信协议主要有 Peleo D 协议、松下公司协议等。指令解码器完成的动作包括：

- 云台的左右旋转运动；
- 云台的上下俯仰运动；
- 云台的扫描旋转（定速或变速）；
- 云台预置位的快速定位；
- 变焦镜头光圈大小的改变；
- 变焦镜头聚焦的调整；
- 变焦镜头变倍的增减；
- 变焦镜头预置位的定位；
- 通过固态继电器提高对执行动作的驱动能力；
- 与切换控制主机间信息的传输控制。

视解码器所接收代码形式的不同，通常有三种类型的解码器：一是直接接收由切换控制主机发送来曼彻斯特码的解码器。二是将切换控制主机或-控制键盘传来的曼彻斯特码转换成 RS232 或 RS422 协议的输入型解码器，即该类解码器在距离较近时由 RS-232 代码直接控制，在距离较远时用 RS-422 方式进行控制。三是经同轴电缆传送代码的同轴视控型解码器。因此，与不同解码器配合使用的云台则存在着相互是否兼容的两难选择。

解码器控制命令传送协议的非开放性，造成目前监控系统不能相互兼容，每个厂家的矩阵切换控制主机难以与其他品牌的云台相匹配，带来诸多的不便。未来，解码器必将打破此壁垒而具有开放式的结构。

2. 通过协议接口转换器或万能解码器实现对摄像前端的控制

现已出现为了方便连接多种控制协议的转换型装置，例如有的产品就内置有 Pelco D 协议、WJ-SX550A（松下矩阵协议）、SN-6800PT（1KEGAWA 高速球型机）的转换，出现了协议接口转换器，还有万能解码器。

Honeywell 公司的协议接口转换器（PIT）使其 VideoBlox 矩阵可以兼容众多其他厂家的前后端外围设备。该协议接口转换器共有四种产品可供选择。

① HVBPIT422：转换 VideoBlox 的 RS422 输入协议为第三方 PTZ/球机的 RS422/485 控制协议，如 Pelco D、Pelco P、Burle、Diamond、Panasonic 协议等。

② HVBPIT423：RS232 进/RS232 出协议转换器，可以作为报警、门禁联动/DVR 控制。

③ HVBPIT232：转换 VideoBlox 的 RS422 输入协议为第三方 VCR/画面处理器/DVR 的 RS232 控制协议。

④ HVBPIT232：转换 VideoBlox 的 RS422 输入协议为第三方的 RS232 控制协议，带光电隔离保护。

VideoBlox 的协议接口转换器 PIT 及配置软件设计为可集成任意具有 RS232/485 ASCII 字符串控制协议的设备，且配置方便、高效，使用简单、直观。

万能解码器作为一个重要的前端控制器，可以让各种监控主机都能自如地控制各种解码器及快速智能球，彻底解决各种主机与快速智能球、解码器之间的设备兼容问题。其接线示意如图 4-42 所示。

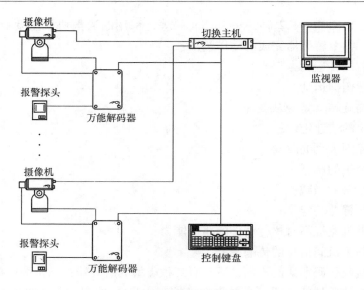

图 4-42　万能解码器系统接线示意图

3. 视频矩阵切换控制器键盘的控制功能

视频矩阵切换控制器的功能，均是通过键盘来操作实现的，其结构如图 4-43 所示，视频切换、前端控制、后端成像、系统编程均通过键盘完成。键盘与视频矩阵切换控制器之间的接口连接，大多随产品不同，有 RS-485、RS-422、RS-232 等不同方式，而且键盘可不止一个，一般最多为 8 个，并且将依其控制与响应级别的不同而分为主控键盘和副控键盘，但主控键盘只能有一个。现在，有的键盘除能控制矩阵外，还能通过内部协议转换控制数字硬盘录像机及多画面分割器。有的还带有一路液晶图像显示器。

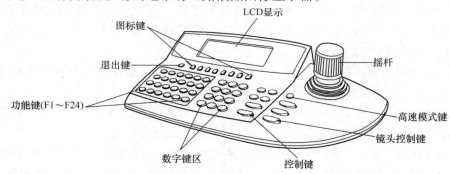

图 4-43　矩阵控制器的键盘

视频切换控制系统新的发展趋势：一是操作键盘固定于切换控制器的面板上，两者合二为一；二是视频切换控制主机与 PC 相互融合，使之具有多媒体软件控制功能。

4. 控制变焦镜头的变倍

变焦镜头有调节焦距、改变光圈大小、变换放大倍数（还分有光学变倍和电子变倍）的功能。图 4-44 所示为变焦镜头通过解码器实现的变倍控制。对电视监控而言，变焦镜头能够使被观察的图像放大或缩小，便于观察到图像的细节，它将逐渐成为监控系统必备和关键的设备之一。

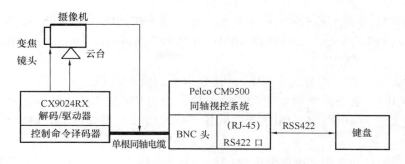

图 4-44　通过解码器实现变焦镜头的变倍控制

5. 兼具网络传输和同轴视控功能的矩阵切换控制系统

此系统是以微处理器为核心具有视频矩阵切换和对摄像前端控制能力的系统。同轴视控传输技术是当今监控系统设备的发展主流，它只需一根同轴电缆便可同时传输来自摄像机的视频信号以及对云台、镜头、预置位功能等所有的控制信号，这种传输方式节省材料和成本、施工方便、维修简单化，在系统扩展和改造时更具灵活性。

同轴视控实现方法有两类，一是把控制信号调制在与视频信号不同的频率范围内，然后同视频信号复合在一起传送，再在现场作解调以将二者区分开；二是利用视频信号场消隐期间来传送控制信号。

4.6　视频图像格式

4.6.1　CIF 和 D1 简介

分辨率是数字监控产品中一项重要的技术指标，它在很大程度上决定了产品的性能（清晰度、存储量、带宽）和价格。能够在不增加成本和数据容量的情况下，提高录像的回放图像画质，这样的分辨率是我们所需要的。目前监控行业中主要使用 QCIF（176×144）、CIF（352×288）、HALF D1（704×288）、D1（704×576）等几种分辨率。

追溯源头可知，安防视频监控行业源于闭路电视（CCTV），因此标准一直沿用电视行业的 SIF 系列标准和录像机行业的 D1 标准，在国内安防业内，SIF 被误认为 CIF，D1 也经常与 4CIF、4SIF 等概念混淆。下面分别对 CIF、D1 两个来源不同的系列标准做简要介绍。

1. CIF 格式

CIF（Common Intermediate Format，通用媒介格式）又称 FCIF（Full CIF），是一种用于规范 Y、Cb 和 Cr 色差分量视频信号的像素分辨率的标准格式，常用于电信领域的视频会议系统。

CIF 格式是国际电信联盟（ITU）在 1990 年推出的 H. 261 视频编码标准（ITU-T H. 261）中首次被定义的一种格式标准（后续 H. 263 对 CIF 系列标准进一步完善），其设计目的是为了便于与电视行业的 NTSC 和 PAL 两种视频制式标准对接（SECAM 制式与 PAL 制式差异很小），推动电信领域和电视领域之间的互联互通。

为了便于和 PAL 和 NTSC 两种制式进行转换，由于视频尺寸变换时"缩小"要比"放大"处理起来简单，因此 CIF 格式定义时采用了最大兼容原则（二者相比取较大者），在分辨率上采用与 PAL 制的 SIF（Source Input Format）格式相同的 352×288，在帧率上则采用与 NTSC 制相同的 29.97 fps（30000 帧/1001s），色彩空间编码则采用 Y、Cb 和 Cr 4：2：0 标准。

QCIF（Quarter CIF，四分之一 CIF），其分辨率的宽和高都是 CIF 格式的一半；SQCIF（Sub Quarter CIF），其分辨率的宽为 CIF 的 4/11，高为 CIF 的 1/3，像素数为 CIF 的 4/33；类似的格式定义还有 4CIF（4×CIF）和 16CIF（16×CIF），都是以 CIF 格式作为基准进行定义。

CIF 格式图像尺寸大小之所以确定为 352×288，是因为在 H.261 定义的视频压缩/解压的算法中，采用了基于宏块（大小为 16×16Pixel）的 DCT 变换（Discrete Cosine Transform，离散余弦变换），实际上 CIF 格式视频的帧是由 22×18 个宏块组成，因此每一帧图像的像素数为 352×288。

国际电信联盟（ITU）定义的 xCIF 系列标准中的所采用的像素都是非正方形像素（像素显示时横纵比为 12：11），像素数量横纵比（即存储横纵比）为 352：288（即 11：9）。因此，当 xCIF 系列标准视频在正方形像素显示设备（计算器显示器、大部分 HDTV 高清数字电视）中显示时，需要将画面横向拉长为原来的 12/11 倍（约为 109.1%），分辨率变为 384×288（正方形像素），像素数量的横纵比从原来的 11：9 变为 4：3，具体如表 4-14 所示。

表 4-14　CIF 格式主要参数

格式标准	分辨率（非正方形像素）	分辨率（正方形像素）	标准帧率（帧/s）
QCIF	176 × 144	192 × 144	29.97 fps
CIF	352 × 288	384 × 288	29.97 fps
4CIF	704 × 576	768 × 576	29.97 fps
16CIF	1408 × 1152	1536 × 1152	29.97 fps

2. D1 格式

D1 是一种专业数字视频格式标准，主要应用于数字广播电视和录像行业。D1 标准的产生在 CIF 和 SIF 标准之前，早于 20 世纪 80 年代就在 Sony（索尼）和 Bosch-BTS（博世-BTS）公司的 DVR（数字录像机）产品中被首次使用。1986 年，在电影电视工程师协会（SMPTE）工程师委员会的努力下，D1 被采用为 SMPTE 标准，主要在 DVTR（数字磁带录像机）产品中使用，是视频录像行业中的第一种主流格式。

D1 采用非压缩数字复合视频，颜色编码采用 CCIR 601（于 1981 年定义）的 Y、Cb 和 Cr 4：2：2 格式，音频采用 PCM 格式；音频和视频被同步存储在 19mm（3/4in）的盒式录像带上，D1 录像带最大存储时间为 94min。D1 的分辨率在 NTSC 制式下定义为 720×486（非正方形像素），在 PAL/SECAM 制式下为 720×576（非正方形像素）。早期的 D1 系统复杂且操作困难，虽然后来迅速稳定下来，但就当时（1986 年）来说，D1 以其华丽的画质（相当于后来的 SD，即标准清晰度画质）、价格的昂贵、配置要求高、升级成本高等因素而著称。

在当时，由于 D1 采用非压缩复合视频占用的带宽过大，因此后续很快就推出了 D2 系统。D2 系统虽然也采用非压缩复合视频格式，但 D2 在 D1 的基础上降低了采样率，作为一种经济型选择和 D1 一起供用户使用。D1 格式直到 2003 年仍然在使用，后来的许多技术都引入了 D1 格式，而现代的许多数字视频录像产品也将其作为一种通用格式。在 D1 格式的基础上，后续还出现了 D2、D3、D5/D5 HD 等一系列标准，广泛用于美国和日本的电视演播录像、VHS 家用录像带等视频录像行业。两种 D1 格式标准主要参数如表 4-15 所示。

表 4-15 D1 格式主要参数

格式标准	分辨率（非正方形像素）	分辨率（正方形像素）	标准帧率（帧/s）
D1@NTSC 制式	720 × 486	720 × 540	29.97 fps
D1@PAL/SECAM 制式	720 × 576	768 × 576	25 fps

4.6.2 CIF 和 D1 特点

CIF 录像分辨率是主流分辨率，绝大部分产品都采用 CIF 分辨率。目前市场接受 CIF 分辨率，主要理由有四点：

① 目前数码监控要求视频码流不能太高。

② 视频传输带宽也有限制。

③ 使用 HALF D1、D1 分辨率可以提高清晰度，满足高质量的要求，但是以高码流为代价的。

④ 采用 CIF 分辨率，信噪比在 32dB 以上，一般用户是可以接受的，但不是理想的视频图像质量。

1. CIF 特点

CIF 是常用的标准化图像格式（Common Intermediate Format）。在 H.323 协议簇中，规定了视频采集设备的标准采集分辨率。具有如下特性：

① 电视图像的空间分辨率为家用录像系统（Video Home System，VHM）的分辨率，即 352 × 288。

② 使用非隔行扫描（non-interlaced scan）。

③ 使用 NTSC 帧速率，电视图像的最大帧速率为 30000/1001 ≈ 29.97 幅/s。

④ 使用 1/2 的 PAL 水平分辨率，即 288 线。

对亮度和两个色差信号（Y、Cb 和 Cr）分量分别进行编码，它们的取值范围同 ITU-R BT.601。即黑色=16，白色=235，色差的最大值等于 240，最小值等于 16。

2. D1 特点

D1 是数字电视系统显示格式的标准，共分为以下 5 种规格：

D1：480i 格式（525i），720 × 480（水平 480 线，隔行扫描），和 NTSC 模拟电视清晰度相同，行频为 15.25kHz，相当于我们所说的 4CIF（720 × 576）。

D2：480p 格式（525p），720 × 480（水平 480 线，逐行扫描），较 D1 隔行扫描要清晰不少，和逐行扫描 DVD 规格相同，行频为 31.5kHz。

D3：1080i 格式（1125i），1920 × 1080（水平 1080 线，隔行扫描），高清放松采用最多的一种分辨率，分辨率为 1920 × 1080i/60Hz，行频为 33.75kHz。

D4：720p 格式（750p），1280 × 720（水平 720 线，逐行扫描），虽然分辨率较 D3 要低，但是因为逐行扫描，市面上更多人感觉相对于 1080i（实际逐次 540 线）视觉效果更加清晰。

D5：1080p 格式（1125p），1920 × 1080（水平 1080 线，逐行扫描），目前民用高清视

频的最高标准，分辨率为 1920×1080Pixel/60Hz，行频为 67.5kHz。

其中 D1 和 D2 标准是我们一般模拟电视的最高标准，并不能称的上高清晰，D3 的 1080i 标准是高清晰电视的基本标准，它可以兼容 720p 格式，而 D5 的 1080p 只是专业上的标准，并不是民用级别的。

3. CIF、D1 两种系列标准对比（见表 4-16）

在实际应用中，最容易混淆的两种格式为 4CIF、PAL 制式的 D1。怎样来区分图像分辨率是为 D1 还是 4CIF 叠加而成的呢？二者看上去差别很小，但是从技术上说 4CIF 的产品的原型是在 CIF 的技术上通过软件改变而来的，这个时候 DSP 的运算能力并不能足以完全支持大分辨率的实时运算，所以要切割成 4 个 CIF 大小的画面进行分布运算，最后合成一个大的画面，同时还要看 DSP 代码编写的功力，如果拼合稍微有点偏差很有可能在画面拼接处形成黑线或者部分像素重叠。而 D1 本身就支持大分辨率的单个画面，也可以使用画面分割器分割成 4 个 CIF 画面，而且 D1 可以比 4CIF 提供更大更清晰的图像。目前业内人士正在尝试用 HALF D1 来寻求 CIF、D1 之间的平衡。

这两种格式的主要区别如下：

① 应用领域不同；

② λ 制定的标准化组织不同；

③ λ 刷新频率（帧率）定义不同；

④ 在非正方形像素模式下分辨率不同。

表 4-16　CIF、D1 两种系列标准对比

格式标准	分辨率（非正方形像素）	分辨率（正方形像素）	标准帧率（帧/s）
4CIF	704 × 576	768 × 576	29.97 fps
D1@PAL/SECAM 制式	720 × 576	768 × 576	25 fps
格式标准	标准化时间	标准化组织	应用领域
D1	1986 年	电影电视工程师协会（SMPTE）	广播电视、电影、录像领域
CIF	1990 年	国际电信联盟（ITU）	电信、网络视频领域
格式标准	分辨率（非正方形像素）	分辨率（正方形像素）	标准帧率（帧/s）
D1@NTSC 制式	720 × 486	720 × 540	29.97 fps
D1@PAL/SECAM 制式	720 × 576	768 × 576	25 fps
格式标准	分辨率（非正方形像素）	分辨率（正方形像素）	标准帧率（帧/s）
QCIF	176 × 144	192 × 144	29.97 fps
CIF（FCIF）	352 × 288	384 × 288	29.97 fps
4CIF	704 × 576	768 × 576	29.97 fps
16CIF	1408 × 1152	1536 × 1152	29.97 fps

4.7 建筑视频安防监控系统典型工程应用示例

4.7.1 视频安防监控系统要求

视频安防监控系统的工程设计，应根据使用要求、现场情况、工程规模、系统造价以及用户的特殊需要等来综合考虑，然后由设计者提出实施设想和措施，进行工程设计。

为了使设计合理，必须做好设计前的调查等准备工作。它包括工程概貌调查、被监视对象的环境调查等。工程概貌调查包括了解系统的功能和要求、系统的规模和技术指标、施工的内容和完成时间、建设目的和投入资金等情况。根据使用部门的实际情况，在十分必要的场合安装视频安防监控系统，并考虑经济的合理性和技术的先进性。被摄对象和环境的调查包括被摄体的大小，是否活动，是室内还是室外，以及照明情况和可选用的安装设置方法等。此外，还要了解用户的要求，如监视和记录的内容、时间（如定期、不定期、连续等），摄像机的镜头、角度和机罩的控制等。

1. 总体要求

① 视频安防监控系统工程的建设，应与建筑及其强弱电系统的设计统一规划，根据实际情况，可一次建成，也可分步实施。

② 视频安防监控系统应具有安全性、可靠性、开放性、可扩充性和使用灵活性，做到技术先进，经济合理，实用可靠。

③ 视频安防监控系统工程的设计应综合应用视频探测、图像处理/控制/显示/记录、多媒体、有线/无线通信、计算机网络、系统集成等先进而成熟的技术，配置可靠而适用的设备，构成先进、可靠、经济、适用、配套的视频监控应用系统。

④ 系统的制式应与我国的电视制式一致。

⑤ 系统兼容性应满足设备互换性要求，系统可扩展性应满足简单扩容和集成的要求。

2. 视频安防监控系统工程的设计要求

① 不同防范对象、防范区域对防范需求（包括风险等级和管理要求）的确认。

② 风险等级、安全防护级别对视频探测设备数量和视频显示/记录设备数量要求；对图像显示及记录和回放的图像质量要求。

③ 监视目标的环境条件和建筑格局分布对视频探测设备选型及其设置位置的要求。

④ 对控制终端设置的要求。

⑤ 对系统构成和视频切换、控制功能的要求。

⑥ 与其他安防子系统集成的要求。

⑦ 视频（音频）和控制信号传输的条件以及对传输方式的要求。

《智能建筑设计标准》对视频监控系统的分类要求如表4-17所示。

4.7.2 系统的性能指标

根据国家标准 GB 50395—2007《视频安防监控系统工程设计规范》监控电视系统的技术指标和图像质量应满足如下要求：

① 在摄像机的标准照度情况下，整个系统的技术指标应满足表4-18所示的要求。

表4-17　GB/T 50314—2006《智能建筑设计标准》对视频监控系统的分类要求

甲级标准	乙级标准	丙级标准
（1）应根据各类建筑物安全技术防范管理的需要，对建筑物内的主要公共活动场所、通道、电梯及重要部位和场所等进行视频探测的画面再现、图像的有效监视和记录。对重要部门和设施的特殊部位，应能进行长时间录像。应设置视频报警装置	（1）应根据各类建筑物安全技术防范管理的需要，对建筑物内的主要公共活动场所、重要部位等进行视频探测的画面再现、图像的有效监视和记录。对重要部门和设施的特殊部位，应能进行长时间录像。系统应设置视频报警或其他报警装置	（1）应根据各类建筑物安全技术防范管理的需要，对建筑物内的主要公共活动场所、重要部位等进行视频探测的画面再现、图像的有效监视和记录。对重要或有害部门和设施的特殊部位，应能进行长时间录像。系统应设置报警装置
（2）系统的画面显示应能任意编程，能自动或手动切换，在画面上应有摄像机的编号、部位、地址和时间、日期显示	（2）系统的画面显示应能任意编程，能自动或手动切换，在画面上应有摄像机的编号、地址、时间和日期显示	（2）系统的画面显示应能任意编程，能自动或手动切换，在画面上应有摄像机的编号、地址、时间和日期显示
（3）应自成网络，可独立运行。应能与入侵报警系统、出入口控制系统联动。当报警发生时，能自动对报警现场的图像和声音进行复核，能将现场图像自动切换到指定的监视器上显示并自动录像	（3）应自成网络，独立运行。应能与入侵报警系统、出入口控制系统联动。当报警发生时，能自动对报警现场的图像和声音进行复核，能将现场图像自动切换到指定的监视器上显示并自动录像	（3）应能与入侵报警系统联动。当报警发生时，能自动对报警现场的图像和声音进行核实，能将现场图像自动切换到指定的监视器上显示并记录报警前后数幅图像
（4）应能与安全技术防范系统的中央监控室联网，实现中央监控室对闭路电视监控系统的集中管理和集中监控	（4）应能与安全技术防范系统的中央监控室联网，满足中央监控室对闭路电视监控系统的集中管理和控制的有关要求	（4）应能向管理中心提供决策所需的主要信息

表4-18　宾馆CCTV系统的技术指标

指标项目	指标值	指标项目	指标值
复合视频信号幅度	$1V_{pp} \pm 3dB$ VBS（注）	灰度	8级
黑白电视水平清晰度	≥400线	信噪比	见表4-19
彩色电视水平清晰度	≥270线		

注：VBS为图像信号、消隐脉冲组成的全电视信号的英文缩写代号。

相对应4分图像质量的信噪比应符合表4-19的规定。

表4-19　信噪比　（dB）

指标项目	黑白电视系统	彩色电视系统	达不到指标时引起的现象
随机信噪比	37	36	画面噪波，即"雪花干扰"
单频干扰	40	37	图像中纵、斜、人字形或波浪状的条纹，即"网纹"
电源干扰	40	37	图像中上下移动的黑白间置的水平横条，即"黑白滚道"
脉冲干扰	37	31	图像中不规则的闪烁、黑白麻点或"跳动"

系统在低照度使用时，监视画面应达到可用图像，其系统信噪比不得低于25dB。

② 系统各部分信噪比的指标分配应符合表 4-20 的规定。

表 4-20　系统各部分信噪比指标分配（dB）

项　　目	摄像部分	传输部分	显示部分
连续随机信噪比	40	50	45

③ 在摄像机的标准照度下，评定监视电视图像质量的主观评价可采用五级损伤制评分等级，系统的图像质量不应低于表 4-21 中的 4 分要求。

表 4-21　五级损伤制评分分级

图像质量损伤的主观评价	评　分　等　级
图像不觉察有损伤或干扰存在	5
图像上稍有可觉察的损伤或干扰，但不令人讨厌	4
图像上有明显的损伤或干扰，令人感到讨厌	3
图像上损伤或干扰较严重，令人相当讨厌	2
图像上损伤或干扰极严重，不能观看	1

显然，监控电视图像质量是借用广播电视系统的五级损伤制来评定的，但与广播电视图像质量不能等同。因为根据使用要求，监控电视系统的技术指标一般并不需要达到广播电视标准。在监控电视系统中，若各项指标达到上述第 1 条的规定，即为 4 分图像，若高于第 1 规定的指标，则图像质量为 4 分以上。

④ 系统的制式宜与通用的电视制式一致，系统采用的设备的部件的视频输入和输出阻抗以及电缆的特性阻抗均应为 75Ω。

⑤ 系统设施的工作环境温度应符合下列要求：

寒冷地区室外工作的设施： -40 ~ +35℃；

其他地区室外工作的设施： -10 ~ +55℃；

室内工作的设施： -5 ~ +40℃。

4.7.3　设备的选用

视频安防监控系统的设备选择已在前面阐述过，这里着重从系统设计时必须注意的问题进行说明。

1. 摄像机、镜头、云台的选择

① 摄像机应根据目标的照度选择不同灵敏度的摄像机，监视目标的最低环境照度至少应高于黑白摄像机最低照度的 10 倍以上，如是彩色摄像机则应高于 50 倍以上。通常选择时可参照表 4-22 进行。

表 4-22　照度与选择的彩色摄像机的关系

监视目标的照度	对摄像机最低照度的要求（在 F1.4 情况下）
<50 lx	≤1 lx
50 ~ 100 lx	≤3 lx
>100 lx	≤5 lx

在室外或半室外光强变化悬殊的情况下进行昼夜监测时，应采用最低照度小于1 lx（F1.4）的摄像机。在使用单片固体摄像机时，其塑像照度应小于10 lx（F1.4）。

② 在一般的监视系统中，大多数采用黑白摄像机，因为它比彩色摄像机容易达到照度和清晰度等的较高要求，彩色摄像机主要用于对色彩有一定要求的场合。

③ 监视目标逆光摄像时，宜选用具有逆光补偿的摄像机。户内、外安装的摄像机均应加装防护套，防护套可根据需要设置遥控雨刷和调温控制系统。

④ 镜头像面尺寸应与摄像机靶面尺寸相适应。摄取固定目标的摄像机，可选用定焦距镜头；在有视角变化要求的摄像场合，可选用变焦距镜头，镜头焦距的选择可根据视场大小和镜头至监视目标的距离确定（见式4-2）。

监视目标亮度变化范围高低相差达到100倍以上或昼夜使用的摄像机，应选用自动光圈或电动光圈镜头。当需要遥控时，可选用具有光对焦、光圈开度、变焦距的遥控镜头。需要隐藏安装的摄像机，并采用针孔镜头或棱镜镜头。

电梯轿厢内的摄像机的摄像机镜头，应根据轿厢体积的大小，选用水平视场角≥70°的广角镜头。对景深大、视角范围广的监控区域，应采用带全景云台的摄像机，并根据监控区域的大小选用6倍以上的电动遥控变焦距镜头，或采用2只以上定焦距镜头的摄像机分区覆盖。

⑤ 需要监视变化场景时，摄像机应配置电动遥控云台，其负荷能力应大于实际负荷重量的1.2倍。安装时，所载物体的重心应与云台的重心相一致。云台的温度、湿度范围应符合现场环境的条件变化。

2. 显示、记录、切换控制器

① 安全防范电视监视系统至少应有两台监视器，一台做切换固定监视用，另一台做时序监视用。监视器宜采用23～51cm屏幕的监视器。

② 黑白监视器的水平清晰度应大于600线，彩色监视器的水平清晰度应大于300线。

根据用户需要，可采用电视接收机做监视器，有特殊要求时，可采用大屏幕监视器或投影电视。

在同一系统中，录像机的制式和磁带规格宜一致，录像机的输入、输出信号应与整个系统的技术指标相适应。

③ 视频切换控制器应能手动或自动编程，对摄像机的各种运用进行程控，并能将所有视频信号在指定的监视器上进行固定或时序显示。视频图像上宜叠加摄像机号、地址、时间等字符。

④ 电视监控系统中应有与报警控制器联网接口的视频切换控制器，报警发生时切换出相应部位的摄像机图像，并能记录和重放。具有存储功能的视频切换控制器，当市电中断或关机时，对所有编程设置、摄像机号、时间、地址等均可保持。

⑤ 视频信号应作多路分配使用，一般分为三路：一路分组监视，一路录像、监视，一路备份输出。实行分组监视时，应考虑下列因素进行合理编组：

a. 区别轻重缓急，保证重点部位；

b. 忙闲适当搭配；

c. 照顾图像的同类型的连续性；

d. 同一组内监视目标的照度不宜相差过大。

实行分组监视时，摄像机与监视器之间应有恰当的比例。主要出入口、电梯等需要重点观察的部位不大于 2∶1，其他部位不大于 6∶1，平均不超过 4∶1。

⑥ 大型综合安全消防系统需多点或多级控制时，宜采用多媒体技术，做到文字信息、图表、图像、系统操作在一台 PC 上完成。

3. 传输线路的考虑

① 若传输的黑白电视基带信号，在 6MHz 点的不平坦度大于 3dB 时，宜加电缆均衡器；当大于 6dB 时，应加电缆均衡放大器。当传输的彩色电视基带信号，在 5.5MHz 点的不平坦度大于 3dB 时，宜加电缆均衡器；当大于 6dB 时，应加电缆均衡放大器。

② 若保持视频信号优质传输水平，SYV-75-3 电缆不宜长于 100m，SYV-75-5 电缆不宜长于 300m，SYV-75-7 电缆不宜长于 500m，SYV-75-9 电缆不宜长于 700m；若保持视频信号良好传输水平，上述各传输距离可加长一倍。

③ 传输距离较远，监视点分布范围广，或需进电缆电视网时，宜采用同轴电缆传输射频调制信号的射频传输方式。长距离传输或需避免强电磁场干扰的传输，宜采用无金属的光缆抗干扰能力强，可传输十几千米不用补偿。

4.7.4　摄像点的布置

摄像点的合理布置是影响设计方案是否合理的一个方面。对要求监视区域范围内的景物，要尽可能都进入摄像画面，减小摄像区的死角。要做到这点，当然摄像机的数量越多越好，这显然是不合理的。为了在不增加较多的摄像机的情况下能达到上述要求，就需要对拟定数量的摄像机进行合理的布局设计。

摄像点的合理布局，应根据监视区域或景物的不同，首先明确主摄体和副摄体是什么，将宏观监视与局部重点监视相结合。图 4-45 是几种监视系统摄像机的布置实例。当然，这例子并不是说是最佳布置，因为各使用场合即使类型相同其使用要求也可能不同。另外，还需考虑系统的规模的造价等因素。

当一个摄像机需要监视多个不同方向时，如前所述应配置遥控电动云台的变焦镜头。但如果多设一两个固定式摄像机能监视整个场所时，建议不设带云台的摄像机，而设几个固定式摄像机，因为云台造价很高，而且还需为此增设一些附属设备。如图 4-46（a）所示，当带云台的摄像机监视门厅 A 方向时，B 方向就成了一个死角，而云台的水平回转速度一般在50Hz 时约为 3～6°/s，从 A 方向转到 B 方向约为 20～40s，这样当摄像机来回转动时就有部分时间不能监视目标。如果按图 4-46（b）设置两个固定式摄像机，就能 24h 不间断地监视整个场所，而且系统造价也较低。

摄像机镜头应顺光源方向对准监视目标，避免逆光安装。如图 4-47 所示，被摄物旁是窗（或照明灯），摄像机若安装在图 4-47 中 a 位置，由于摄像机内的亮度自动控制（自动靶压调整，自动光圈调整）的作用，使得被摄体部分很暗，清晰度也降低，影响观看效果。这时应改变取景位置（如图 4-47 中 b），或用遮挡物将强光线遮住。如果必须在逆光地方安装，则可采用可调焦距、光圈、光聚焦的三可变自动光圈镜头，并尽量调整画面对比度使之呈现出清晰的图像。尤其可采用带有三可变自动光圈镜头的 CCD 型摄像机。

根据 GB 50348—2004《安全防范工程技术规范》的推荐，对于摄像机的安装高度，室内以 2.5～10m 为宜，室外以 3.5～10m 为宜不得低于 3.5m。电梯厢内的摄像机应安装在厢门上方的左或右侧，并能有效监视电梯厢内乘员面部特征。

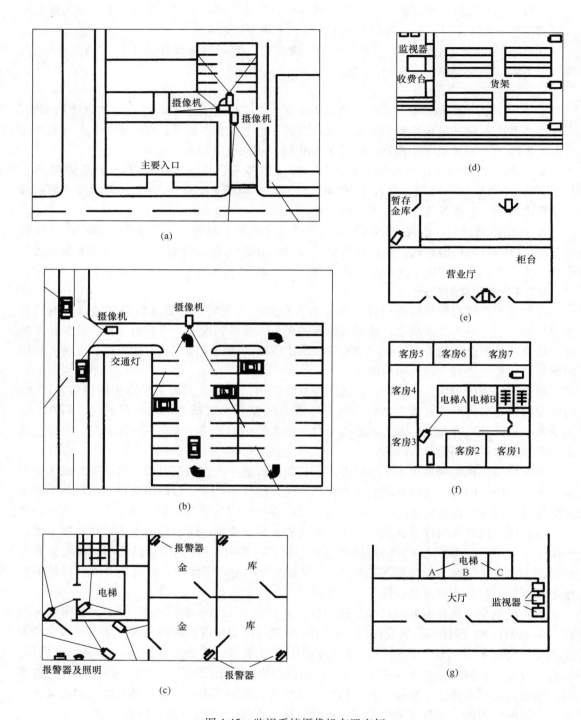

图 4-45 监视系统摄像机布置实例

（a）需要变焦场合；（b）停车场监视；（c）银行金库监控；（d）超级市场监视；（e）银行营业厅监视；

（f）宾馆保安监视；（g）公共电梯监视

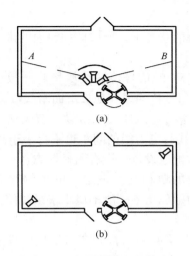

图 4-46　门厅摄像机的设置

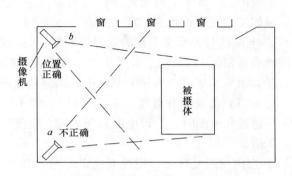

图 4-47　摄像机应顺光源方向设置

摄像机宜设置在监视目标附近不易受外界损伤的地方，应尽量注意远离大功率电源和工作频率在视频范围内的高频设备，以防干扰。从摄像机引出的电缆应留有余量，以不影响摄像机的转动。不要利用电缆插头和电源插头去承受电缆的自重量。

由于电视再现图像其对比度所能显示的范围仅为（30～40）：1，当摄像机的视野内明暗反差较大时，就会出现应看到的暗部看不见。此时，对摄像机的设置位置、摄像方向和照明条件应进行充分的考虑和调整。

对于宾馆、酒店的视频安防监控系统，摄像点的布置，亦即对各监视目标配置摄像机时应符合下列要求：

① 必须安装摄像机进行监视的部位有：主要出入口，总服务台，电梯（轿厢或电梯厅），车库、停车场，避难层等。

② 一般情况下均应安装摄像机的部位有：底层休息大厅，外币兑换处，贵重商品柜台，主要通道、自动扶梯等。

③ 可结合宾馆质量管理的需要有选择地安装摄像机，或须埋管线在需要时再安装摄像机的部位有：客房通道，酒吧、咖啡茶座、餐厅，多功能厅等。

最后说明一下监视场地的照明。黑白电视系统监视目标最低照度应不小于 10 lx；彩色电视系统监视目标最低照度应不小于 50 lx。零照度环境下宜采用近红外光源或其他光源。监视目标处于雾气环境时，黑白电视系统宜采用高压水银灯或钠灯；彩色电视系统宜采用碘钨灯。具有电动云台的电视系统，照明灯具宜设置在摄像机防护罩或设置在与云台同方向转动的其他装置上。

4.7.5　监控中心室

监控中心室的地点应选择在比较安静的地方，避开电梯等冲击性负荷的干扰，并应考虑防潮、防雷及防暑降温的有关措施。最好室内铺设地板或橡皮地垫，以便经常拖洗，防止室内积尘过多。在高温潮湿的地区最好在机房内配有风扇或空调。

视频安防监控系统的监控中心室宜设在建筑的底层，监控室的使用面积，应根据系统设备的容量来确定，一般为 12～50m²。室内温度宜为 16～28℃，相对湿度宜为 40%～65%。

环境噪声应较小，并有必要的安全和消防设施。

由于监控中心室的设备大都工作在低电平、低频率的状态下，所以监控室内的供电和布线要注意相互间防止窜扰，一般要求如下：

① 照明线 220V 电源及各设备的电源线应该与 CCTV 的信号传输线尽量分开敷设和安装。例如照明线和设备的 220V 电源线沿墙垂直走线，信号传输线在地板下面暗线敷设。

② 电源线与容易受干扰的信号传输线应尽量避免平行走线或交叉敷设，若无法避免要平行时最好相隔 1m 以上。若采用穿钢管敷设，则传输线与电力线的间距也不得小于 0.3m。

③ CCTV 系统应由可靠的交流电源回路单独供电，配电设备应设有明显标志。

④ CCTV 系统供电电源应采用 220V、50Hz ± 1Hz 的单相交流电源。电压偏移允许 ± 10%，超过此范围时，应设电源稳压装置。交流稳压的标称功率一般不得小于系统使用功率的 1.5 倍。

⑤ 室内的明装线一律用线卡固定，同轴电缆的屏蔽层必须与机壳或对地接触良好。电缆的弯曲半径应大于电缆外径的 15 倍。

⑥ 整个系统接地宜采用一点接地方式，接地母线应采用铜芯导线，接地电阻不得大于 4Ω，当系统采用共同接地网时，其接地电阻不得大于 1Ω。

⑦ 摄像机应由监控室引专线集中供电。对离监控室较远的摄像机统一供电确有困难时，也可就近解决，但必须与监控室为同相的可靠电源，并由监控室操作通断。

⑧ 在视频传输系统，为防止电磁干扰，视频电缆宜穿金属管或用金属桥架敷设。室内线路敷设原则与 CATV 系统基本相同。通常，对摄像机、监控点不多的小系统，宜采用暗管或线槽敷设方式。摄像机、监控点较多的小系统，宜采用电缆桥架敷设方式，并应按出线顺序排列线位，绘制电缆排列断面图。监控室内布线，宜以地槽敷设为主，也可采用电缆桥架，特大系统宜采用活动地板。

CCTV 监控室，应具有如下功能：①摄像机、监视器及其他设备所需的电源，能由监控室操作来实现通断；②输出各种遥控信号，对摄像机的各种运用进行遥控，包括遥控镜头的焦距、聚焦、光圈，云台地水平、垂直方向动作，摄像机的电源以及摄像机防护外套的除霜、雨刷等；③接收各种报警信号；④配有视频分配放大器，能同时输出多路视频信号；⑤对视频信号进行时序或手动切换；⑥具有时间、编号字符显示装置；⑦监视和录像；⑧内外通信联络等。

CCTV 系统的运行控制和功能操作宜在控制台上进行，操作部分应简单方便，灵活可靠。对摄像机的图像信号宜采用字符显示予以编号，以资区分。至少对内容类同（如客梯轿厢、电梯厅、客房层）的图像信号应予编号。电梯轿厢内安装摄像机时，应在监视器附近同时配置楼层指示器，显示电梯运行状态。

4.7.6 视频安防监控系统工程设计举例

【例1】 某大楼大堂门口和电梯的摄像机布置。

图 4-48 是某大楼大堂门口和电梯间的摄像机布置示例。用来摄像监视大堂门口的摄像机 C，由于直对屋外，如例 1（9）所述，需采用具有逆光补偿的摄像机。对于电梯轿厢内摄像机的布置，通常设在电梯操作器对角轿厢顶部处，左右上下互成 45° 对角，如图 4-48 中 A 处。但这种布置摄取乘客大部分时间为背部，不如布置在 B 处，能大部分时间摄取乘客正面。摄像机可选用带 3mm 自动光圈广角镜头、隐蔽式黑白或彩色摄像机。

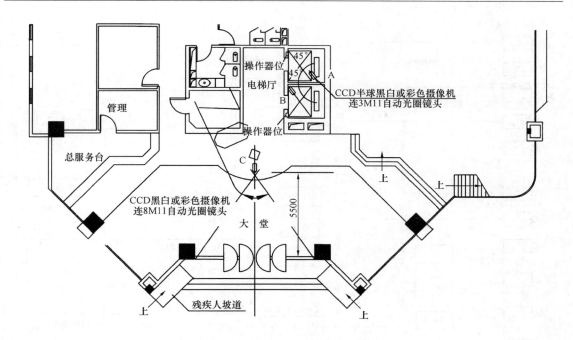

图 4-48　某大楼大堂、门口、电梯摄像机布置

【例 2】　大型银行的电视监控系统。

这是某大银行的监视电视系统的实例。它要求有 52 个监视点（即有 52 个视频输入），视频输出要求有 8 个。为此本系统采用美国 AD 公司的 AD1650BR56-8 型主机，该主机为 2 个机箱组成，输入和输出采用模块式，每块视频输入模块为 8 个视频输入，每块视频输出模块为 2 个视频输出。最大扩充容量为 128 路输入、16 路输出，扩充时应根据 AD1650 系统的结构适当增加输入和输出模块及有关机箱。系统构成图如图 4-49 所示。

摄像机采用 AD730X 彩色摄像机，具有 330 线的清晰度。考虑到银行大堂装饰豪华美观的特点，故在大堂中安装 2 个一体化快变速球型摄像机，该机集 450 线高清晰度彩色摄像机、10 倍快速变焦镜头、3～96°/s 高变速云台（可编程 16 个预置点）于一体，并自带解码板。由于该机通过 RS422 通信传输控制信号，而 AD1650 主机没有 RS422 通信接口，故增设一台 AD2083/02A 球型码发生分配器，将主机的 AD 码通信格式转换成 RS422 通信格式。一台 AD2083/02A 可提供 16 个独立的转换码输出，一个输出端可连接多个球型摄像机。AD2083/02A 与主机连接有两种方式，一种是通过 AD 高速数据线，另一种是通过 AD 控制码接口，可任选一种。AD1650 系统采用 AD2078 主控键盘，可提供系统的编程、切换、控制等功能，操作简便。

根据银行柜台现场的需要，在 14 个柜台中安装监听头（传声器）。为实现音频与视频的同步切换，故配置 AD2031 同步切换硕，它与主机连接，提供 32 个可编址 A 型继电器（有双极、单掷、常开），这些继电器可分组串接，编程用于一台监视器，或者分成两组，每组 16 个，用于两台特定监视器。在键盘上用手动方式或自动巡视方式将有关摄像机切换到编程的监视器时，特定的继电器闭合，从而启动音频电路、图形显示器或照明控制器等。多台设备可级联，提供 32 路以上的系统构成。

本系统还配置 4 台彩色 9 画面处理器，每台处理器能在一台录像机上记录 9 路视频信

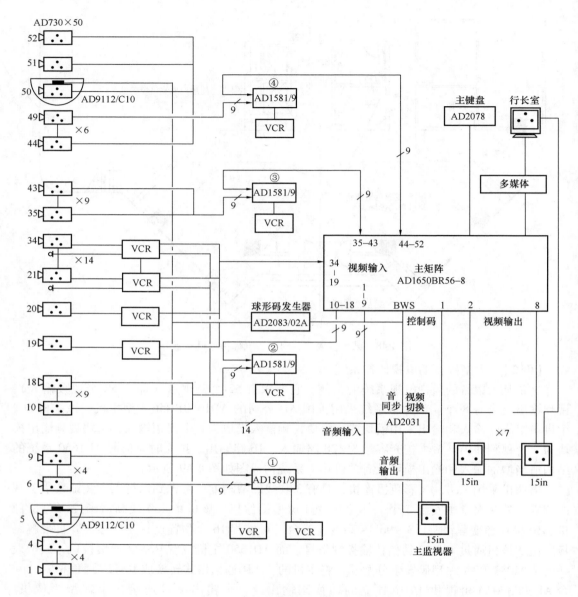

图 4-49 某大型银行的电视监控系统

号。录像机的图像显示方式可为带变焦或画中画全屏图像显示、4 画面显示或 9 画面显示，其中双工 9 画面处理器可连接两台录像机进行同时录像或回放。单工 9 画面可单独进行录像或回放。该系统的设备器材如表 4-23 所示。

表 4-23 某大型很行监控系统的设备器材

序号	器 材 名 称	型号规格	数量
1	$\frac{1}{3}$ in 彩色 CCD 摄像机	AD730X	50
2	彩色一体化高变速球形摄像机	AD9112/C10	2
3	球形摄像机吸顶安装附件	AD9202	2

序号	器　材　名　称	型号规格	数量
4	矩阵切换控制主机	AD1650BR56-8	1
5	系统主控键盘	AD2078	1
6	多媒体软件及视霸卡	AD5500	1
7	音频视频同步切换器	AD2031X	1
8	彩色双工 9 画面处理器	AD1580/9X	1
9	彩色单工 9 画面处理器	AD1581/9X	3
10	球形码发生分配器	AD2083/02A	1
11	24h 专业录像机	SR-L901E	22
12	15in 彩色专业监视器	TM-1500PS	8
13	监听头	S9237	14
14	5in 半球形透明罩	XTK-5	48
15	定焦镜头	SSE0412	50
16	摄像机斜面护罩	XTK-3	2
17	机柜及控制台		
18	摄像机电源控制器		

【例 3】　某大厦的监控电视防盗系统。

本大厦是一座按五星级标准建设的集宾馆和办公楼于一体的综合大楼，要求整个系统的视频输入（监视点）为 96 个，视频输出为 16 个。为此采用美国 AD 公司 AD2052R96-16 型主机，该主机为一个机箱构成，输入和输出采用模块式，每块视频输入模块为 16 路视频输入，每块视频输出模块为 4 路视频输出，最大扩容量可达 512 路输入、32 路输出，因此适于大型系统使用。而且其集成度高，机箱数量少，且价格也比 AD1650 便宜，功能反而略有增加。由于该大厦装饰豪华，故在比较注目的位置安装美观一体化快变速球形摄像机，固定的摄像机也采用半球形护罩或斜坡式护罩。系统图如图 4-50 所示。

与 AD1650 系统不同的是，AD2052 主机没有 AD 控制码接口，控制信号必须通过高速数据线连接 AD2091 控制码发生分配器。它可把主机 CPU 的控制信号变换成 AD 接受器采用的控制码（曼彻斯码），最多可提供 64 个独立的缓冲控制码输出，分 4 组，每组 16 个，每组可控制 64 个摄像现场。多台设备级联，最多可控制 1024 个摄像机现场，每个输出可用电缆传送 1500m。

由于系统需要防盗报警联动，故配置 AD2096 报警输入接口设备和 AD2032 报警输出响应器。AD2096 有 64 个触点回路，能把报警输入转换成报警信号编码，供 AD 矩阵切换控制主机使用。主机经编程后，能自动将报警摄像机切换到指定的监视上。启动预置功能及辅助功能，对报警触点做出响应。该机通过 RS232 通信接口与主机连接。AD2032 能提供 32 个可编址 A 型继电器（双极、单掷、单开触点），分成两组，每组 16 个，为矩阵系统提供外围设备继电器触点控制回路。每组继电器可编程，对两组分开的监视器做出响应。继电器可启动录像机、报警器或其他报警装置。AD2032 与 AD2052 主机通过高速数据线连接，与 AD1650 主机则通过 AD 控制码连接使用。

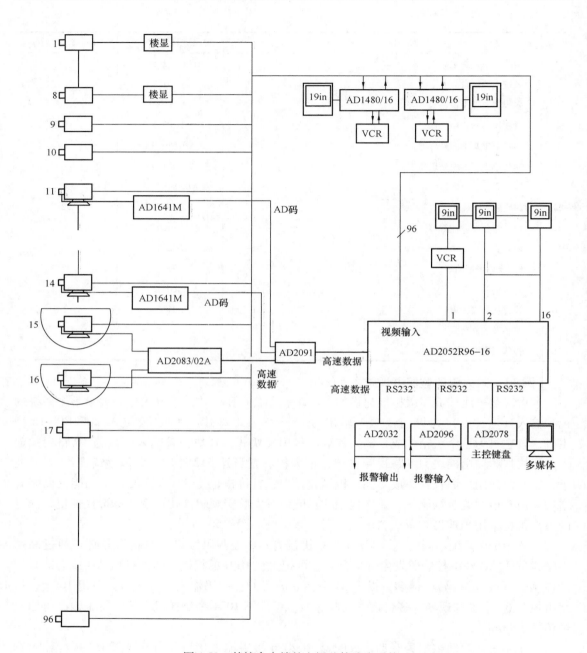

图 4-50　某综合大楼的电视监控防盗系统

　　本系统还配置两台黑白双工 16 画面处理器 AD1480/16，该机可在一台录像机上记录多达 16 路视频信号，可用两台录像机同时录像或回放，图像显示方式有：全屏幕、4 画面、9 画面或 16 画面等。

　　整个系统的设备器材如表 4-24 所示。

　　【例4】　图 4-51 是某宾馆的监控电视（CCTV）系统图。

　　摄像机共用 20 台 CC-1320 型 1/2in CCD 固体黑白摄像机，其最低工作照度为 0.4 lx，水平清晰度为 400 线，信噪比为 50dB。其电源由摄像机控制器 CC-8754 提供，使用 CS 型接口镜头。

表 4-24　某综合大楼监控系统的设备器材

序号	设备器材名称	型号规格	数量
1	$\frac{1}{3}$in 高分辨力黑白摄像机	TK-S350EG	94
2	一体化高变速球形黑白摄像机	AD9112/B10	2
3	球形摄像机吸顶安装附件	AD9202	2
4	球形码发生分配器	AD2083/02	1
5	室外全方位云台	AD1240/24	3
6	室内全方位云台	AD1215/24	1
7	室内解码器	AD1641M-1X	1
8	室外解码器	AD1641M-2EX	3
9	室外全天候防护罩	AD1335/14SH24	3
10	室内防护罩	AD1335/14	1
11	室内摄像机防护罩	AD1317/8	6
12	室内吸顶斜坡防护罩	AD1303	84
13	室内云台支架	AD1381	4
14	室内防护罩支架	AD1371C	6
15	矩阵切换控制主机	AD2052R96-16	1
16	主控键盘	AD2078	1
17	多媒体软件及视霸卡	AD5500	1
18	控制码发生分配器	AD2091X	1
19	报警输入接口设备	AD2096X	1
20	报警输出响应器	AD2032X	1
21	黑白 16 画面处理器	AD1480/16	2
22	2.8mm 自动光圈镜头	SSG0284NB	8
23	4.0mm 手动光圈镜头	SSE0412	24
24	8.0mm 手动光圈镜头	SSE0812	48
25	4.0mm 自动光圈镜头	SSG0412NB	10
26	6 倍二可变焦镜头	SSL06036GNB	1
27	12 位三可变焦镜头	SSL06072M	3
28	24h 专业录像机	WV-AG6124	3
29	9in 黑白专业监视器	WV-BM900	16
30	20in 黑白专业监视器	WV-BM1900	2
31	楼层显示器		8
32	5in 半球形护罩	XTK-5	30
33	电源供电器		1

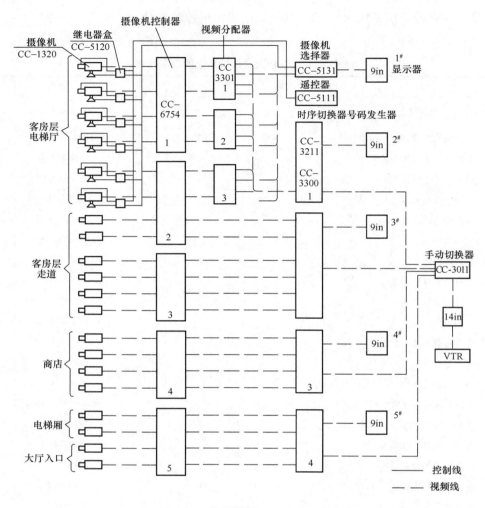

图 4-51　某宾馆的监控电视系统

CC-8754 摄像机控制器可连接 4 台摄像机，通过单同轴电缆可同时向摄像机提供 18.9V 直流电以及同步信号和采集视频信号。为了对带云台的摄像机进行手动控制和时序自动切换监视现场，配备了 CC-3301 型视频分配器。CC-3301 视频分配器可将一个视频输入分配成 6 路输出或将两个不同视频输入各分配为 3 路输出。本工程使用两个不同视频输入各分配成 2 路视频输出。一个输出供手动控制监视现场用，有 1#显示器中显示，另一个输出供时序自动切换监视现场用，在 2#显示器中显示。

6 台带电动云台的摄像机，由 CC-5131 型摄像机选择器和 CC-5111 型遥控器与 CC-5120 型继电器盒配合进行控制，用以监视电梯厅、楼梯和客房层走道。CC-5131 可以有选择地遥控操作 6 台摄像机，CC-5111 遥控器可提供摄像机电源开关、除霜器开关、雨刷开关、自动云台回转开关、手动回转控制、摇摆控制、变焦镜头控制、焦距调整和光圈控制等 9 种控制功能。CC-5120 型继电器盒可向摄像机、防护罩、摇摆云台和变焦镜头供电。继电器盒为挂墙式，安装在摄像机处。

CC-3211 型时序切换器可以接受 6 台摄像机的输入，对时序监视和抽样监视有两个视频输出。时序监视可通过机内装的定时器在 1 ~ 30s 内调节自动切换画面的时间，也可使某一画面停留 1min 或更长时间后，继续控规定的时间自动切换画面。抽样监视可以任选某一摄像机进行跟踪监视，并可遥控操作。每个抽样开关配备一个 LED（发光二极管）显示。这如同光亮字符显示在时序输出显示器上，标志屏幕中的摄像机号码。CC-3211 在自动时序切换时对已排除的摄像机位置可以自动跳过。自动时序还可作时钟输入、输出，定时自动打开或关闭监视设备。

CC-3011 型手动切换器能将 6 台摄像机的输入切换为 1 个输出，它采用可靠方便的机械锁定型开关，安装在标准机柜上，必要时可以通过录像机（VTR）录下现场情况，以备日后查讯。如果使用日本松下生产的 WJ-810 型时间日期发生器，则可把时间和日期叠加到合成的视频信号上，它具有最大为 99h 的跑表功能，显示小时、分、秒和百分之一秒。本工程所用的监视器一般为 9in，重点监视用的监视器为 14in。

本工程 CCTV 系统的监控室与火灾自动报警控制中心、广播室合用一室，使用面积约为 30m²，地面采用活动架空木地板，架空高度为 0.25m，房间门宽为 1m，高 2.1m，室内温度要求在 16 ~ 30℃，相对湿度要求 30% ~ 75%。控制柜正面距墙净距大于 1.2m，背面、侧面距墙净距大于 0.8m。CCTV 系统的供电电源要求安全可靠，电压偏移应小于 ± 10%。

本章小结

本章讲述了建筑视频安防监控系统组成与分类、常用监控摄像机特点及应用、建筑视频安防监控系统的信号传输、建筑视频安防监控系统图像显示与记录设备、建筑视频安防监控系统控制设备和建筑视频安防监控系统典型工程应用示例。视频安防监控系统（Video Surveillance Control System，VSCS）是利用视频探测技术、监视设防区域并实时显示、记录现场图像的电子系统或网络。视频安防监控系统由前端设备、传输设备、处理/控制设备和记录/显示设备四部分组成。监控摄像机作为视频安防监控系统最重要的设备之一，其技术指标主要包括色彩、清晰度、照度、同步、电源、自动增益控制（AGC）、白平衡、电子快门、背景光补偿、宽动态等。常用摄像机主要包括内置镜头的一体化摄像机、快速球形摄像机、宽动态范围摄像机、高分辨率摄像机、低照度彩色摄像机、夜视摄像机、自动跟踪球形摄像机、半球摄像机等几种类型。在摄像机的选择时，应根据摄像机工作环境、工作温度和所监视对象合理选择摄像机。视频安防监控系统中，主要的信号有电视信号和控制信号两种。视频图像传输有架空明线、同轴电缆、光缆等线缆传输的有线传输方式和依靠电磁波在空间传播达到传送目的的无线传输方式两大类；按基带信号形式不同，可分为模拟信号通信和数字信号通信。数字信号的传输又有基带传输和频带传输（又称载波传输）两类。从传输装置类别来区分，视频图像信号的传输又可分为专用传输设备方式和计算机联机网络传输两大类。显示与记录设备安装在控制室内，主要有监视器、画面分割器和硬盘录像机。视频图像切换控制器又被称为视频矩阵切换控制主机，主要由视频输入模块、视频输出模块、中心处理模块、电源模块、通信接口模块、前端设备控制接口模块、报警信号处理模块、信息存储模块等组成。视频矩阵切换控制主机具有基本型、增强型、扩展型三大类型，其主要性能指标包括带宽、信噪比、串扰和隔离度。目前监控行业中主要使用 QCIF（176 × 144）、CIF（352 × 288）、HALF D1（704 × 288）、D1（704 × 576）等几种分辨率，重点介绍了 CIF、D1

两个来源不同的系列标准。本章最后通过视频安防监控系统要求、系统的性能指标、设备的选用、摄像点的布置和监控中心室设计要点讲述了建筑视频安防监控系统的设计要点，最后通过实例说明如何进行视频安防监控系统设计。

习题与思考

4-1　什么是建筑视频安防监控系统，它的作用是什么？

4-2　建筑视频安防监控系统由哪几部分组成，各部分的作用是什么？

4-3　根据对视频图像信号处理/控制方式的不同，视频安防监控系统结构可以分为哪几种？

4-4　监控摄像机的主要技术指标是什么？

4-5　应用较多的摄像机主要有哪几种？

4-6　如何选择摄像机镜头？

4-7　如何确定视频安防监控系统信号传输方式？

4-8　视频图像的主要传输方法有哪几种，各自有什么特点？

4-9　视频安防监控系统图像显示与记录设备主要包括哪几种，分别有什么作用？

4-10　视频矩阵切换控制主机有哪几部分组成？

4-11　视频矩阵主机的主要参数是什么？

4-12　监控行业中主要使用哪几种分辨率？

第5章　建筑停车库安全管理系统

重点提示/学习目标

1. 建筑停车库安全管理系统组成与功能；
2. 建筑停车库安全管理系统的主要设备；
3. 建筑停车库安全管理系统方案设计；
4. 建筑停车库安全管理系统典型工程应用示例。

5.1　建筑停车库安全管理系统组成与功能

停车库安全管理系统（parking lots security management system）是对进、出停车库（场）的车辆进行登录、出入认证、监控和管理的电子系统或网络。

随着科技的发展和人们生活水平的提高，汽车的数量越来越多，为了能够使对车的管理更方便快捷，停车库安全管理系统应运而生。停车库安全管理系统和门禁系统、门禁管理系统性质一样，都是对自己辖区内的车或人进行管理，使之正常有序运行。

根据建筑设计规范，大型建筑必须设置汽车停车库，以满足交通组织需要，保障车辆安全，方便公众使用。对于办公楼，按建筑面积计每1万 m^2 需设置50辆小型汽车停车位；住宅为每100户需设置20个停车位；对于商场，则按营业面积计每1000m^2 需设置10个停车位。

5.1.1　停车库安全管理系统的组成

停车库安全管理系统主要由入口部分、库区部分和出口部分和中央管理部分等组成，框图如图5-1所示，布置图如图5-2所示。

1. 中央管理部分

中央管理部分是停车库（场）安全管理系统的管理与控制中心，由中央管理单元、数据管理单元（数据库）、中央管理执行设备等组成，中央管理单元和数据管理单元（数据库）可集成在一起，如图5-3所示；中央管理执行设备主要包含车辆身份信息授权设备、传输部分、声光设备、打印机等。

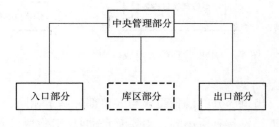

图5-1　停车库组成框图

中央管理部分应能实现对系统操作权限、车辆出入信息的管理功能；对车辆的出/入行为鉴别及核准，对符合出/入授权的出/入行为予以放行，并能实现信息对比功能。

2. 入口部分

入口部分如要由识读、控制和执行三部分组成。可根据安全防范管理的需要扩充自动出卡/出票设备、识读/引导指示装置、图像获取设备、对讲设备等，如图5-4所示。

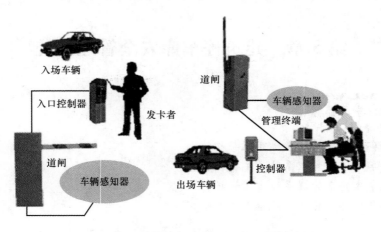

图 5-2　停车库安全管理系统布置图

① 识读部分：应能实现车辆检测及车辆身份信息识别，并能与控制部分进行数据交换。对车辆信息识别装置的各种操作机指令应有对应的提示。

② 控制部分：获取从识读部分发来的车辆身份信息，经核实处理，向执行部分发出指令。对符合放行的车辆给予放行，拒绝非法进入。

③ 执行部分：接收和控制部分发来的指令，做出相应的动作和（或）指示。

④ 系统宜增设指示装置、自动出卡/出票设备、对讲设备、图像获取设备等。

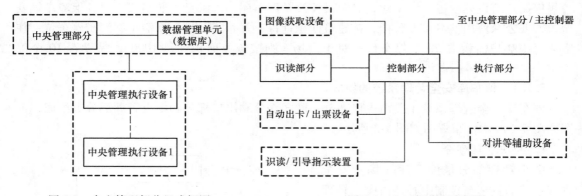

图 5-3　中央管理部分组成框图　　　　　图 5-4　入口部分组成框图

3. 出口部分

出口部分的设备组成与入口部分基本相同，主要由识读、控制和执行这三部分组成。单其扩充设备有所不同，主要有自动收/卡验票设备、收费指示装置、图像获取设备、对讲设备等，如图5-5所示。

识读、执行部分功能与入口部分基本相同，在控制部分的扩展方面，可增设自动收卡/验票设备。

4. 库（场）区部分

库（场）区部分一般由车辆引导装置、视频安防监控系统、电子巡查系统、紧急报警系统等组成，应根据安全防范管理的需要选用相应系统；各系统宜独立运行，如图5-6所示。

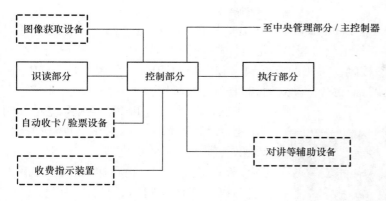

图 5-5　出口部分组成框图

图 5-6　库（场）部分组成框图

库（场）区部分应能实现引导车辆场内通行，监视车位数量，进行专用车位管理等功能；通过视频安防监控系统监视库（场）区的现场情况；巡查人员按照规定路线进行巡查过程中如发生意外情况时，应能及时报警。

5.1.2　停车库安全管理系统的功能

① 车辆驶近入口时，可看到停车场指示信息标志，标志显示入口方向与车库内空余车位的情况。若车库停车满额，则车满灯亮，拒绝车辆入库；若车库未满，允许车辆进库，但驾车人必须购买停车票卡或专用停车卡，通过验读机认可，入口电动栏杆升起放行。

② 车辆驶过栏杆门后，栏杆自动放下，阻挡后续车辆进入。停车场系统采用高分辨率摄像机在车辆入场时，自动摄取车辆外形、颜色、车牌号码等图像信息，出场时将出口摄取的车辆图像与入口图像进行比较，信息一致时，车辆才预放行，确保车辆安全。

③ 进库的车辆在停车引导灯指引下，停在规定的位置上。此时管理系统中的 CRT 上即显示该车位已被占用的信息。

④ 车辆离库时，汽车驶近出口电动栏杆处，出示停车凭证并经验读器识别出行的车辆的停车编号与出库时间，出口车辆摄像识别器提供的车牌数据与验读器读出的数据一起送入管理系统，进行核对与计费。若需当场核收费用，由出口收费器（员）收取。手续完毕后，出口电动栏杆升起放行。放行后电动栏杆落下，车库停车数减去 1，入口指示信息标志中的停车状态刷新一次。

⑤ 停车场管理系统还具有语音提示功能。正常的操作可提示请读卡、收费金额、有效期等相关信息，误操作或非法操作做出相应提示。另外，在停车场系统的管理中心安装对讲主机，各出入口安装对讲分机，保证各出入口和管理中心的联络。

通常，有人值守操作的停车库出口称为半自动停车场管理系统。若无人值守，全部停车管理自动进行，则称为停车场自动管理系统。

5.2　建筑停车库安全管理系统的主要设备

建筑停车库安全管理系统的主要设备有：射频卡识读设备、车牌自动识别设备、车辆探测设备、电动栏杆、自动计价收银机、引导指示设备和管理中心等。

1. 射频卡识读设备

射频识别（Radio Frequency IDentification，RFID）技术，又称电子标签、无线射频识别，是一种通信技术，可通过无线电信号识别特定目标并读写相关数据，而无需识别系统与特定目标之间建立机械或光学接触。常用的有低频（125～134.2K）、高频（13.56MHz）、超高频，无源等技术。RFID读写器也分移动式的和固定式的，目前RFID技术应用很广。

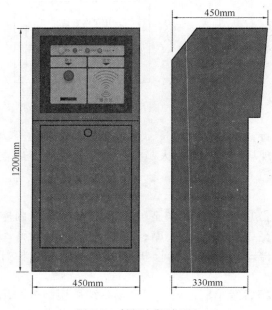

图5-7　射频卡识读设备

车辆管理是利用RFID识别系统对车辆进出全自动化数据采集，对车辆进行智能且有效的管理。由于使用机器进行识别，提高了识别率，预防了人工操作的漏洞，有利于资料存档，保证车辆信息的安全与可靠。

射频卡识读设备即是读取射频卡信息，并将信息发送给车辆管理系统的设备，如图5-7所示。目前车辆安全管理系统使用的射频卡识读设备具有几个优势：

① 距离远：阅读距离10m以内可靠实现。无须人工靠近刷卡或要在指定区域内通过才能识别，实现全自动识别，可以避免在恶劣天气下司机必须摇窗靠近阅读器才能刷卡等问题，先进的防碰撞技术，支持多标签识别。

② 运行稳定：有源卡阅读距离稳定，不易受周边环境影响，有源卡可以有效突破汽车防爆金属网的屏蔽作用，顺利与阅读器交换数据。使用频道隔离技术，多个设备互不干扰。

③ 支持高速度移动读取：标识卡的移动时速可达200km/h。

④ 高可靠性：环境温度－40～＋85℃内能完全正常运行（MTBF≥70000h），尤其是在北方低温和南方高温状态下更显优势，保证设备正常使用。

⑤ 加密计算与认证，确保数据安全，防止链路窃听与数据破解。

⑥ 高抗干扰和防雷设计：对现场各种干扰源无特殊要求，满足工业环境要求，安装方便简单。

⑦ 全球开放的ISM微波频段，无须申请和付费。

⑧ 超低功耗：使用寿命长，平均成本低，并且对人体安全、更健康，无辐射损害。可配置微波模块工作方式，发射功率可调。

⑨ 多识别性：可以同时识别200个以上标示。

2. 车牌自动识别设备

车牌自动识别设备是防止偷车事故的安保系统，当车辆驶入车库入口，摄像机将车辆外形，色彩与车牌信号送入计算机保存起来，有些系统还可将车牌图像识别为数据。车辆出库前，摄像机再次将车辆外形，色彩与车牌信号送入计算机与驾车人所持票据编号的车辆在入口时的信号相比，若两者相符合即可放行。这一判别可由人工按图像来识别，也可完全由计算机操作中心的计算机上实现的（见图5-8）。

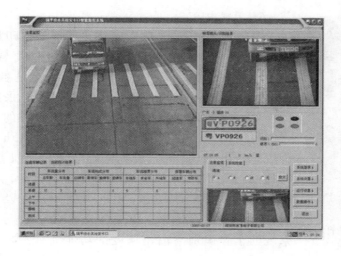

图 5-8　车牌图像识别器软件界面

3. 车辆探测设备

车辆探测设备是通过传感器感知局部空间范围信号变化，进而对变化的程度进行评估，从而确定是否有车辆通过，并将信息发送至管理中心的设备，如图 5-9 所示，某环路检测器（地感控制器）及线圈示意图。

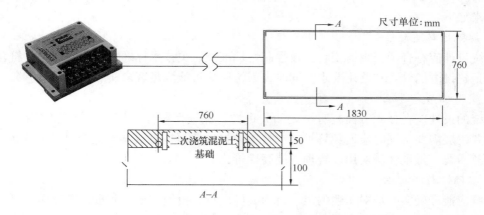

图 5-9　环路检测器（地感控制器）及线圈示意图

4. 电动栏杆

电动栏杆由票据验读器控制。如果栏杆遇到冲撞，立即发出告警信号。栏杆受汽车碰撞后会自动落下，不会损坏电动栏杆机与栏杆。栏杆通常为 2.5m 长，有铅合金栏杆，也有橡胶栏杆。另外考虑到有些地下车库入口高度有限，也有将栏杆制造成折线状或伸缩型，以减小升起时的高度（见图 5-10）。

5. 自动计价收银机

自动计价收银机根据停车票据卡上的信息自动计价或向管理中心取得计价信息，并向停车人显示。停车人则按显示价格投入钱币或信用卡，支付停车费。停车费结清后，则自动在票据卡上打入停车费收讫的信息。

图 5-10　电动栏杆

6. 管理中心

管理中心主要由功能较强的 PC 和打印机等外围设备组成。管理中心可作为一台服务器通过总线与下属设备连接，交换营运数据。管理中心对停车场营运的数据做自动统计、档案保存、对停车收费账目进行管理；若采用人工收费时则监视每一收费员的密码输入，打印出收费的班报表；在管理中心可以确定计时单位（如按 0.5h 或 0.25h 计）与计费单位（如 2 元/0.5h）；并且设有密码阻止非授权者侵入管理程序。管理中心的 CRT 具有很强的图形显示功能，能把停车库平面图、泊车位的实时占用、出入口开闭状态以及通道封锁等情况在屏幕上显示出来，便于停车库的管理与调度。车库管理系统的车牌识别与泊位调度的功能，有不少是在管理中心的计算机上实现的。

5.3　停车库安全管理系统方案设计

5.3.1　系统设计原则

GA/T 761—2008《停车库（场）安全管理系统技术要求》对停车库安全管理系统设计原则要求如下：

1. 规范性与适应性

系统设计应符合国家现行工程建设强制性标准及有关技术标准、规范的规定，符合设计任务书记建设方的管理和使用要求。同时，系统应尽可能满足客户实际业务需求。

2. 实用性与先进性

系统的设计应在技术方面具有一定的先进性，保证保证停车库（场）能够满足一定时期的业务发展需要，同时应避免盲目追求技术的先进性而提高成本，应当结合停车库（场）实际业务需要，做到经济实用、合理，提高性价比。

3. 准确性与实时性

系统应能准确实时地对车辆的出入行为实施放行、拒绝、记录和报警等操作，对于停车收费计算准确，统计、查询无误。

系统应及时响应请求，保障车辆通行畅通。

4. 兼容性与扩展性

系统选用应考虑兼容 有良好的简单扩展性。

5. 开放性与安全性

系统设计应具有较好的开放性，宜考虑提供与报警系统、视频安防监控系统等系统实现联动管理或留有相应的接口，满足互联要求和信息共享要求。

5.3.2　GB/T 50314—2006《智能建筑设计标准》对停车库管理系统的分类要求

系统的设计应符合有关风险等级和防护级别标准的要求，满足出入安全管理要求。

停车场车辆管理的方案设计包括车辆出入检测、控制系统以及车满系统的设计等。《智能建筑设计标准》对停车场管理系统的分类要求如表 5-1 所示。

表 5-1   《智能建筑设计标准》对停车库（场）管理系统的分类要求

甲 级 标 准	乙 级 标 准	丙 级 标 准
（1）应具有如下功能： ① 入口处车位显示； ② 出入口及场内通道的行车指示； ③ 车牌和车型的自动识别； ④ 自动控制出入闸杆机； ⑤ 自动计费与收费金额显示； ⑥ 多个出入口组的联网与监控管理； ⑦ 整体停车场收费的统计与管理； ⑧ 分层的车辆统计与在车位显示； ⑨ 意外情况发生时向外报警	（1）应具有如下功能： ① 入口处车位显示； ② 出入口及场内通道的行车指示； ③ 自动控制出入闸杆机； ④ 自动计费与收费金额显示； ⑤ 多个出入口组的联网与监控管理； ⑥ 整体停车场收费的统计与管理； ⑦意外情况发生时向外报警	（1）应具有如下功能： ① 入口处车位显示； ② 出入口及场内通道的行车指示； ③ 自动控制出入闸杆机； ④ 自动计费与收费金额显示； ⑤ 整体停车场收费的统计与管理； ⑥ 意外情况发生时向外报警
（2）应在停车场的入口区设置出票机	（2）应在停车场的入口区设置出票机	（2）应在停车场的入口区设置出票机
（3）应在停车场的出口区设置检票机	（3）应在停车场的出口区设置验票机	（3）应在停车场的出口区设置验票机
（4）应自成网络，独立运行，可在停车场内设置独立的闭路电视监视系统或报警系统，也可与安全技术防范系统的闭路电视监控系统或入侵报警系统联动	（4）应自成网络，独立运行，也可与安全技术防范系统的闭路电视监控系统和入侵报警系统联动	（4）应自成网络，独立运行
（5）应能与安全技术防范系统的中央监控室联网，实现中央监控室对该系统的集中管理与集中监控	（5）应能与安全防范系统的中央监控室联网，满足中央监控室对该系统进行集中管理与控制的有关要求	（5）应能向管理中心提供决策所需的主要信息

5.3.3 车辆出入的检测与控制系统的设计

1. 车辆出入检测方式

车辆出入检测与控制系统如图 5-11 所示。为了检测出入车库的车辆，目前有两种典型的检测方式：红外线方式和环形线圈方式，如图 5-12 所示。

（1）红外线检测方式

如图 5-12（a）所示，在水平方向上相对设置红外线收、发装置，当车辆通过时，红外光线被遮断，接收端即发出检测信号。图中一组检测器使用两套收发装置，是为了区分通过是人还是汽车。而采用两组检测器是利用两组的遮光顺序，来同时检测车辆进行方向。

安装时如图 5-13 所示，除了收、发装置相互对准外，还应注意接收装置（受光器）不可让太阳光线直射到。

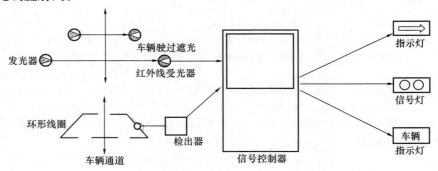

图 5-11　车辆出入检测与控制系统

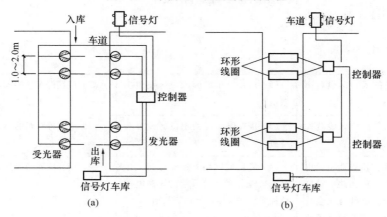

图 5-12　检测出入车辆的两种方式
（a）红外光电方式；（b）环形线圈方式

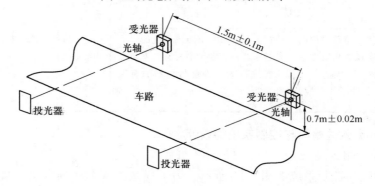

图 5-13　光电式检测器的安装

（2）环形线圈检测方式

如图 5-12（b）所示，使用电缆或绝缘电线做成环形，埋在车路地下，当车辆（金属）驶过时，其金属车体使线圈发生短路效应而形成检测信号。所以，线圈埋入车路时，应特别注意有否碰触周围金属，环形线圈周围 0.5m 平面范围内不可有其他金属物。环形线圈的施工如图 5-14 所示。

2. 信号灯控制系统的设计

停车库管理系统的一个重要用途是检测车辆的进出。但是车库有各种各样的，有的进出
为同一口同车道，有的为同一口不同车道，有的不
同出口。进出同口的，如引车道足够长则可进出各
计一次；如引车道较短，又不用环形线圈式，则只
能检测"出"或"进"，通常只管（检测并统计）
"出"。

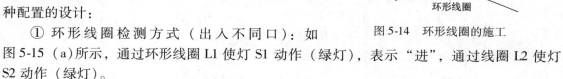

图 5-14　环形线圈的施工

信号灯（或红绿灯）控制系统，根据前述两种
车辆检测方式和三种不同进出口形式，可有如下几
种配置的设计：

① 环形线圈检测方式（出入不同口）：如
图 5-15（a）所示，通过环形线圈 L1 使灯 S1 动作（绿灯），表示"进"，通过线圈 L2 使灯
S2 动作（绿灯）。

② 环形线圈检测方式（出入同口且车道较短）：如图 5-15（b）所示，通过环形线圈 L1 先于
L2 动作而使灯 S1 动作，表示"进车"；通过线圈 L2 先于 L1 而使灯 S2 动作，表示"出车"。

③ 形线圈检测方式（出入同口且车道较长）：如图 5-15（c）所示在引车道上设置四个
环形线圈 L1 ～ L4。当 L1 先于 L2 动作时，检测控制器 D1 动作并占亮 S1 灯，显示"进车"；
反之，当 L4 先于 L3 动作时，检测控制器 D2 动作并点亮 S2 灯，显示"出车"。

④ 红外线检测方式（出入不同口）：如图 5-16（a）所示，车进来时，D1 动作并点亮
S1 灯；车出去时，D2 动作并点亮 S2 灯。

⑤ 红外线检测方式（出入同口且车道较短）：如图 5-16（b）所示，通过红外线检测器
辨识车向，核对"出"的方向无误时，才点亮 S 灯而显示"出车"。

⑥ 红外线检测方式（出入同口且车道较长）：如图 5-16（c）所示，车进来时，D1 检
测方向无误时就点亮 S1 灯，显示"进车"；车出去时 D2 检测方向无误时就点亮 S2 灯并显
示"出车"。

以上叙述的环形线圈和红外线两种检测方式各有所长，但从检测的准确性来说，环形线
圈方式更为人们所采用，尤其对于计费系统相结合的场合，大多采用环形线圈方式。不过，
还应注意的是：

① 信号灯与环形线圈或红外装置距离至少在 5m 以上，最好有 10 ～ 15m。

② 在积雪地区，若车道下设有融雪电热器，则不可使用环形线圈方式；对于车道两侧
没有墙壁时，虽可用竖杆来安装红外收发装置，但不美观，此时宜用环形线圈方式。

3. 车满显示系统的设计

有些停车库在无停车位置时才显示"车满"灯，考虑比较周到的停车库管理方式则是
一个区车满就打出那一区车满的显示。例如，"地下一层已占满"、"请开往第 3 区停放"等
指示。不管怎样，车满显示系统的原理不外乎两种：一是按车辆计数，二是按车位上检测车
辆是否存在。

按车辆计数的方式，是利用车道上的检测器来加减进出的车辆数（即利用信号灯系统
的检测信号），或是通过入口开票处和出口付款处的进出车库信号而加减车辆数。当计数达
到某一设定值时，就自动地显示车位已占满，"车满"灯亮。

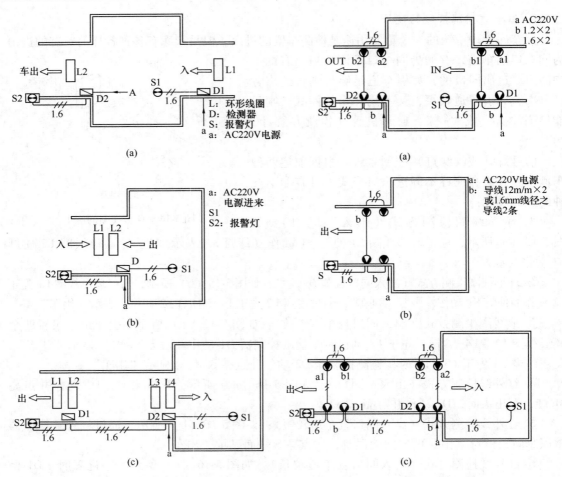

图 5-15　信号灯控制系统之一

（a）出入不同口时以环形线圈管理车辆进出；（b）出入同口时以环形线圈管理车辆进出；（c）出入同口而车道长时以环形线圈管理车辆进出

图 5-16　信号灯控制系统之二

（a）出入不同口时以光电眼管理车辆进出；（b）出入同口时以光电眼管理车辆进出；（c）出入同口而车道长时以光电眼管理车辆进出

　　按检测车位车满与否的方式，是在每个车位设置探测器。探测器的探测原理有光反射法和超声波反射法两种，由于超声波探测器便于维护，故常用。

　　关于停车库管理系统的信号灯、指示灯的安装高度如图 5-17 所示。

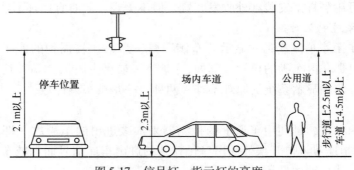

图 5-17　信号灯、指示灯的高度

5.4　建筑停车库安全管理系统典型工程应用示例

下面以加拿大停车场设备有限公司 CPE（APE）的产品为例进行说明。

1. 若干车库管理类型

（1）入口时租车道管理型

如图 5-18 所示，它由出票机、闸门机、环形线圈感应器等组成。当汽车驶入车库入口并停在出票机（或读卡器）前时，出票机指示出票（或读卡），按下出票按钮并抽出印有入库时间、日期、车道号等信号的票券后，闸门机上升开启，汽车进闸驶过复位环形线圈（感应器）后，经复位感应器检测确定已驶过，则控制闸门自动放下关闭。

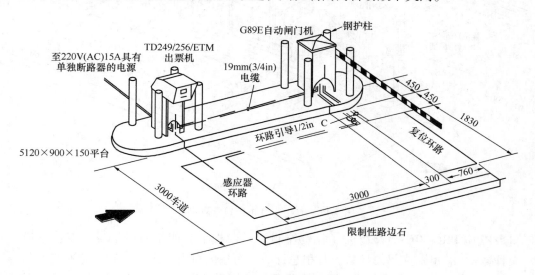

图 5-18　入口时租车道管理型

图 5-19 中出票机采用 TD249/256 型出票机的性能为：使用 220 交流电源，出票有信息闪烁指示，由环形线圈感应器控制出票。该机还可安装月租读卡器和对讲系统。

闸门机采用 G89E 型，闸臂分直壁型（标准型）和可折叠型两种。闸臂升起时高度可调。闸臂由一个 1/3 匹马力单相急转马达驱动，安全可靠。若配上安全闸臂选件（G89-E425）则当闸臂下降时遇到障碍（如汽车、人等），它会自动停止闸臂下降，并回到"升"的状态，经过设定的时间后再下降。闸臂长为 3.048m。闸门机还可用按钮控制或无线电控制。

（2）时租、月租出口管理型

如图 5-19 所示，它由出票验票机、闸门机、收费机、环形线圈感应器等组成。入库部分与图 5-19 一样，在检测到有效月票或按压取票后，闸门机上升开启；当汽车离开复位线圈感应器时闸门自动放下关闭。出库部分可采用人工收费或另设验票机（或读卡机），检测到有效月票后，闸门自动上升开启，当汽车驶离复位线圈感应器后闸门机自动放下关闭。图中收费亭一般设在出库那侧（即图中面朝出口），收费亭各设备的设置如图 5-19 中的左上方所示。

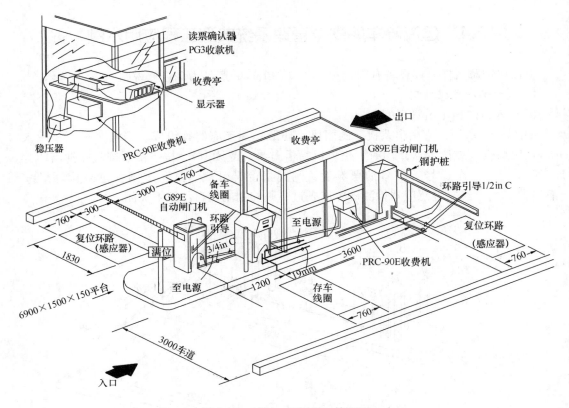

图 5-19 时租、月租出口管理型

图 5-19 中 PRC-90E 型收费机（收费控制器）面板上有四组不可复位装置：车道（进出）总计数，（时租）交易总计数，月租总计数，可选的自由进出总计数。并有指示灯显示收费系统状态。当车辆驶进出口，停在收费亭旁，收费机指示灯亮，并且向主收费机传送信息，司机出示票据，收银员利用收费机自动计费，并同时显示给收银员和司机。收费后收费机发出信号启动闸门机开闸。汽车驶离复位线圈感应器，收费机指示灯灭，闸门自动关闭，并使车道总计数加一次。

（3）硬币或人工收费管理型

如图 5-20 所示，它由硬币/代币机、收费机、闸门机和复位线圈感应器等组成。当汽车出库时，可采用投硬币或人工收费，经确认有效后，闸门机上升开启；当汽车驶离复位线圈感应器，闸门自动放下关闭。图中也可采用收费机收费，此时与前例类似。

（4）验硬币进出/自由进出管理型

如图 5-21 所示，它由硬币机、闸门机、环形线圈感应器等组成。当硬币机（或读卡机）检测到有效的硬币（或卡片）时，或者感应线圈检测到车辆时，闸门机自动上升开启，允许车辆进库或出库。当车辆驶过复位线圈感应器时，闸门自动放下关闭。

（5）读卡进/自由进出管理型

如图 5-22 所示，它由读卡器、闸门机、环形线圈感应器等组成。图中车辆出入口为同一个。车辆进库时，在读卡器检测到有效卡片后，闸门机上升开启，车辆进库；当车辆驶过复位线圈感应器时，闸门自动放下关闭。车辆出库时，车辆驶至环形线圈感应器时，闸门机

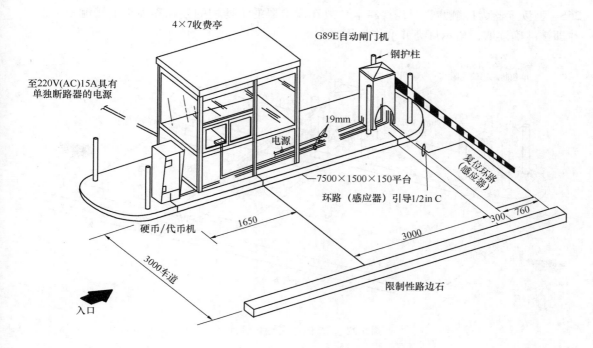

图 5-20　验硬币或人工收费管理型

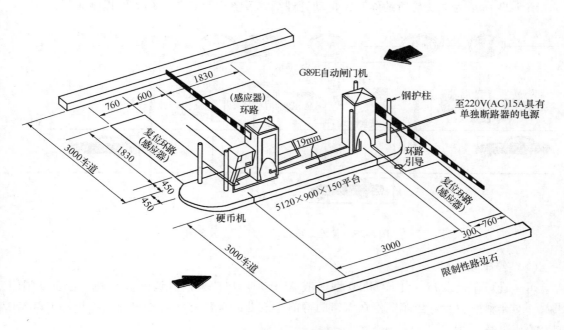

图 5-21　验硬币进出/自动进出管理型

上升开启，允许车辆出库并在驶过复位线圈感应器时，闸门自动放下关闭。

图 5-22 中读卡器可采用 CR5 型和 26SA 型两种读卡器。CR5 型读卡器为插卡式，当经地编码的卡片（CR5 卡）插入读卡器后，在检测有效后读卡器可控制其联动设备动作。

26SA 型读卡器为接触式，只需要将卡片放在读卡器的不锈钢的接触用面板上接触一下，卡片即被准确读取，指示灯亮并准许放行。

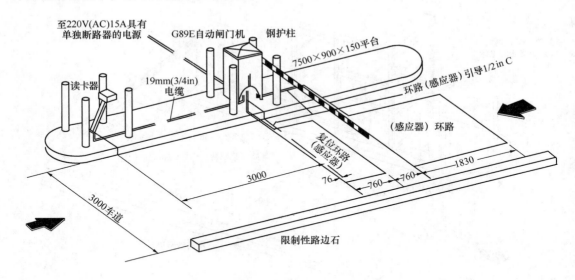

图 5-22　读卡进/自由出管理型

2. 系统构成

图 5-23 所示为某交易所的停车库自动管理系统及流程示意图。其工作程序如下：

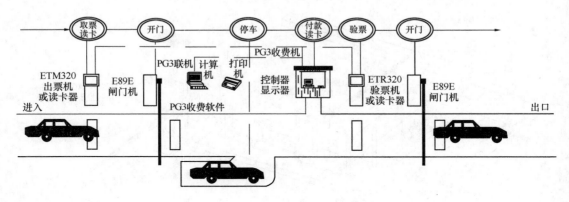

图 5-23　某停车场自动管理系统示意图

（1）停车场入口

每一进口车道设有一台 ETM320 型（或 APS500）出票机（或读卡器）和一台自动闸门机及一对车辆感应器。当车辆停在入口门臂前，该处的车辆感应器受感应系统指示 ETM320 型出票机准备工作。

持磁卡者将磁卡插入验卡入口，如在有效期内，入闸门机门臂会自动升起，允许车辆驶入停车场。临时停车者根据出票机上按钮指示，进行取票，票上已印有进入停车场之日期、时间、时票编号及包含上述信息的条形码。当停车者取出时票时，入口闸门机门臂会自动升起，允许车辆驶入停车场。

当车辆驶过入口闸门机时，闸门机门臂后的车辆感应器受感应，闸门机门臂自动降下。图 5-24 所示为车入库（或出库）的程序流程图的一个示例。

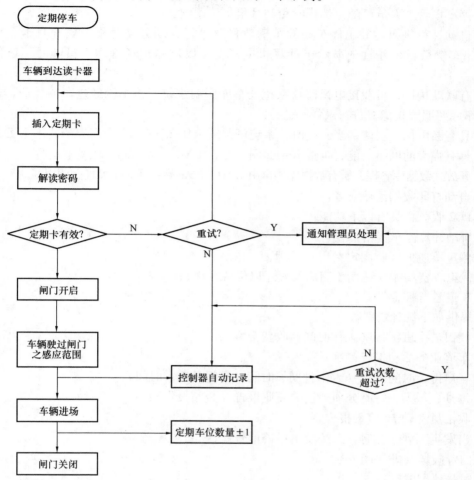

图 5-24 车辆入、出库的程序流程图

（2）中央收费/管理站

PG3 收款机可设在车库中央任何地点做集中收费及管理工作，临时停车者先到收费处交出时票，由管理员将时票放入条码读出器，PG3 收款机根据收费程序自动计费，计费结果自动显示在计算机屏幕及费用显示器上。驾车者根据费用显示器上所显金额付费，停车者付费后，资料进入计算机。停车者可在规定时间内（时间可调整）驾车至停车场出口处。

（3）停车场出口

每一出口车道设有一台 ETR320 验票机（或读卡器）、一对车辆感应器和一台自动闸门机。当车辆停在出口门臂前，该处的车辆感应器指示验票机或读卡器准备工作。

持磁卡者将磁卡插入验卡口入口，如在有效期内，出口闸门机门臂会自动升起，允许车辆驶出停车场。持时票者将时票插入验票入口，如未超过规定时间闸机门臂自动升起，允许车辆驶出停车场；否则会提示用户返回交付一定的附加费。

当车辆驶过出口闸门机时，闸门机门臂后的复位感应器受感应，闸门机门臂自动降下。

3. 管理功能

本停车场系统的管理功能如下：

① 停车场管理人员可随意编排时租和月租车位比例。

② 自动计算进入与驶出停车场的车辆数目及进行自动分类时租车辆和月卡车辆的数目及驶出车辆数目，并直观显示于计算机屏幕上，以供停车场管理人员随时了解停车场状况。

③ 有联动接口，可驳接电视监控系统及车库照明系统。当车辆经过车辆感应器时，自动打开车库照明或摄像机进行录像、监控。

④ 具有断电保护功能，当断电时，系统可持续工作 2.5h 以上，所有资料不会丢失。

⑤ 具有强大的网络功能，可上 Novell 网，并在 UNIX、Windows 环境下运行。

⑥ 开放式数据库管理，所有数据库均可由 LOTUS、Access、Excel 等直接调用。

⑦ 自动打印收据给停车者。

⑧ PG2 收款机具有以下功能：

a. 自动计算停车费用；

b. 停车票遗失（收固定费用）处理；

c. 优惠收费功能（适用于商店及餐厅以优待客户）；

d. 车道悬臂押金；

e. 提供如下统计资料。

● 收银员换班报告（工作时间、收费金额）；

● 车道业务活动报告；

● 客户持续时间报告（入闸日期、时间；出闸日期、时间）；

● 每月、每天、每时分项列记的商业报告（金额报告）；

● 收银员考勤卡/值班报告。

⑨ 当发生下列情况时，系统发出报警信号：

a. 门臂破坏（非法闯入）；

b. 过长停留时间；

c. 过期月票；

d. 损坏月票堵塞验卡机入口；

e. 非法打开 PG3 收款机钱箱；

f. 出票机内时票不足。

g. 本系统可根据停车场需要另加以下设备：停车场多层或区域显示，每层停车场或区域内自动计算空位并通知满位指示灯。

4. 车道设备布置设计

本停车场为两进两出车道，其设备布置设计如图 5-25 所示。图中每个环形线圈的沟槽的宽×深为 40mm×40mm。

供给出入口每个安装岛的电源容量为 AC220V/20A，并带独立断路器（空气开关）。每个收费亭要求提供 2 只 15A/220V 三眼插座。所有线路不得与感应线圈相关，并与线圈的距离至少为 60mm。出口处的备车线圈应埋在收费窗前。装在入口处的满位指示灯和警灯为落地式安装，安装高度不超过 2.1m。

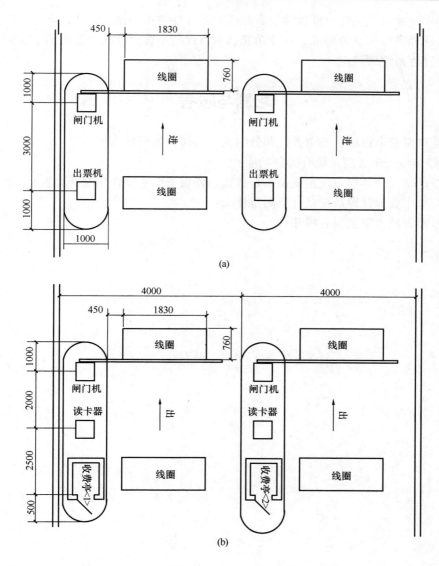

图 5-25　停车场车道设备布置

（a）入口；（b）出口

本章小结

本章讲述了建筑停车库安全管理系统的功能及组成、建筑停车库安全管理系统的主要设备、建筑停车库安全管理系统方案设计、建筑停车库安全管理系统典型工程应用示例。停车库安全管理系统是对进、出停车库（场）的车辆进行登录、出入认证、监控和管理的电子系统或网络，主要由入口部分、库区部分、出口部分、中央管理部分等组成。建筑停车库安全管理系统的主要设备有：射频卡识读设备、车牌自动识别设备、车辆探测设备、电动栏杆、自动计价收银机、引导指示设备和管理中心等。停车库安全管理系统设计应遵循规范性与适应性、实用性与先进性、准确性与实时性、兼容性与扩展性、开放性与安全性原则。通过若干车库管理类型、系统构成、管理功能、车道设备布置设计几部分说明了如何进行建筑停车库安全管理系统设计。

习题与思考

5-1　停车库安全管理系统由哪几部分组成，每部分各有什么作用？

5-2　 停车库安全管理系统有哪些功能？

5-3　停车库安全管理系统主要设备是什么，各设备的主要作用是什么？

5-4　停车库安全管理系统设计原则是什么？

5-5　车库管理类型主要有哪几种？

第6章 建筑智能安全防范系统集成

1. 安全防范系统集成设计原则与条件；
2. 建筑安全防范系统集成实现与特点；
3. 典型的安防系统集成方案。

系统集成是通过结构化的综合布线系统和网络技术，将各个分离的设备、功能和信息等集成到相互关联、统一和协调的系统，使资源达到充分共享，实现集中、高效、便利的管理。系统集成应采用功能集成、网络集成、软件界面集成等多种集成技术。

安防系统集成（Security System Integration）指以搭建组织机构内的安全防范管理平台为目的，利用综合布线技术、通信技术、网络互联技术、多媒体应用技术、安全防范技术、网络安全技术等将相关设备、软件进行集成设计、安装调试、界面定制开发和应用支持。安防系统集成实施的子系统包括门禁系统、楼宇对讲系统、监控系统、防盗报警、一卡通、停车管理、消防系统、多媒体显示系统、远程会议系统。安防系统集成既可作为一个独立的系统集成项目，也可作为一个子系统包含在智能建筑系统集成中。

6.1 安全防范系统集成设计原则与条件

6.1.1 安全防范系统集成设计原则

安全防范系统的集成设计包括子系统的集成设计、总系统的集成设计，必要时还应考虑总系统与上一级管理系统的集成设计。

1. 独立子系统的集成设计

入侵报警子系统、视频安防监控子系统、出入口控制子系统等的集成设计包括它们各自主系统对其分系统的集成。如大型多级报警网络系统的设计，应考虑一级网络对二级网络的集成与管理，二级网络应考虑对三级网络的集成与管理等；大型视频安防监控子系统的设计应考虑监控中心（主控）对各分中心（分控）的集成与管理等。

2. 各子系统间的联动或组合设计

① 根据安全管理的要求，出入口控制子系统须考虑与消防报警系统的联动。

② 根据实际需要，巡更子系统可与出入口控制子系统或入侵报警子系统进行联动或组合，出入口控制子系统可与入侵报警子系统或（和）视频安防监控子系统联动或组合，入侵报警子系统可与视频安防监控子系统或（和）出入口控制子系统联动或组合等。

3. 系统的总集成设计

① 一个综合安全防范系统，通常都是一个集成系统。

② 安全防范系统的集成设计，主要是指其安全管理子系统的设计。

③ 安全管理子系统的设计可有多种模式，可以某一子系统为主（如视频安防监控子系统）进行系统总集成设计，也可不以某一子系统为主进行系统总集成设计。

4. 安全管理子系统的设计

① 安全防范系统的安全管理子系统由多媒体计算机及相应的应用软件构成，以实现对系统的管理和监控。

② 安全管理子系统的应用软件应先进、成熟，能在人机交互的操作系统环境下运行；应使用中文图形界面；应使操作尽可能简化；在操作过程中不应出现死机现象。如果安全管理子系统一旦发生故障，其他各子系统应仍能单独运行；如果某子系统出现故障，不应影响其他子系统的正常工作。

③ 应用软件应至少具有以下功能。

a. 对系统操作员的管理：设定操作员的姓名和操作密码，划分操作级别和控制权限等。

b. 系统状态显示：以声光和/或文字图形显示系统自检、电源状况（断电、欠压等）、受控出入口人员通行情况（姓名、时间、地点、行为等）、设防和撤防的区域、报警和故障信息（时间、部位等）及图像状况等。

c. 系统控制：视频图像的切换、处理、存储、检索和回放，云台、镜头等的预置和遥控。对防护目标的设防与撤防，执行机构及其他设备的控制等。

d. 处警预案：入侵报警时入侵部位、图像和（或）声音应自动同时显示，并显示可能的对策或处警预案。

e. 事件记录和查询：操作员的管理、系统状态的显示等应有记录，需要时能简单快速地检索和（或）回放。

f. 报表生成：可生成和打印各种类型的报表。报警时能实时自动打印报警报告（包括报警发生的时间、地点、警情类别、值班员的姓名、接处警情况等）。

④ 相应的信息处理能力和控制/管理能力，相应容量的数据库。

⑤ 通信协议和接口应符合国家和行业现行有关标准的规定。

⑥ 系统应具有可靠性、容错性和维修性。

⑦ 系统应能与上一级管理系统进行更高一级的集成。

6.1.2 安全防范系统集成条件

系统集成程度往往被看做安全防范系统智能化程度的指标，因此人们总在努力将一个繁杂的系统集成起来。然而，系统集成是有条件的，在技术条件及其他条件未成熟的情况下，一味追求系统的集成程度，只能带来巨大的资金投入和系统的不可靠性，甚至使系统很难全面开通运行。

实践告诉人们：科学合理的综合布线是系统集成的纽带，网络层的协议标准化则是系统真正集成的基础和前提。因此，要实现系统的良好集成，需注意以下几个条件：

① 网络通信协议的统一化。目前，就局域网来说，既成事实的国际标准是广泛应用的TCP/IP 协议；就底层网络来说，由于采用的硬件形式不同，软件协议也不同。因而，传统的底层 RS232、RS485 等总线协议无法直接与基于 TCP/IP 的网络进行连接，往往要通过特定的转换器才能实现与上层网络的通信。在新兴的现场总线中，LonWorks 总线可以实现与基于 TCP/IP 的网络无缝连接，其协议标准 LonTalk 也在发展之中，需要进一步实现与 TCP/IP 协议的良好嵌入或连接。此外，随着"三网合一"（电话网、数据网和有线电视网）技术的成熟和运作的推进，相关的协议需要进一步统一。

② 接口标准化。不同生产厂家的产品不仅要有统一的软件通信协议标准，同时各种产品还需要提供标准化的系列接口，供工程选择需要。

③ 组成模块化。无论是硬件设备，还是软件产品，均要模块化设计。系统可根据需要，选择硬件组装，利用提供的模块化软件，进行简单易行的二次开发集成，为实现软硬件系统集成提供可能。

④ 设计并行化。安全防范系统的总体设计中各子系统设计需要并行进行，子系统之间要相互协调，这样才能保证系统总体的一致性。

⑤ 产品安装工程化。目前普遍存在系统现场装配复杂的问题，产品安装工程化将加速系统集成化进程。

⑥ 使用和维护的简单化。系统集成程度不仅要看系统的功能集成程度，还要看集成后的系统在使用和维护方面是否简单化。

6.2　建筑安全防范系统集成实现与特点

6.2.1　安全防范系统集成实现

安防系统的集成有三个层面，一是单个安防子系统内各个环节的集成，二是安防各子系统（如闭路电视监控、防盗报警、出入口控制等）的集成，三是安防系统与智能建筑系统间的融合。从技术水平而言，也有仅实现联动的初级集成、能实现系统整合的中级集成、可实现业务融合的高级集成三个层次。

安全防范系统，主要分为防盗报警、出入口控制、闭路电视监控、访客对讲与电子巡更以及停车场管理等功能模块，就传统的安防系统的系统构成而言，这些功能模块具有极大的独立性，各自具有中央控制器和控制显示器，彼此间的数据交换通过各功能模块间的硬件接口实现。同时，相对于中央管理系统的系统集成，各个功能模块又同时通过各自与中央管理系统的硬件接口实现信息上送和数据下载，为确保通信的安全性和稳定性，又必须对上述的通信网关进行热备份冗余设计，因此系统的配置和管理十分复杂，系统的效费比相对较高。

一个大型安防系统工程包含视频安防监控、出入口控制、入侵报警、电子巡查、停车库管理、楼宇对讲等子系统。在许多建筑中，楼宇自控系统中的其他子系统，如火灾报警及消防系统等均分散独立运行，无法形成一个有效和协调的整体，当突发事件发生需要各子系统之间进行联动和处理时，应考虑在监视范围内入侵报警控测器与视频安防监控系统的联动，实现对入侵探测报警器触发报警的复核，能快速有效地确定警情。

正常上班时一般以视频安防监控系统为核心，摄取进入该建筑物的人员动态图像，通常是以日常管理、对全楼工作情况的了解、观察为主；下班之后，以入侵报警系统为核心，通过对入侵报警控测器的设防，实现对防范区域的控制。安全防范系统在计算机的管理和控制下，实现各项功能的设置、转换、记录及储存，构成一个功能设施完善，具有综合防范能力的安全防范系统。通技术防范手段，为实现科学管理提供便利和依据。

各防区的入侵报警探测器与监控摄像机相对应，并能与照时灯联动。在夜间报警探测器处于设防状态，当有非法入侵时，立即将报警信号送至报警控制主机，该主机信号送至视频安防监控系统，同时联动相应照时，监控摄像机对报警进行复核，同时进行跟踪录像；出入口控制系统应考虑到与视频安防监控系统的联动，对进入室内的人员进行图像核对，识别持卡本人身份，确认一卡一人入室等；出入口控制系统在火警时，自动开启设置出入口控制系统的火灾逃生门等。

集成安全防范系统通过串联接入侵报警系统、视频安防监控系统、出入口控制系统、灯光等系统。对于分散式的子系统，还可通过专门的网络，分段接入主控计算机系统，实现对系统的集中控制，以及各种系统之间的联动关系。

集成安全防范系统是一系列具有多媒体平台，操作简单直观的多功能集成安防系统软件，它可任意扩充选择报警、电子巡查、出入口控制系统、视频安防监控系统、考勤、停车场管理、消防监控等功能模块，通过计算机串口连接相应的安全防范系统设备，在统一的多媒体电脑平台进行集中管理，并可以通过软件实现各个系统之间的联动、协调工作，从而大大减少了硬件设备和工程的数量，提高整个系统的自动化程度和保安管理中心的工作效率。

整个集成安全防范系统通过入侵报警、电子巡查软件模块，视频安防监控系统监控软件模块，出入口管理监控软件模块三大部分组成。

6.2.2 安全防范系统的集成系统功能特点

1. 可扩充式的系统集成

集成安全防范系统可以很方便地选择入侵报警系统、电子巡查系统、出入口控制系统、视频安防监控系统、考勤、停车场管理、消防监控等各种类型的软件模块，从而在一个软件上集成所有的安防系统进行监控，也可以单独作为其中一个系统的专用监控软件。

2. 多媒体操作

语音报告警情的发生，能提醒值班人员的注意，提高效率。

3. 电子地图、显示板监控界面

集成安全防范系统可设置电子地图系统，利用分区图实现地图、平面图、示意图、楼层平面显示图等的图形显示。可以在地图上任意设置各种防护对象的图标，用不同的颜色和动态表示该防护目标的当前状态。通过显示板的监控界面，可对各种防护目标进行集中监控。无论是通过地图还是显示板方式，都可以直接通过单击鼠标方式来控制各种控制机构，如对入侵报警系统的布撤了防操作、视频安防监控系统的摄像机图像切换、出入口控制系统电控门的开启、电子开关控制灯光等。

4. 报警系统

对所有报警点可任意设置防区类型，用户可分为独立用户和公共区域用户便于管理。可以对单个用户或集体进行撤防、布防等操作，可单独旁路、禁用防区等。

5. 视频安防监控系统

可以通过鼠标对矩阵系统进行切换，控制云台动作，设置自动切换，群组切换等。并且可设置报警点、电子巡查点、出入口管理等系统联动、摄像机的切换、录像系统的启动、云台的预置位等动作。

6. 出入口控制系统

可设置并记录出入口人员的时出时间，控制电控门的开启。可设置读卡器动作时联动视频安防监控系统动作，监控受控门；还可设置报警时联动电控门的开启和关闭。

7. 联动系统

可连接灯光、应急设备、电控门等各种电气设备，通过报警、电子巡查、视频安防监控、出入口管理等系统的状态自动启动，或者通过鼠标操作开关。

8. 完善的事件记录

集成安全防范系统具备完善的事件记录系统，系统中发生的各种事件都可以详细地记录。例如，报警记录、系统记录、操作记录、电子巡查记录等。并可对这些记录进行观察、排序，分类查询等操作。

安全防范系统的集成与系统的联动，提高了工作效率，使得防范体系更加完善。

6.3　典型的安防系统集成方案

6.3.1　系统集成方案

1. 微机连接视频矩阵切换控制器组成的系统

在该结构中完成视频切换与控制的仍是视频矩阵切换控制器，但微机起着上位机指挥命令的作用，既可以替代专用键盘实现视频切换显示及控制前端等动作，也可以利用其显示屏作为主监视器显示任何视频图像。若在微机中配备视频图像采集卡，则可具有报警时刻、报警现场图像采集、存储及报警图像资料库检索、查询等功能，该微机同时还可以管理门禁控制装置。微机本身也可参与连网以接收来自网上的其他信息源，图 6-1 所示为其基本结构。视频矩阵切换控制器与上位微机之间通过 RS-232 或 RS-485 标准接口相连和进行通信。

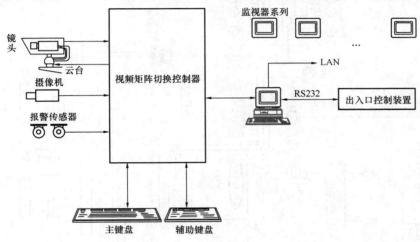

图 6-1　连接微机的方案图

2. 基于 PC 的 CCTV 系统

安定宝公司的 JAVELIN（标枪）CCTV 管理系统是一种全微机方式的视频管理系统。有如下分类：

Quest 中小型系统（简称 Q 控）：64 台摄像机 ×16 台监视器。

Quest Plus 中大型系统（简称 Q 控 +）：1000 台摄像 ×1000 台监视器。

Quest 全球网络系统（简称 Q 网），采用标准以太网络结构。

Q 控系统硬件包括主控计算机、以 16 ×4 为单位的视频输入输出卡、32 路报警出入 ×4 路继电器输出卡，还可包括分控键盘或分控计算机（另配分控软件）、云台解码器、多画面处理器、录像机（含硬盘录像机）等设备，通过 RS232 串口进行连接。软件是运行于 Windows 环境下的中文版 Q 控软件，按照 RS232 或 DDE 方式与报警或门禁子系统实现集成，如图 6-2 所示。

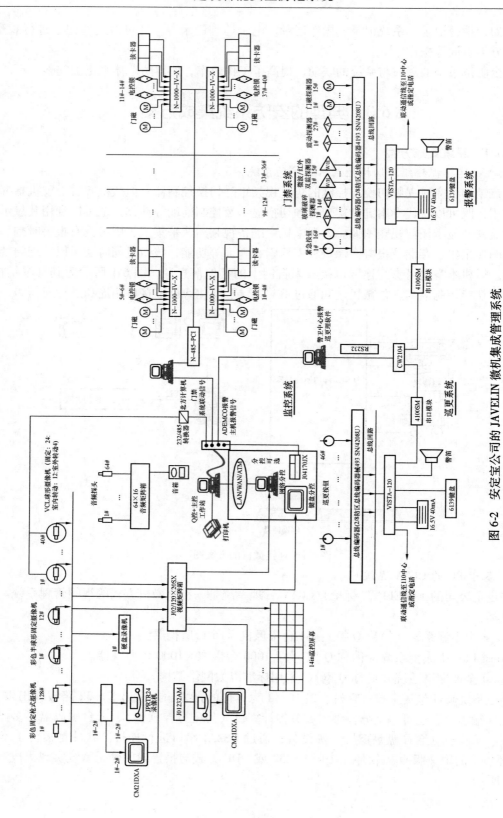

图 6-2 安定宝公司的 JAVELIN 微机集成管理系统

3. 网络式结构系统

这是以网络为核心的系统，所有的子系统或设备均可挂上网运行，并通过网络完成信息的传送和交互，此时监控装置完成基本监视与报警功能，网络通信实现命令传递与信息交换，计算机系统则统一整个保安管理系统的运行。其特点是可以实现综合性保安管理功能，从而有可能在图像压缩、多路复用等数字化进程基础上，实现将电视监控、探测报警和出入口控制这安防三要素真正有机结合在一起的综合数字网络，特别是将其建立在社会公共信息网络之上，如图 6-3 所示。

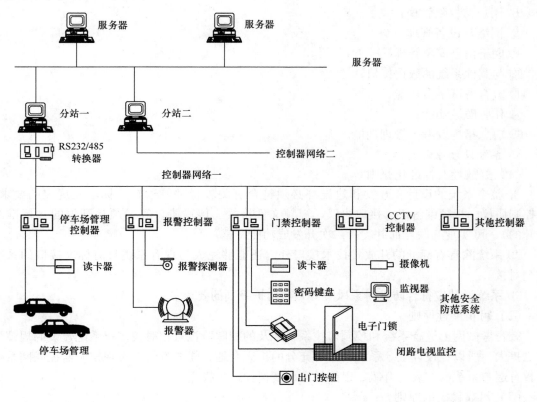

图 6-3　网络结构的安全防范系统

6.3.2　某市教育考试网上巡查及标准化考点建设方案

1. 系统需求

① 建立分级管理系统，从省巡查中心平台、市县巡查中心平台及所属校级巡查系统，实现考场的实时网络监控和巡查，保证各种考试的正常顺利进行。实现"四考统筹"，即高考、成人高考、研究生考试、自学考试的统筹。应用考试项目主要包括高考、成人高考、研究生考试、自学考试及社会考试等。

② 教学考试网上巡查系统所有硬件设备和软件必须符合教育的 SIP 协议和架构。分级部署结构灵活，可以在任意一级出现传输或平台故障时，通过远程路由配置，跨越故障节点，保持系统的互联互通。

2. 功能需求

① 统一命名规则；

② 视、音频实时流的双向编解码；

③ 实时图像点播；

④ 远程控制；

⑤ 报警联动；

⑥ 存储和备份；

⑦ 历史图像的检索和回放；

⑧ 系统的人机交互；

⑧ 用户与权限管理；

⑨ 网络与设备管理；

⑪ 网络信息安全管理；

⑫ 与其他系统的数据接口；

⑬ 教育考试平台功能；

⑭ 作弊防控功能；

⑮ 应急指挥及考务管理功能。

3. 系统设计原则

（1）开放性及标准化原则

① 整个系统的设计、开发和建设都必须符合有关教育部等颁布的标准及规定的要求，如控制协议、视频编解码、接口协议、视频文件格式、传输协议等必须是开放的（标准或公开的），可实现互联互通并支持二次开发或功能调整。

② 系统除具有标准的开放式技术接口外，还能够完成与现有系统具有标准接口的系统完全对接。

③ 系统设计应符合防护对象风险等级与防护级别的要求。

（2）可扩展性原则

教育考试网上巡查系统和校园监控系统涉及的校园监控点相对较多；系统建设的规模将随之扩大，所以在设计上，系统要留有充分的扩充余地，能够方便地实现校园监控联网系统和教育巡考系统的扩展与升级，以能最大程度保护用户投资。

（3）可靠稳定的原则

系统的可靠性是指系统抵御外界干扰的能力及受外界干扰时的恢复能力，所以教育巡考系统、视频指挥系统和考试业务综合管理系统，不管在任何情况下，均应保证系统完整、安全、正确地完成相应功能。系统的不稳定因素要从硬件、软件系统协同运行中给予充分的防止，如有发生也应做到可及时地恢复。

（4）兼容性原则

① 系统相互间的兼容：教育考试网上巡查系统、视频指挥系统和考试业务综合管理系统最好能做无缝连接，形成完整的校园监控视频联网。

② 要与其他应用系统兼容：上述三系统除了管理本系统的所有设备外，还应与其他系统如校园监控、录播系统等兼容，因此在系统设计过程中，应该留下灵活的接口，使系统具有良好的开放性。

（5）技术先进的原则

在满足教育巡考和校园监控应用需求的前提下，采用主流的，符合发展方向的，成熟的并可升级的图像处理、编解码、传输、存储和显示技术，解决现有监控中的现有难题，如模拟矩阵扩展和改造困难等；采用可扩充的模块化的系统理念，如系统设备可无限堆叠、单一设备可灵活插拔配置、系统平台规模可以据需求裁剪等；同时以先进的系统设计和搭建实现简单的系统管理和运维。

（6）易操作、管理、维护的原则

易操作：业务流程清晰，符合常规和教育巡考系统、录播系统和校园监控系统业务处理习惯；操控应简便、灵活、易学易用，便于管理和维护。

易管理：系统应具备有效的、统一的手段和机制进行设备管理（如对网络上所有视频服务器进行统一管理）、应用软件环境设置调整管理、开发管理以及操作员、管理员管理。

易维护：系统搭建就是要考虑易维护性，整个系统尽量考虑建在易维护的传输网络基础上。尽量采用故障率小的设备，且设备设置点的选择一定要考虑易维护的原则。

（7）安全性原则

要求建立技术先进、管理完善、机制健全的系统安全体系，做到网络不间断、畅通地运行；应用系统不受外部和内部侵害。

（8）性价比优的原则

① 在先进、可靠和充分满足系统功能的前提下，尽量提高一次性投入的性价比。系统应能满足当地环境条件、监视对象、监控方式、维护保养以及投资规模等因素。应按照"技防、物防、人防相结合"、"探测、延迟、反应相协调"的原则，合理设置系统功能、正确进行系统配置和设备选型，保证具有较高的性价比，满足校园监控和教育巡考等业务的需求。

② 考虑系统的整体性对性价比的影响：系统最大的经济性来源其实是系统的整体性和可扩展性。没有整体优化特性的系统，必将导致最大的浪费。

③ 考虑系统的可维护性对性价比的影响：充分综合考虑系统的建设、升级和维护费用，根据监控点的实际状况，充分利用现有设备和资源，综合考虑系统的建设、升级和维护费用，本着性能价格比最优的原则进行设备选型。

4. 系统结构

教育考试网上巡查系统是包括了监控技术、计算机多媒体技术、通信技术、音视频技术和教育考试管理技术的一套综合性业务应用系统。从系统应用构成的主体类型上可分成监控资源、传输网络、监控中心和用户终端四个组成部分。监控资源是系统监控信息的来源；传输网络是连接监控资源、监控中心和用户终端的媒介；监控中心是系统的信息管理和共享平台；用户终端是系统的信息服务对象。巡考管理系统总体架构如图6-4所示。

（1）监控资源

具体体现为信息采集前端，既可以是前端设备，也可以是区域性监控系统。

教育考试网上巡查系统图像采集主要是模拟摄像机配合流媒体服务器进行视频的采集；声音采集设备主要指拾音器及其配套前置传输设备，在有视频会议、现场广播、双向对讲等需求情况下采用，也可为考前培训等应用提供设备基础。入侵报警设备主要是现场设置的各类探测器、报警控制器等。

因为嵌入式设备如流媒体视频服务器和硬盘的平均无故障时间远远大于网络的平均无故障时间，如果使用网络摄像机的话，故障率提高近十倍。一旦网络中断，将会导致实时流丢

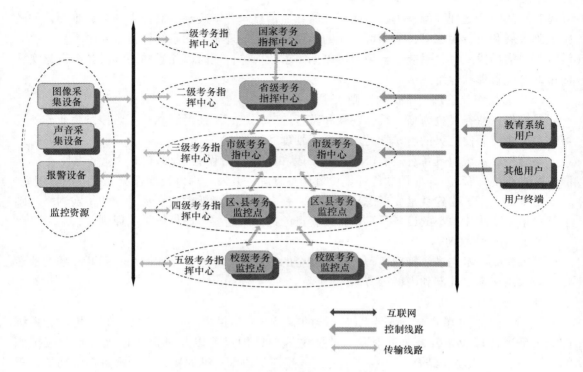

图 6-4　巡考管理系统总体架构

失，且由于网络摄像机的存储容量很小，也会导致录像文件丢失。所以整个方案中需采用《国家教育考试网上巡查系统技术规范标准》（MOE-ZXXXX-2007）中推荐的嵌入式流媒体服务器和模拟摄像机。这样既可以降低实时流丢失的概率，又可以做本地存储加网络集中存储的备份存储策略。

（2）传输网络

传输网络可以是专网、公共通信网络，也可以是专为巡考管理系统建设的独立网络；是建立在通讯设备之上的 IP 网络，本省系统骨干传输网络采用公共通信网络，各考点系统采用局域网传输或采用模拟和局域网传输相结合。主要设备包括传输设备、视频编/解码设备。

（3）监控中心

教育考试网上巡查系统各级监控中心是指由教育考试部门管理和使用的、具有显示、存储、报警处理、指挥能力的监控中心。监控中心分级设置，依据行政隶属关系及工作相关性，全国教育考试监控中心管理体系主要划分为五级，在国家级设置一级监控中心，省、直辖市等考试中心设置二级监控中心，市级考试中心或考务部门设置三级监控中心，区县级招考办或考务部门设置四级监控中心，各学校考点监控中心设置五级监控中心。监控重点在考点级监控中心。

（4）用户终端

用户终端包括各级考务工作人员和其他职能部门用户所使用的终端设备，用户通过用户终端设备实现对监控资源的访问和控制，用户的行为受到监控中心的管理和授权。

5. 系统组网模式

系统的组网模式如图 6-5 所示。

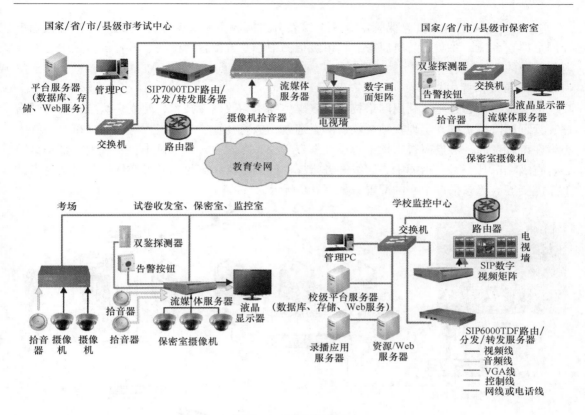

图 6-5　系统组网模式

巡考中心是为了实现远程巡考而建立的起来的符合国家标准的实际系统，一般来说，一个完整的远程巡考中心包括下列模块或设备：SIP 路由器、转（分）发服务器、用户认证、路由控制、权限控制、管理模块、网络存储、报警、解码、网络矩阵、远程监控、流媒体服务器。

其中媒体转发服务器、SIP 路由器、监控系统管理平台、流媒体服务器等是必选件。

6. 系统建设内容和解决方案

（1）内容规划

依据教育部、财政部《关于大力推进国家教育考试标准化考点建设工作的通知》（教学〔2011〕1 号）的要求，某市国家教育考试标准化考点的建设的主要内容包括：国家教育考试巡查系统建设、考场作弊防控系统建设、考生身份验证系统建设及应急指挥与考务管理系统建设，以实现网上巡查、作弊防控、考生身份验证、应急指挥与考务管理等四大功能系统。其中国家教育考试巡查系统建设包含考点巡查指挥中心建设、考点保管室建设和承担国家教育考试的考点标准化建设等三个方面；应急指挥与考务管理系统建设包含应急指挥系统、视频会议系统和考务管理等建设内容。

本次系统建设内容规划如下：

① 建设××市县级指挥中心，并实现与省招生考试院、教育部考试中心网上巡查系统的互联互通。

② 建设××个考点指挥中心，并实现与各考点所属市级指挥中心、省教育考试院、教育部考试中心网上巡查系统的互联互通。

③ 建设××个考点试卷保管室××个试卷分发回收室和××个考场的前端音视频采集和网上巡查系统，并实现与所属考点、市级指挥中心、省教育考试院、教育部考试中心网上巡查系统的互联互通。

（2）市级指挥中心建设

巡查指挥中心是充分利用网络技术、多媒体技术和数据库技术，建立多级统一的考试指挥、管理和监控系统，实现视频会议、网上巡查、应急处置、考务指挥等功能。市级指挥中心设在市教育局，考点巡查指挥中心设在考点学校。在国家教育考试中，实现教育部考试中心、省级、市县、考点指挥中心四级考务指挥、网上巡查和满足召开各类国家教育招生考试工作需要等。巡查指挥中心的配置，如图6-6所示。

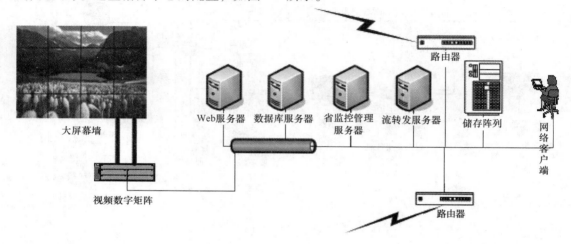

图6-6　巡查指挥中心的配置

遵照教育部统一制订《国家教育考试网上巡查系统视频标准技术规范》（以下简称"技术规范"）及目前国内考试管理体制和管理模式以及教育部的规划要求，××市国家教育考试巡查指挥中心（简称"市级中心"）作为信息上传国家考试中心、省级巡查指挥中心，下达各县级控制中心、考点巡查指挥中心的汇聚点，应具备与省级巡查指挥中心相当的功能，能够接收考点巡查指挥中心传送的视频图像和数据信息等，根据需要进行视频图像的调取、控制、锁定、存储、回放，实现考试指挥、突发事件处置、考试预警、视频巡查、考务综合管理及考生服务等功能。

市级教育考试网上巡查指挥中心组成如图6-7所示，由图6-7可见系统主要由下列设备组成：远程管理中心、市级SIP路由及注册/转发服务器、视频解码与大屏显示系统、应急指挥与考务管理系统等。

在市级巡查指挥中心配置一台SIP路由/分发/转发服务器，作为对省端和考点指挥中心联网的主要核心设备；实现对全市所管辖的所有设备的配置管理、操作管理、权限管理等一系列管理。包含信令转发服务器和媒体流转发服务，支持负载均衡和冗余合并，具备动态路由，采用嵌入式非Intel X86设计，Linux操作系统，提高系统抗病毒和抗攻击能力。

配置一台市级远程管理主机，通过远程管理系统软件平台实现对系统的控制管理等功能。

配置一台存储服务器，实现集中录像存储的功能，可调取考场、保密室、试卷分发室等重要监控历史图像进行回放。

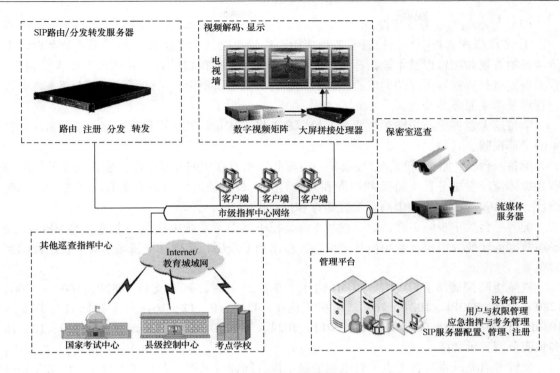

图 6-7　系统结构图

　　配置一套高性能独立安全网关，确保市级指挥中心巡查系统内部服务器不受攻击，对数据流进行有效过滤，确保巡查网络的安全性，降低系统故障。

　　配置多台网络数字视频矩阵，实现对平台下属各考点考场、考务室、保密室等上传的数字音视频信号进行解码，并还原成音视频信号输出到电视墙，实现在电视墙上对监控图像的实时观看。

　　市级平台显示设备采用一套 4 台 42in 液晶及 1 台 55in 液晶显示单元拼接方式来实现其显示功能，如图 6-8 所示。

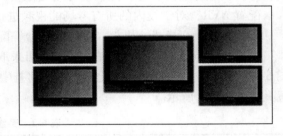

图 6-8　液晶电视墙示意图

　　配置 UPS、交换机、机柜、中心操作台

等配套设备，形成完整的巡考监控系统。图 6-1 所示为市级巡查指挥中心主要设备。

表 6-1　市级巡查指挥中心主要设备

设备名称	数量	说明
SIP 路由及分转发服务器（市级）	1 套	必备
平台管理软件（市级）	1 套	必备
平台管理主机	1 套	必备
存储服务器	1 套	必备
防火墙	1 套	必备
数字视频矩阵	1 套	必备
显示设备（LCD 拼接墙）	1 套	必备
UPS 不间断电源	1 套	必备

（3）标准化考点考场建设

① 考点指挥巡查中心：校级考务指挥中心连接市县级考务指挥中心，采集、存储、上传考场的音视频图像以及本地指挥中心、考点考务室、校门口的音视频图像和数据信息等，根据需要进行音视频图像的调取、存储、回放，实现考试指挥、考试预警、网上巡查考务综合管理及考生服务等功能。

学校巡考监控中心视频源主要为本校标准考场、试卷收发保管和监控室、录播多媒体教室的全部视频、音频。

配备一台 SIP 路由/转发/分发设备：负责和国家教育部的互联互通，包含信令转发服务器和媒体流转发服务，支持负载均衡和冗余合并，具备动态路由，采用嵌入式非 Intel X86 设计，LINUX 操作系统，提高系统抗病毒和抗攻击能力。

配置一台数字视频矩阵：数字视频矩阵是把下属巡考系统中任何一个考场的 MPEG4 视音频数据流转变为模拟视音频信号的设备，输出到电视墙，实现在电视墙上对全校图像的实时观看。

视频矩阵配置 5 路 DVI 或 HDMI 输出。单路显示时，每路支持 1080P、1600×1200、1280×1024、720P1、1024×768、D1 格式的 1、4、6、9、12、16；可 4 路同时每路支持 1080P、1600×1200、1280×1024、720P1、1024×768、D1 格式的 1、4、6、8、9、12、16 多画面分割显示功能。

配置考点显示系统：考点平台电视墙显示设备同样可采用一套总共 5 台（4 台 42in 和 1 台 55in）液晶显示单元组合方式来实现其显示功能。

配置考点巡查系统软件：主要实现对考场编码服务器、主控室的网络数字矩阵、SIP 网关及分转发服务器的管理、配置及考场图像实时巡查监控。

配置 NVR，对学校内的所有考场的视频进行集中存储。

配置 UPS、交换机、机柜、中心操作台等配套设备，形成完整的巡考监控系统。

标准化考点指挥巡查中心基本配置全市采取统一标准，可选配置根据实际需要采用，如图 6-9 所示。一个完整的标准化考点指挥巡查中心设备分为硬件平台和软件平台两部分，配置具体如表 6-2 所示。

表 6-2　系统配置表

设备名称	数　量	说　　明
SIP 路由及分转发服务器（校级）	1 套	必备
客户端（校级）	1 套	必备
管理控制服务器	1 套	必备
数字视频矩阵	1 套	可选
显示设备（电视墙）	1 套	可选
网络设备	1 套	可选
同步计时电波钟	1 套	必备
UPS 不间断电源	1 套	可选

② 试卷收发、保管、监控室建设：建设完成考点试卷保管室、分发室、监控室视频监控系统与教育部考试中心考试指挥中心直接连接，实现教育部考试指挥中心、省级考试指挥

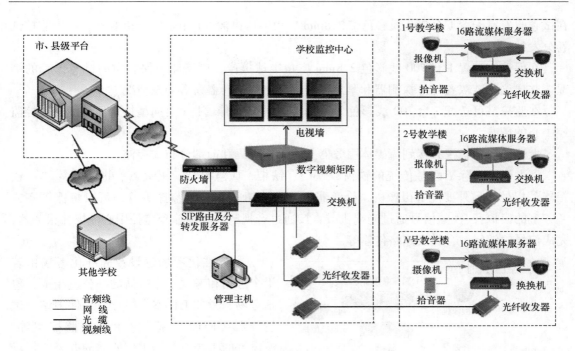

图 6-9　标准化考点系统结构图

中心和市、县三级远程网上巡查监控。对承担国家教育考试考点的试卷分发（回收）室建设，装配摄像监控设备，按照保管室的有关规定，对试卷的分发（回收）实施 24h 不间断电子巡查录像监控。保密室各摄像机安装参考位置，如图 6-10 所示；试卷保管室、监控室、考务室主要设备如表 6-3 所示。

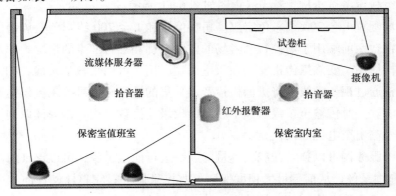

图 6-10　保密室各摄像机安装参考位置图

表 6-3　试卷保管室、监控室、考务室主要设备表

名　　称	数　　量	说　　明
摄像机	3 套	必备
拾音器	3 套	必备
告警按钮	1 套	根据实际要求
红外双鉴探头	1 套	根据实际要求

在试卷收发室配置 1 台 700 线彩色带 2.8mm 广角半球摄像、1 个全向型拾音器，用于监控试卷分发的情况。

在保管室配置 1 台 700 线彩色 2.8mm 广角半球摄像，用于监控保管室的试卷保管的情况。并建议安装双鉴红外探测器和紧急按钮，以防止试卷盗窃等突发情况。

在监控室可选配 1 台 700 线彩色 2.8mm 广角半球摄像、1 个全向型拾音器，用于监控监控中心的情况。

上述的 3 路音视频接到流媒体服务器上，进行编码和前端分布式存储。

试卷保管室除了配备传统的铁窗、铁门、铁柜、应急电话、灭火器、报警器等"三铁三器"以外，另外要配置摄像机、拾音器、告警按钮及红外双鉴探头等，可以将保管室或考务室的模拟音/视频信号通过光端机或直接通过音视频线缆传输到监控中心流媒体服务器，完成信号的编码、存储及网络传输等。

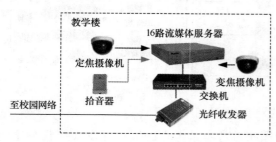

图 6-11　考场示意图

③ 标准化考场建设：标准化考场由若干个考场和考试工作所需的办公室组成，包括考场、考务工作室、医疗室、保卫室、试卷分发（回收）室、网上巡查监控室等。所设置的考场、考场工作所需的办公室等场所必须符合建设部门有关要求，以满足国家教育考试顺利实施。设备设施建设包括配置符合《国家教育考试网上巡查系统视频标准技术规范》的网上巡查设备，并通过网络将图像传送至上级教育考试机构。考场示意图如图 6-11 所示。

为每个考场配置 1 台 700 线彩色定焦广角摄像机和 1 台 700 线彩色变焦摄像机，定焦广角摄像机安装在教室前端用于监控每个考场的监考老师和参考学生的情况，非考试期间则用于教学管理监控使用。变焦摄像机安装在教室后端，用于可用于教学录播，拍摄老师的授课画面；前端设备通过视音频线缆将摄像机拾音器采集的视音频信号接入流媒体服务器上，实现编码传输功能。同时传输至校级监控中心，由校级监控数字视频矩阵读取网络上的信息将视频、音频信号输出至电视墙以供显示。

每台流媒体服务器可以独立挂载大容量的硬盘进行前端录像，可以保证每路摄像机视频以 D1 分辨率连续录像，从前端最大程度保证了监控录像资料完整性；在前端进行分布式存储录像的同时，所有设备均支持中心存储，包括学校级及上级异地中心存储，实现"前端分布式存储 + 后端集中存储"。即每台流媒体服务器本地进行存储录像，考点巡查指挥中心可以构建存储柜进行中心集中存储，上级指挥中心也可以选择重要图像进行异地中心存储，构成学校前端、学校中心、上级异地三位一体资料保全体系，全面保护重要考试资料的完整。

为保证系统的稳定性，系统所采用的流媒体视频服务器须嵌入式的，嵌入式的流媒体服务器本身具有抗病毒和抗攻击的能力。标准化考场设备组成，如表 6-4 所示。

表 6-4　标准化考场设备组成

设备名称	数　量	说　明
摄像机	1 套	必备
一体化摄像机	1 套	必备
拾音器	1 套	必备
流媒体服务器	1 套	必备

④ 作弊防控系统建设方案：每个考场的监考员可配置手柄式金属探测器，对所有进入考场的考生进行一次安全检查，防止考生提前携带违规物品放入考场。考生通过安检后，方能进入考场，考生进入考场后又外出的，重新进入考场时再次对其进行安检，对有作弊嫌疑的考生，在出考场时再次进行安检。

考场配置无线信号屏蔽器，对 50～2500MHz 范围内所有可能作弊频段进行全屏蔽，必须能够屏蔽：手机频段 870～880MHz、925～960MHz、1800～1920MHz、2010～2145MHz；WLAN 频段：2.2～2.5GHz；其他频率范围 50～820MHz；信号屏蔽器考试期间全程开启，保证全时全频覆盖所有可用频率，对所有频率进行干扰，对所有信号进行阻断，断绝所有作弊器的作弊可能。

考点配置考场频谱监测仪，对 50～2500MHz 频率范围内的无线信号进行不间断的监测，实时掌握考点范围内的异常信号和作弊信号的出现情况，通过对单个考场、区（县）、市（地区）、省、国家范围内的监测信号分析可以及时掌握作弊信号在各个地区分布情况以及作弊手段的发展情况，为分析和对抗无线作弊行为提供第一手资料和依据。同时也可以通过考场频谱监测仪的组网，配合公安部门及无线电管理委员会定位作弊发射源的位置，及时发现和抓获作弊团伙。

⑤ 考生身份验证系统建设方案：考生身份验证系统是在各标准化考点配备二代身份证阅读器和相应的软件技术，通过自动识别或人工鉴别的方式对应考考生的身份、生物特征与报名过程所采集的考生信息进行识别比对确认。如在发现异常信息时，能做好原始记录及时向指挥中心提供有信息，进行最后鉴定，有效监督考风考纪，杜绝替考行为的发生。

本章小结

本章讲述了安全防范系统集成设计原则与条件、建筑安全防范系统集成实现与特点、典型的安防系统集成方案。安防系统集成（Security System Integration）指以搭建组织机构内的安全防范管理平台为目的，利用综合布线技术、通信技术、网络互联技术、多媒体应用技术、安全防范技术、网络安全技术等将相关设备、软件进行集成设计、安装调试、界面定制开发和应用支持。安全防范系统集成设计应该严格按照 GB 50348—2004《安全防范工程技术规范》要求进行设计。安全防范系统在各子系统集成时应该遵循网络通信协议的统一化、接口标准化、组成模块化、设计并行化、产品安装工程化、使用和维护的简单化要求进行。安防系统的集成包括单个安防子系统内各个环节的集成、安防各子系统的集成、安防系统与智能建筑系统间的融合三个层面的集成。本章最后通过系统集成方案和某市教育考试网上巡查及标准化考点建设方案详细说明了如何进行安全防范系统集成设计。

习题与思考

6-1 什么是安防系统集成？

6-2 安防系统集成设计原则是什么？

6-3 安防系统集成应遵循哪几个条件？

6-4 安防系统集成的功能特点是什么？

第7章　建筑安全防范系统工程设计与施工

重点提示/学习目标

1. 建筑安全防范系统工程实施的程序、管理及要求；
2. 建筑安全防范系统的工程设计；
3. 建筑安全防范系统工程的安装与调试；
4. 建筑安全防范系统调试中的系统误报的原因及对策；
5. 建筑安全防范系统工程的施工组织与管理。

安全防范工程是指用于维护社会安全和预防灾害事故为目的的报警、电视监控、通信、出入口控制、防爆、防火、安全检查等工程。由于防火（或消防）工程有专门的立法（消防法）及相应的管理规定，因此这一方面的内容在本章中就不再专门加以讨论了。本章将重点讨论除防火工程之外的其他安全防范工程实施的程序、管理及要求。

7.1　建筑安全防范系统工程实施的程序、管理及要求

由于安防工程是关系着安全的工程，因此无论是从事这类工程的企业，还是这类工程的实施过程，都应严格纳入行业管理并遵照国家有关的规范进行。对于安全防范工程来说，从用于工程的设备、器材的生产、销售，到某一具体防范工程的设计、施工以及检测与验收，都要符合国家颁发的有关标准、规范、规定等要求；都要实行许可证（如准产、准销证、设计施工资质证等）的管理制度；都要纳入安全防范工程的管理之中。无证生产、销售、设计、施工是坚决不允许的。

7.1.1　建筑安全防范系统工程实施的一般规定

① 凡从事安全防范工程设计、施工的企业必须具有安防的行业协会颁发的资质证书。

② 从事安全防范工程的设计、施工单位，承揽安全防范工程时，在开工之前，必须进行方案论证，施工之后应按有关规定和要求进行工程检测及工程的竣工验收。

③ 安全防范工程应确定其风险等级并根据其风险等级及工程投资金额划分工程规模。

工程规模分为三级。

一级工程：一级风险或投资额 100 万元以上的工程；

二级工程：二级风险或投资额超过 30 万元，不足 100 万元的工程；

三级工程：三级风险或投资额 30 万元以下的工程。

风险等级应按国家有关规定和标准进行确定。目前对金融系统、文博系统，国防军事等部门都有明确的风险等级标准，其他部门可参照确定。

④ 从事安全防范工程的企业，其设计、施工的资质证书通常分为三个等级，从事设计、施工的工程规模应按其资质证书的等级进行。

一级资质：可从事各种工程规模的安全防范工程；

二级资质：可从事二级以下（含二级）工程规模的安全防范工程；

三级资质：可从事三级以下（含三级）工程规模的安全防范工程。

⑤ 无论具有几级资质证书，无论从事几级工程规模的安全防范工程，均应遵照国家的相关标准和要求完成安全防范工程的全过程。

7.1.2 建筑安全防范系统工程项目的管理

近些年安防工程项目管理发生了较大的变化，现在公安部门仅对公共场所和少数要害部门如政府、金融、文博等单位进行管理，而对一般的安防工程只负责进行必要的监督和检查工作。

1. 三级工程的管理

对于三级工程的管理，可根据具体情况进行手续上的简化（如可不由专家组进行的方案论证与审核），但必须进行设计文件的审批和工程验收等工作，并且要求应具备的各种文件、资料必须准确和齐全。三级工程的具体管理程序如下：

（1）施工准备

施工前应对施工现场的有关情况进行检查，符合下列条件方可进场、施工：

① 施工对象基本具备进场条件，如作业场地、安全用电等。

② 施工区域内建筑物的现场情况和预留管道、预留孔洞、地槽及预埋件等应符合设计要求。

③ 使用道路及占用道路（包括横跨道路）情况。

④ 允许同杆架设的杆路及自立杆杆路的情况。

⑤ 敷设管道电缆和直埋电缆的路由状况，并对各管道标出路由标志。

⑥ 当施工现场有影响施工的各种障碍物时，应提前清除。

施工前应满足下列条件：

① 设计文件和施工图纸齐全。

② 施工人员熟悉施工图样及有关资料，包括工程特点、施工方案、工艺要求、施工质量标准及验收标准。

③ 设备、器材、辅材、工具、机械以及通信联络工具等应满足连续施工和阶段施工的要求。

④ 有源设备应通电检查，各项功能正常。

（2）工程施工

① 工程施工应具备开工单（开工报告），按已批准的设计文件和施工图样进行，不得随意更改。若确需局部调整和变更的，须填写"更改审核单"，或监理单位提供的更改单，经批准方可施工。

② 施工中应做好隐蔽工程的随工验收。管线敷设时，建设单位或监理单位应会同设计、施工单位对管线敷设质量进行随工验收，并填写"隐蔽工程随工验收单"或监理单位提供的更改单。

（3）工程验收

① 应具备的资料（技术文件）如下：

a. 建设单位填写的《安全技术防范工程竣工验收报告表》。表中应含有：系统使用操作说明、培训报告、工程费用决算表和工程维修保障措施等。

b. 工程开工时的设计资料和工程竣工后的技术文件（包括完工后实际的平面布防图、

施工管线图、系统构成图等）。

c. 其他必要的文件资料。

② 工程验收时的主要工作内容。

a. 根据开工时的设计资料、竣工后的实际工程施工技术文件及对应的规范进行工程验收。

b. 清点设备器材数量及型号是否与设计相一致。

c. 前端所防范的区域及系统功能是否达到设计书中的要求。

对于各类探测器和摄像机等构成的前端所防范的区域能否达到设计要求，在验收时，除根据设计要求外，还应根据所采用的入侵探测器或摄像机的种类、型号、技术指标等，参照对应的有关标准进行现场测试与验收。在验收时，重点是验收该探测器和摄像机使用的部位、环境是否合理，防范范围是否符合设计要求。

在验收系统功能时，应综合前端设备与中心控制设备共同构成的系统，进行测试和验收。

对于前端入侵探测器及摄像机的防范区域应模拟入侵实测，以确定是否符合设计要求及该前端设备的技术指标要求。

③ 写出验收意见。

验收意见的主要内容如下：

a. 组织验收的部门、验收的时间、地点。

b. 写出对整个系统的评价（针对上述的几点内容，得出评价。评价意见可分为"完全符合设计要求"、"基本符合设计要求"、"不符合设计要求，需限期整改"等）。

c. 指出存在的问题或不足。此项可分为"问题"及"建议"两种类型。对"问题"方面，是应该和必须整改的内容；对"建议"方面，是属于建议性的改进意见或完善的意见。

d. 对于问题，应提出整改的限期，整改后应签署复验意见。

e. 验收完毕后，将验收材料存档（市局、甲方、乙方各一份）。

2. 一、二级工程的管理

按照 GA/T 75—1994《安全防范工程程序与要求》的规定，一、二级工程必须按初步设计、方案论证、正式设计、设计文件及工程费用预算审批、工程实施、试运行及培训、工程初验和工程检测，竣工验收等几个步骤进行。

（1）前期准备工作

① 工程立项。包括以下两方面的内容：

一级工程申请立项前，必须进行可行性研究，并由建设单位（用户）或设计单位编制可行性研究报告。可行性研究报告的主要内容有：

a. 任务来源；

b. 政府部门的有关规定和要求；

c. 被防护目标的风险等级与防护级别；

d. 工程项目的内容和目的要求；

e. 建设工期；

f. 工程费用概算；

g. 社会效益分析。

一、二级工程在立项前，必须有设计任务书。由建设单位自行编写，也可请设计单位代编。设计任务书的内容要求同三级工程设计任务书的内容要求。

② 可行性研究报告和设计任务书的审批：可行性研究报告和设计任务书经相应的主管部门批准后，工程正式立项。

③ 资格审查与工程招标、委托。承担安全防范工程设计、施工的单位应持有省、市级以上公安技术防范管理部门审批发放的工程设计、施工的资格证书，并经建设单位所在辖区公安技防管理部门的资格验证，方可承担工程设计和施工。

工程招标与委托工程招标。

a. 建设单位根据可行性研究报告和设计任务书的要求编制招标文件，发出招标广告或通知书；

b. 建设单位组织投标单位勘察工程现场，解答招标文件中的有关问题；

c. 投标单位密封报送标书；

d. 当众开标、议标、审查标书，确定中标单位，发出中标通知书；

e. 招标单位与中标单位签订合同。

工程委托：建设单位根据设计任务书的要求，向工程设计（施工）单位提出委托，工程设计（施工）单位根据委托书和设计任务书要求，提出项目建议书或工程实施方案，经建设单位审查批准后，委托生效即可签订合同。

一般来说，一级工程应以工程招标的形式具体确定设计（施工）单位，二、三级工程可采用招标或委托的形式具体确定设计（施工）单位。

合同如下：

a. 工程名称和内容；

b. 建设单位和设计（施工）单位各方责任、义务；

c. 工程进度要求；

d. 工程费用及付款方式；

e. 工程验收办法；

f. 人员培训及维修；

g. 风险及违约责任；

h. 其他有关事项。

合同附件如下：

a. 中标文件或委托书；

b. 设计任务书；

c. 双方认定的其他文件。

（注：原则上二级工程可以不搞可行性研究，但须有设计任务书。其他方面均同一级工程办理。）

（2）工程设计和方案论证

① 初步设计：一、二级工程必须进行初步设计，初步设计应在工程委托生效后进行。初步设计应具备以下内容。

a. 系统设计方案及系统功能；

b. 器材平面布防图及防护范围；

c. 系统框图及主要器材配套清单;

d. 中心控制室布局及使用操作;

e. 管线敷设方案;

f. 工程费用概算和建设工期;

② 方案论证:初步设计完成后,应组织方案论证(或方案审核)。

方案论证及审批程序如下:

a. 由建设单位或设计施工单位将初步设计的全部资料及其他有关材料上报辖区公安局技防部门初审,地、市公安局技防办签署意见后上报省公安厅技防办会同建设单位(用户)的上级主管部门组织论证。论证时,应有建设单位、设计施工单位、建设单位的上级主管部门、公安技防部门及一定数量的技术专家参加。

b. 应具备的材料:

- 由设计施工单位填写完毕的《安全技术防范工程设计施工申请书》;
- 设计施工单位从事安防工程的资质证书;
- 建设单位与施工单位的合同书或委托书;
- 初步设计的全套资料(包括设计任务书、风险等级评定批件或依据、现场勘察报告以及工程设计所要求包括的内容);
- 选用的主要设备器材技术性能指标复印件;
- 其他必要的资料。

c. 方案证的主要内容:

- 资料是否齐全;
- 每一份单项资料内容要件是否完备及准确;
- 初步设计方案是否能满足设计任务书提出的要求和国家有关的标准与规范;
- 设备器材选型及所使用的部位是否合理可行且满足要求;
- 对设计方案的评价。

③ 方案论证的依据及方案论证工作的进行。

方案论证的依据主要是两个方面,一是国家的有关规范与规定;二是建设单位的设计任务书。此外,对设备的选型能否符合系统功能的要求,工程现场的实际情况等,也是论证的要点之一。

方案论证工作的进行,是一项严肃的、认真的、技术性及政策性都很强的工作。对于较大型的安防工程(如二级以上的工程项目),应组成有一定数量专家在内的论证小组或论证委员会。较小型的安防工程(三级以下),在审核小组中也应有较高政策水平和技术水平的人员参加。这样,对于方案论证审核工作才有所保证。

方案论证进行的步骤和内容如下:

a. 确定参加论证工作的人员。一般来说,除了由公安技防管理部门和建设单位的上级主管部门共同组织的论证小组外,建设单位与设计、施工单位双方均应有主要人员(特别是建设方的基建保卫人员和设计施工方的具体负责该项工程的设计技术人员)参加。

b. 参加论证的人员到齐后,一般首先听取建设方对该项工程的防范内容、要求等进行介绍,对与该工程有关的建筑情况、周边情况以及其他必要情况进行介绍。之后,主要由设计、施工单位(即完成初步设计的单位)对其完成的设计方案进行全面、详细地介绍。介绍中，可以根据前述上报的各种技术文件为主要内容进行说明。重点介绍防范的区域、主要防范措施及手段、系统的构成与功能、设备选型的原则、依据等。

在这个过程中，论证小组成员对不清楚或不明确的问题可及时提问并做记录。同时，对介绍中的一些重点也要进行记录，必要时在设计单位提供的有关图纸上用铅笔做出临时标记。

c. 介绍完毕后，由建设单位及设计、施工单位共同带领论证组人员赴现场进行实地考察。在考察中，把各个防范部位与防范措施与设计单位提供的图样相对照检查，看是否符合要求。对不符合要求及不当之处当场指出，商议办法、措施，并做记录。

d. 现场考察后，人员集中进行讨论。针对整个方案提出意见。最后形成论证意见，并签字生效。

论证意见的具体内容主要应包括：

- 对初步设计可行与否的整体意见；
- 需修改的部分，这部分应明确指出必须修改的意见和建议修改的意见；
- 提出修改后再上报的具体日期；
- 其他必要的意见和内容。

在整个论证工作中，贯穿始终的指导思想与工作方法是：

a. 看方案是否符合国家有关规范的要求。

b. 看方案是否符合设计任务书的要求。对设计任务书本身存在不完善的地方，在论证中一并提出。

c. 看设备选型及系统构成是否符合与满足该安防工程的要求。有关设备选型的原则是：例如，什么场合应采用什么样的入侵探测器，什么样的摄像机（含镜头、云台等），什么样的控制设备对应什么样的控制方式等。有关这方面的问题请参看本书有关章节的介绍。

d. 写出论证结论意见。论证结论意见的内容与三级工程的论证意见写法相同。

设计、施工单位应根据论证意见，对初步设计修改后再行上报。上报时，有关的图纸、设计说明书、设备器材的选型及数量的变化等，均应修改完善。公安机关技防管理部门收到修改后的上报材料并审阅批准后，即可下达开工通知书。

④ 对于一、二级工程，在方案论证后，设计施工单位还应进行正式设计。

正式设计后的技术文件和预算等资料，除有特殊规定的设计文件需经公安主管部门批准外，均由建设单位主持审批。

在正式设计审批之后，设计、施工单位即转入工程实施阶段。工程完工之后，应进行试运行及培训工作。

有关正式设计、工程实施、试运行及培训三个方面的具体要求和内容请参阅 GA/T 75—1994《安全防范工程程序与要求》的有关内容。

（3）竣工和初验

① 竣工：工程项目按设计任务书及工程设计的规定内容全部建成，经试运行达到设计要求并为建设单位认可，视为竣工。少数非主要项目未按合同规定全部建成，但经建设单位与设计、施工单位协商，对遗留问题有明确的处理办法后，也可竣工，并由设计、施工单位写出竣工报告。

② 初验：由建设单位组织设计、施工单位根据设计任务书的要求及工程设计的有关资

料，进行初验，并写出初验报告。

（4）工程验收

① 一、二级工程在正式验收前，必须由检测部门进行整个工程系统的检验和检测，并出具检测报告。

② 应具备的材料如下：

a. 填写公安部门技防办下发的"竣工验收报告表"。在竣工验收报告表中，除要求认真填写表上的有关内容外，该表还要求具备以下资料：

- 系统使用操作说明；
- 使用操作人员培训情况报告；
- 工程维修保障措施；
- 工程费用决算报告；

上述四种资料，同竣工验收报告表一同上报。

b. 正式设计图纸及竣工图。

c. 其他要求的有关资料（例如初验报告、检测报告等）

③ 验收的程序

对于一、二级工程来说，一般由省公安厅技防办会同建设单位和一定数量的专家组织验收。各地、市公安局技防办对于拟上报省公安厅技防办组织验收的有关资料要进行初审。初审的内容主要是：

a. 各种资料是否齐全；

b. 各单项资料的内容要件是否准确、完备；

c. 是否进行了初验，初验报告是否明确；

d. 其他必要的审核。

e. 填写初审意见，上报省公安厅技防办组织验收。

④ 对于一、二级工程，省公安厅技防办组织工程验收前，由安防工程检测中心（或检测站）对该项工程事先进行检测。并以给出的检测报告，作为验收的重要依据。

7.2　建筑安全防范系统的工程设计

安全防范系统的设计，是完成一个安全防范系统工程项目的第一步，也是非常关键的一步。众所周知，任何一个工程项目，设计的正确与否、合理与否，都将直接关系着后面的整个工程的实施。另外，设计要有依据，要有一定的步骤，才能既符合用户要求，又能符合工程规范。工程设计又分为初步设计和正式设计。初步设计有时也称为方案设计，是一项安防工程实施过程中的关键步骤。对于一、二级工程来说，必须先进行初步设计（方案设计），并经主管部门和有关专家论证后，才能进行正式设计。

7.2.1　设计程序与步骤

设计的最根本依据应该是用户的设计任务书以及国家的有关规范与标准。设计任务书是指用户根据自己的需要，将系统应具有的总体功能、技术性能、技术指标、所用入侵探测器的数量、型号，摄像机数量、型号、摄像机镜头的要求、云台的要求、工作环境情况、传输距离、控制要求等各方面的要求以文字形式写出，并作为给设计方的基本依据。但有时由于用户本身的各种原因，可能难于以文字形式给出符合规定的或能说明全部情况的设计任务书，这时往往需设计方与用户共同完成设计任务书。有时也会出现用户口头向设计方讲述自己对系统的大致要求，同意设计方提出设计方案，再加以修改，然后直接形成设计方案。但这种做法严格说来，是不规范的。因此，设计程序与步骤应按下述顺序进行：

① 用户给出设计任务书。

② 设计方根据设计任务书和有关的规范与标准提出方案设计。方案设计一般来说，是个粗线条的设计，所以也称为初步设计。

方案设计（初步设计）应包含的主要内容有：

a. 平面布防图（前端设备的布局图）。

b. 系统构成框图（图中应标明各种设备的配置数量、分布情况、传输方式等）。

c. 系统功能说明（包括整个系统的功能，所用设备的功能、监视覆盖面等）。

d. 设备、器材配置明细表（包括设备的型号，主要技术性能指标、数量、基本价格或估价、工程总造价等）。

③ 将方案设计（初步设计）提交给用户，征求用户意见，进行修改等。待双方协调并同意后，由用户签字盖章并返还设计方（用户可留有备份复印件或备份正式文本）。双方签订合同书。

④ 将方案设计（初步设计）等有关资料，按要求上报公安机关技防管理部门进行资料的初步审查，并在此基础上由建设单位（用户）的上级主管部门会同公安机关技防管理部门对方案设计（初步设计）进行论证。

⑤ 设计方根据用户已同意的、并经论证通过了的方案设计（初步设计）书进行正式设计。正式设计书应包含方案设计（初步设计）中的 a～d 四部分内容，只不过应更加确切和完善。此外，还应包含下面几个重要设计文件：

a. 施工图。施工图是能指导具体施工的图样。它应包括设备的安装位置、线路的走向、线间距离、所使用导线的型号规格、护套管的型号规格、安装要求等。

b. 测试、调试说明。应包括系统的分调、联调等说明及要求。

c. 其他必要的文件（如设备使用说明书、产品合格证书等）。

以上是设计程序和步骤的一般形式。在具体做法上，有些步骤可以简化，但总体上不应相差太远。

7.2.2 设计的基本技术依据

技术依据，当然是与系统设计有关的具体技术要求。这不同于设计任务书的情况。设计任务书总体上说是对系统功能的要求和描述，而技术依据是在设计中根据系统功能要求的基础上，对一些具体技术问题加以了解，考察甚至实际测试，得出技术结论后，据此再落实到设计中去。这方面的一些问题与设计任务书的要求有关，但又不是在设计任务书中能全部包括和解决的。所以，技术依据有它单独的一些特点和具体问题。一般说来，设计的技术依据来自以下几个方面：

① 国家有关的标准与规范；

② 设计任务书；

③ 工程现场勘察；

④ 设备说明书中所用设备的技术指标；

⑤ 视场角计算；

⑥ 根据系统整体情况选择传输方式；

⑦ 其他必要的技术依据。

以上这些，工程现场勘察是非常重要的一个环节。任何一种不通过现场勘察就进行设计的情况，可以说是没有的。现场勘察对设备的配置、安装位置、传输距离、工作环境、传输方式等诸多方面都是决定性因素。所以对这个问题必须非常重视。在现场勘察时，应做出记录，画出草图等，以备设计时作为依据。

7.2.3　系统中心的设计

系统中心的设计，首先要依据系统前端的入侵探测器、摄像机等设备的数量和布局以及整个系统的情况和要求进行。这里大致分以下几种情况：

① 由入侵探测器的配置确定报警主机的型号与功能。

② 由摄像机配置的数量决定视频切换主机输入的路数。

③ 由摄像机配置的数量决定监视器的数量，比如采用 4:1 方式时，假设有 16 台摄像机，则应配 4 台监视器，并由监视器的数量决定视频切换主机输出的最少路数。这里还应说明的是，如控制台上有录像机等设备，还应考虑是否用专用的监视器对应录像机或有关设备。

④ 由摄像机所用镜头的性质决定控制台应该是否有对应的控制功能（如变焦、聚焦、光圈的控制等）。

⑤ 由是否使用云台决定总控制台应该是否有对应的控制功能（如云台水平、垂直运动的控制）。

⑥ 由是否用解码器决定控制台输出控制命令的方式（用解码器时，控制台输出的编码信号用总线方式传送给解码器；不用解码器时，控制台输出直接控制信号。一般来说，摄像机距离控制台较远，且摄像机相对较多，又都是有变焦镜头和云台的情况下，用解码器方式。反之，可以用直接控制方式）。

⑦ 由传输方式决定控制台上是否应加装附加设备。如射频传输方式，应加装射频解调器；光纤传输时应加装光解调器，等等。

⑧ 由传输距离决定是否采用远端视频切换方式，并由此决定控制台的切换控制方式以及对远端切换的控制方式。在远距离传输时，还可能采用视频传输、光纤传输、微波传输等其他传输方式。

⑨ 根据用户单位的风险等级、用户要求、摄像机数量等因素，综合考虑决定是否用录像机、长延时录像机、多画面分割器等。

⑩ 根据上述情况决定电源容量的配置、不间断电源以及净化稳压电源的配置等。

⑪ 根据风险等级、用户要求决定采用单独的电视监控系统，还是电视监控系统与防盗报警系统相结合。

总之，系统中心的设计应在实用、可行、节约的情况下尽量满足用户要求和保证系统的功能和可靠性。

7.2.4　传输系统的设计

由于防盗报警系统信号的传输问题，在本书前部分的有关章节已有讨论，因此在这里重点介绍电视监控系统信号传输的设计问题。

传输系统的设计，重要依据有两条：

① 传输距离；

② 摄像机的数量、种类及分布情况。

传输距离远、摄像机多的情况，宜选用光纤传输、射频传输、视频平衡传输、远端视频切换方式等。黑白摄像机用视频平衡传输方式为最佳。传输距离近，选用视频传输方式。

有关上述的一些传输方式及选取的原则在本书前面的有关章节中，均做了较为详细的介绍，读者可参考选择。下面要说的是有关传输系统设计中的几个具体问题。

1. 传输图像信号所用电缆的选择

传输图像信号用的电缆线，也即特性阻抗为 75Ω 的同轴电缆。我国的此类电缆型号主要有 SYV-75-5、SYV-75-7、SYV-75-9、SYV-75-12 等。型号中的尾数越大，电缆越粗，损耗越小，但价格越高。所以，根据传输距离和所选用的传输方式，合理地选择电缆是很必要的。究竟选择什么样的电缆线，最好根据传输距离和传输方式以及电缆线型号（主要是确定单位长度的衰减量）通过计算后确定。另外，还要考虑电缆线在户外架设时的环境情况，气候情况，决定电缆线的强度，耐高低温的性能。有时还要考虑外加护套管、加铠甲等。有些质量低劣的电缆，从外表上可能看不出什么问题，但其特性阻抗及其他有关技术指标，可能都达不到规定指标的要求。这种情况要特别注意，否则会出现许多意想不到的麻烦。需要时，可对所选择的电缆线进行必要的测试。

2. 合理地选择传输用的部件和部件插入的位置

这主要是指在射频传输的情况下，应综合考虑摄像机所处位置，与主传输线的距离等因素，考虑使用什么样的传输部件更为合适。譬如，当摄像机在某一处相对集中时，可以考虑用混合器将各路摄像机的射频调制信号（摄像机输出的视频信号经调制器调制后的信号）混合后一起送入主传输线。当摄像机分散在主传输线的沿途时，则采用定向耦合器将各路射频信号送入主传输线。又如，干线放大器应该是在传输电平开始低于 $80dB\mu V$ 时的那一点插入。如在高于 $80dB\mu V$ 时插入，则会产生自激振荡或插入信号限幅等情况；在太低于 $80dB\mu V$ 时插入，会出现雪花状噪声等。还有，在可能的情况下，放大器插入的级数越少越好。

3. 控制线与电源线的有关问题

控制线与电源线除要考虑其强度，工作环境等要求外，重要的是应考虑其传输损耗。这两种线的传输损耗，可以用线路的直流电阻去评估，或模拟实验出单位长度的电压降。特别是控制线，一般是用来传送数码信号或开关信号，而数码信号一般为 TTL 或负逻辑电平，而开关信号或为 TTL 电平，或一般也不会高于 12V（DC）。如果传输距离很远，到达终端时已达不到 TTL 电平的标准或低于需要的开关信号的电平要求，也应考虑中间加装放大器的问题。这种放大器是专用的数字信号放大器或电平变换器。这类放大器某些厂家也有定型产品，有些生产厂家称为中继器或中继盒。

4. 管线设计的问题

在进行传输系统的设计时，特别是在绘制施工图样时，往往对于管线的设计与绘制不太重视。其实，在施工中或系统调试中往往在传输线路上出现问题。虽然这不一定都是由于在设计时不重视而引起的，但如果在设计和绘制工程图纸时是认真负责，并按规定进行的，那么就会真正起到指导施工的作用。

我国目前电气线路的设计一般是按照建筑工程中电气工程的有关规范和标准进行的。虽然关于安全技术防范工程没有做出专门的标准，但沿用建筑电气工程的规范和公安部下发的有关标准进行设计和绘制施工图是完全可行的。在建筑电气工程的规范中，有弱电方面的规范和标准，参照它们进行设计和绘制工程图即可。待今后有关部门下发了专门用于安全技术防范工程有关管线方面的规范和标准后，再按其执行。就此问题，这里还要说明如下几个问题：

① 目前在进行安全技术防范工程的管线设计和工程图样的绘制时，大多数情况下都是直接绘制在用户提供的建筑物的平面图样上。在这种情况下，应在图样上标明管线的种类、型号、走向等。如果原图样上已有其他电气线路图，则一定要用符号或说明标出安防工程方面的管线。在可能的情况下，最好根据用户提供的平面图自行单独绘制工程图。在建筑物之外进行施工的施工图，则一定要专门绘制。

② 220V 的交流供电线路在设计时就应标明需单独布线，而不能与视频信号线及控制线布在一起。

③ 线路的护套管，应根据规范要求及用户意见，符合防火、防破坏以及屏蔽效果等方面的要求。

④ 管线的路由部分，应专门标明，并采取防破坏及符合环境要求的措施。

7.2.5　大型安全技术防范系统的设计

一个规模很大的安全技术防范系统，在进行初步设计（方案设计）和正式工程设计时，比起一个小规模的安全技术防范系统来说，无论在要求上和复杂程度上，都要高很多、难很多。这有以下几个原因：

① 大型安全技术防范系统一般多用于风险等级高的单位。而风险等级高的单位必然要求高、防范的区域大、防范的技术手段先进。一般为防盗报警与电视监控等多种防范措施相复合使用的系统。

② 对于风险等级高的单位，在整体重点防范的要求上，还必然有重中之重。例如，对一个较大银行的安全技术防范来说，营业场所、金库、进出金库的通道以及运钞车的进出场所、计算机室等就是防范的重中之重。

③ 风险等级高的防范单位，要求不能有防范的漏洞，并且不允许产生漏报以及在发生警情时必须能立即通过防范系统掌握警情、案发现场的具体情况以及采取相应措施。也就是说，必须快速准确地做出反应。

④ 风险等级高的防范单位，在防范手段和措施上，对于重中之重一般采取双保险的防范措施，并且要求增加一些一般防范单位不一定要采取的防范手段。譬如门禁系统、电控门锁等。同时，要求一旦出现警情后，安全技术防范系统的本身应有一定的应急处理能力。

⑤ 通信措施、供电保障等均要求严格。譬如监控中心与本单位的保卫部门以及与附近的公安部门的直通电话，有线通信与无线通信相结合，以及不间断供电等。

鉴于以上原因，一个风险等级高、规模大的安全技术防范系统，必然是一个要求高、技术手段先进、既全面又有重中之重的防范系统。所以这样的系统在设计时，既复杂又有较高的难度。但是，如果掌握了大型系统的设计原则和设计方法，还是能设计出一个既符合要求、又能把经费控制在较低水平的系统的。

下面，较为详细地论述一下大型安全技术防范系统的设计原则和设计方法。

一个系统的设计，总是要先进行方案设计（初步设计），待方案设计通过后，才能进行工程设计。方案设计好了，工程设计也就不难了。

一个系统方案设计的最基本的依据有两条，一条是国家及国家有关部门对该类型建设单位在安全技术防范上的要求和规定；另一条是建设单位给出的设计任务书。这里值得指出的是，建设单位给出的设计任务书，按理说应该是建设单位按国家的规定和要求，结合本单位的实际情况，对该安全技术防范系统要求的具体化。但是，许多建设单位本身或由于对国家有关要求和规定理解和掌握的不够，或由于技术上等其他原因，最终拿不出一份合格的设计说明书，甚至根本不做设计任务书。这为系统的方案设计带来了很大的困难和障碍。目前，许多安防工程的设计任务书往往是建设单位请设计、施工单位代做。严格地说，这是不符合规定的。但鉴于目前的实际情况，设计、施工单位帮助建设单位提出设计任务书也是常见的办法。这里需要指出的两点是：第一，由设计施工单位帮助建设单位提出设计任务书时，一定要根据国家的有关要求和规定，认真负责地去完成；第二，不允许用方案设计（初步设计）来代替设计任务书，或根本不做设计任务书。在完成了根据国家规定和要求以及根据建设单位的实际情况制定出设计任务书之后，设计、施工单位就可以实施方案设计了。

在大型的安防系统中，根据设计任务书及建设单位提供的建筑图纸，方案设计的步骤如下：

① 是划出防区的区域。即一号区、二号区、三号区等。

② 根据防区的划定，画出整个系统的布防图。

③ 根据布防图确定具体防范手段和采用的防范措施（报警探头、摄像机、门禁、电控锁以及其他防范方式）。在进行上述的第二、三步时，应对设置的探头、摄像机等计算并给出防范的覆盖面（区域）等。

④ 认真检查、核对、计算布防图及防范手段的形成有否漏洞或死角（盲区）。

⑤ 根据前几步设计，绘制出由前端（探头、摄像机）至控制中心的信号传输系统以及其他所有设备、部件的系统构成框图。

系统构成框图必须标明或能看出设备与设备之间的关系；各种信号的流向、设备对应的位置、设备的种类和基本数量等。总之，应从系统构成框图上一目了然整个系统构成的全貌。

⑥ 根据系统构成框图做出设备、器材明细表及其概算。在设备、器材明细表上，应注明设备的型号、规格、主要性能和技术指标以及生产厂家。

⑦ 做出工程总造价表（系概算，但应包含设备、器材概算、工程费用概算、税金以及其他取费）。

⑧ 根据上述各个步骤，写出设计说明书。

设计说明书应对整个系统的构成、性能与功能，整体技术指标、采用的技术手段、实施的方案、各个分系统之间以及各分系统与整个系统之间的关系，并对其他必要的事项做出较详细地说明和论述。至此，方案设计（初步设计）就基本上完成了。

在进行上述的方案设计中，应注意前后之间的联系和统一，也即应使布防图、系统图、设备器材清单、设计说明书和工程总造价等是一个完整的、没有矛盾的、能充分表达设计思想和设计方案的统一体。

在设计中，对于设备、器材的数量和选型，既要保证质量和性能指标上满足要求，又应尽量选型合理、降低造价。譬如，对电视监控系统来说，用黑白摄像机能满足要求的，就不要用彩色的；国产设备能满足要求的，就不必用进口的。这不仅仅是从降低造价的角度出发，而且还因为在某些场合下，前者可能比后者更加合理、可靠如黑白摄像机所需照度低，清晰度高；国产设备有利于售后服务等）。

方案设计完成后，经过建设方、设计方以及有关主管部门、管理部门和必要的专家论证、修改并最终认可确定为正式的工程文件。

下面再来讨论有关正式工程设计的问题。

正式工程设计是指能具体指导施工的图纸及相应的文件。通常，正式工程设计的主要任务是绘制指导施工用的图纸。正式工程设计的主要依据有以下几个方面：

① 方案设计中的布防图、系统构成图、设备器材清单以及设计说明书。

② 施工现场的勘察和勘察过程中绘制的草图以及最后形成的现场勘察报告。

③ 施工现场的有关建筑图样。

④ 布线中对管线的有关要求、标准以及具体的型号和规格。

⑤ 国家制定的有关标准和规范。

⑥ 对方案设计的论证意见（包括对方案设计提出的修改意见）。

对工程图样的要求是：

① 具体详尽地绘制出布线图。要求注明管、线的型号、规格，布线的具体位置、高度，线的种类及数量；对于必须分开布放的线类，应加以标明。还应标明在出现交叉及平行布放线路时应采取的措施和间距；以及线的入口、出口及连接点等处的标明和应采取的措施、工艺以及对路由的要求等。

② 对设备安装要求的说明。包括安装的位置、高度、安装方式、安装线的预留长度；以及在一起复合的设备安装时（如摄像机、镜头、防护罩、云台等复合安装在一起时），安装的顺序等。

③ 对某些设备应采取的安全措施（譬如外加防雨、防晒棚或防拆措施等）。

④ 必须给出图例以及有关的必要说明。

在工程图样的绘制中，一定要与方案设计中的有关内容严格对应（如数量、种类、位置等），并且每一份图样都应有与建筑图样相一致的轴线。

在工程设计（主要内容是工程图样的绘制）完成并会签后，就是正式确定的工程文件。接下来，应组织施工人员进行现场走访对照，技术交底，解答施工人员对图纸中的尚未清楚的问题。

至此，工程设计的整个过程完成。在进行大型工程项目的设计中，最关键的是方案设计，而方案设计完成的好坏与否，除与以上所讨论的各种事项有关之外，更重要的是设计人员应有深厚的和熟练的技术素质，对有关规定和规范，以及对有关设备和器材的性能、技术指标等广泛、深入地了解和掌握。

7.2.6　安防工程的初步设计

安防工程的初步设计是安防工程立项后，进入实质性设计工作时的重要步骤。如果不进行初步设计并经过方案论证，很难做出一个好的工程设计，当然也就更谈不上工程施工等事宜。只有经过初步设计形成的设计方案才能进入方案论证与审核阶段。尽管如此，许多工程设计单位还没有十分明确这个问题的重要性。因此，在本章前几节的基础上，将安防工程的初步设计（方案设计）专门作为一部分内容加以详细阐述，供读者参考和运用。

1. 初步设计的必要性

现就一个二级安防工程举例，一般情况下其工程总造价大约在 50 万元左右；系统的构成一般是由防盗报警与电视监控两个主要部分组成。对于这样一个中等类型的安防工程，虽然其工程总造价与系统的大体构成如上所述，但其工程对象（或者说使用单位）的情况可能是大不相同的。譬如说，这种类型的工程可能用在银行系统，也可能用在商场，还可能用在文博系统或宾馆等部门。使用单位的不同，当然对安防工程的要求也不同。而且可能是很大的不同。拿银行与文博系统来说，国家有专门的标准与规范（无论在风险等级的划分上，还是在工程设计要求上均如此）。这些标准与规范都有极为明确的规定与要求，进行这类部门的安防工程设计必须按国家的有关规范与标准进行。而对于商场和宾馆来说，目前国家还没有正式的规范与标准，用户自己的要求也千差万别。在这种情况下，既不能照搬银行与文博系统的规范与标准，又不能不顾国家规范与标准中能参考的标准去考虑设计。所以，在这种情况下，应该根据用户单位的实际情况与使用要求，再参考国家的有关标准与规范，经过充分论证，完成工程设计工作。

上述的说法很明确，那就是在工程设计时，国家有标准与规范的，要严格遵照执行。没有明确标准与规范的，结合用户实际情况参照国家有关标准与规范执行。

根据上述的指导思想，就不难进行安防工程的初步设计。初步设计完成后，根据论证审核提出的修改意见进行修改，最后形成正式的工程设计。

2. 初步设计的必要条件

一个安防工程进行初步设计时，必须根据 GB 50348—2004《安全防范工程技术规范》的有关要求与步骤以及相应的必要条件与有关技术依据进行。大体上说，应该有如下一些应具备的条件和作为依据的内容。

① 国家有关的规范与标准。譬如关于银行系统的 GA 38—2004《银行营业场所风险等级和防护级别的规定》及 GB/T 16676—2010《银行安全防范报警监控联网系统技术要求》。又譬如关于文博系统的 GB/T 16571—1996《文物系统博物馆安全防范工程设计规范》。其他还有许多有关的规范与规定，它们大多都有专指的对象与类别，这些是进行初步设计和方案审核，甚至工程验收时最根本的依据。

② 建设单位（用户）提出的设计任务书。设计任务书是建设单位对自己拟建设的安防工程提出的总的原则与具体的要求。在一个质量较高的设计任务书中，应该对建设单位的风险等级、防护级别、总体和具体的设计要求都有比较明确的说明。甚至还应包括工程总造价的控制范围、工期的要求，以及设备选型要求等有关说明。但是，由于建设单位往往对国家有关规范与规定可能不甚了解，对设备与技术问题也了解不多，所以单凭自身的能力很可能提不出一个较好的设计任务书来。在这种情况下，设计单位更要认真负责地帮助完善设计任务书，或根据设计任务书的基本内容和要求，在初步设计中加以完善与提高。特别是应该严格遵照国家的有关规范、规定和标准去修改、完善与提高。我们的意见是，如果有条件的话，建设单位应该找有资格编写设计任务书的单位或专家根据国家规范与规定参加编写设计任务书。对于那些准备进行正式招标去完成安防工程的建设单位，特别是大型安防工程的招标，则应该建立专门的技术班子或委托有资格的单位去完成工程招标书（有关设计任务书的具体要求见本章有关部分）。

③ 建设单位有关的图样和资料。譬如建筑平面图、房屋与设计布局图，防范区域的划分要求，整个单位楼宇内外布局与地势说明等。这些图样与资料，是在进行初步设计（方案设计）中必不可少的。没有这些图样和资料，就无法进行设计与论证。同时，设计单位还要在有关的图纸上标注布防的内容及防范的区域与范围、摄像机的视场角或监视的范围（即所谓的布防图）等。在以后进行的方案论证与审核中，布防图是要求具备的技术文件之一。

④ 工程现场勘察记录（报告）。如果不对工程现场进行勘察并做必需的记录（包括画出蓝图或在已有的建筑平面图等图样上进行标注），是绝对搞不好方案设计（初步设计）的。原因之一是，很多给出的建筑图样不一定与工程现场完全一致。因为在工程建筑中可能进行过个别调整而图纸上还没反映出来，或图样对实际建筑情况反映的不详细，不明确。原因之二是，不进行现场勘察，就没有感性认识，也不能获得现场实际情况的第一手材料，这对初步设计当然不利。还有一个原因是，只有进行了现场勘察，所完成的初步设计才能比较切合实际情况，并为今后施工准备了进驻现场的已知条件。这些条件包括；线路的走向与敷设方案或方法；防范区域与安防系统周边的各种情况（包括强电弱电情况、电磁辐射情况、雷电发生情况等）；这些情况往往在已给出的建筑图样上是反映不出来的，而这些又恰恰是在进行初步设计及形成正式工程设计时所必需的。有时，为完成一个好的工程设计，甚至要多次去现场勘察、考核和核对。

⑤ 拥有较丰富和较齐全的设备与部件的技术资料、报价等有关当前市场上国内外各种安防产品的素材。在这个方面，也是非常重要的。你只能在拥有大量上述资料的情况下，才能做好设备选型、进行系统构成并做出工程预算。关于这个问题，有些设计、施工单位并不注意，平时资料收集不多，特别是对最新产品和最新技术不甚了解，对市场行情也不清楚。如此很难完成一个较高水平的初步设计。初步设计不仅包括技术，还包括设备选型及工程造价问题。

⑥ 拥有一支较高水平的专业化技术队伍及一定的设计、施工经验也是不可或缺的。在前述的五个必要条件基础上，工程设计与施工单位的技术人员素质当然是完成任务的重要条件。可以毫不夸张地说，有了一支好的技术队伍，才能充分利用前述的一些必要条件；或者说有了这支好的技术队伍，前述的条件也更便于形成。这支技术队伍不仅懂技术，懂法规，还应有一定实践经验。

3. 如何进行初步设计

初步设计进行的顺序一般是：

① 根据国家有关的规范与规定以及建设单位的设计任务书确定总体设计思想。这就是，风险等级的确定、防护级别的确定、防护区域的确定（如银行系统的一号区、二号区、三号区）、防范措施或防范手段的确定（不同防范区域采用不同的防范措施。如金库内要有两种以上的探测器；有的部位要在有入侵探测器的情况下再进行图像与声音复核等）、系统构成的确定（如防盗报警与电视监控相结合的防范系统）等。

② 在总体设计思想明确和确定后，完成布防图的绘制。

③ 根据布防图，清点出各种设备的数量、种类、技术指标、所在位置、对应关系列表并进行统计。

④ 根据上述各点确定中心控制设备的选型与相配套设备的选型、确定数量、种类、技术要求等。

⑤ 根据上述各点选择传输方式并完成整个系统构成的原理框图。在构成原理框图时，一定要标明设备的种类、位置、信号的流向、各设备之间的相互关系。在框图中应该用中文标明设备的名称，而不能只写某种设备的型号。最好采用图例说明。通过系统构成框图，能让从事安防工程工作的管理人员、技术人员一目了然。现在经常看到有些单位的系统构成框图很不标准、很不规范。譬如有的在主机的方框中只写一个型号、有的根本看不出设备之间的相互关系，不少框图中根本没有信号的流向等。这类系统框图根本无法说明问题，更起不到指导工程实施的作用。这类极不规范，起不到应有作用的工程图样必须推倒重来，否则不能进行方案论证和审核。

⑥ 根据上述各点，写出初步设计说明书。在设计说明书中，一般应分如下几方面书写。

a. 工程名称；

b. 任务来源；

c. 设计依据（主要是本节第 2 点初步设计的必要条件中的前 4 点必要条件）；

d. 总体设计思想（根据规范及用户要求阐述总体设计思想）；

e. 系统的构成与功能说明，其中也可包括设备选型的原则及依据等。简明扼要地叙述，使其既能反映系统构成的情况，又能使人一目了然。并对主要功能及系统中各部分之间的关系非常明确；

f. 对入侵探测器、摄像机等前端设备列表标明所在位置、种类、型号、对应关系等；

g. 设备器材清单（应含所采用设备的名称、型号、主要性能指标、数量、价格、产地生产厂家等），以及汇总后的总价格；

h. 工程取费及其他有关工程费用，并形成工程总造价；

i. 施工组织实施方案、计划、工期、售后服务与维修保障措施等；

j. 附有主要设备的型号、技术指标等说明书的复印件。

上述十个方面的内容，较能全面系统地反映出初步设计的整体情况。当然，具体完成时，不一定完全拘泥于上述形式，但总的来说，上述十个方面的内容应该在初步设计说明书中反映出来。

7.2.7　安全防范系统工程设计的招标技术条件的编制及示例

我国自 2000 年 1 月 1 日起推行招标投标法，它是在社会主义市场经济条件下，采用招标方式以实现建设承包的一种经营管理制度。招标是工程建设项目某一阶段业主对自愿参加一些特定目标的承包者的审查、评比过程，是对特定目标实施者进行最终选择和采购设备的过程。而安全防范系统工程设计的招标技术条件的编制则是安全防范系统工程设计的重要的组成部分，以下将以安全防范系统中闭路电视监控系统和安防报警管理系统的招标技术条件的编制示例来讲述安全防范系统工程设计的招标技术条件的编制（注：建议读者学习以下内容时参阅招标投标法的有关资料）。

1. 闭路电视监视系统技术条件示例

总则：本技术条件是招标文件的一个主要组成部分，其内容包括建筑物内 CCTV 系统功能和控制的要求，系统中所用设备的详细规格以及供货方的责任。

（1）引言

① 投标前，投标人应仔细研究招标文件，如发现文件中或任何文件之间有疑问或矛盾，应立即向招标公司询问，任何有关技术要求将由招标公司向业主询问并答复。

②投标书必须对本技术规格书中所提出的各项要求和规定逐条进行应答，明确说明能否满足，有差异处，应给出偏离或提出建议，未做应答的条款，将被视为不满足该项招标要求。

③本规格书仅指本闭路电视监控系统的主要要求，不应作为完整的详细要求。投标方应向买方提供最先进实用的闭路电视监控系统，保证系统及其设备的性能符合或优于本规格书的要求。

④凡本标书未提及的，但为实际该系统功能确定需要的设备、器件及价格、数量等，投标商也应在总报价中体现。

⑤投标时提供的产品资料。所提供的图样，包括结构图、线路图、印刷板线路图，必须清楚完整。资料、文件、图样中所涉及的计量单位，除买方另有说明外，一律采用公制单位。为达到培训目的，买方有权不受限制地复制这些资料而不另付费用。

⑥供货方应对按本技术规格书要求提供的系统控制方案和设计制造承担专利费和执照费，并负责保护买方不受任何损害，一切由文字和专利侵权引起的法律纠纷，一律与买方无关。

（2）系统工作内容说明

①本标书工作范围包括闭路电视系统的设计、供应、运输、安装、测试、试运行和投入使用。

②根据买方提供的资料、图样、参数和控制系统要求。投标商应向买方供应最新型号的电视监控成套设备，负责系统的设计、设备制造、供货、工具、文件，并提供保证系统正常工作的操作软件。

③系统工作内容需要包括但不限于以下项目。

a. 建筑物内各种形式的视频切换矩阵；

b. 所有摄像机、防护罩、遥控设备和安装支架；

c. 监控中心的所有监视器和控制器；

d. 所有视频接线板、视频分配器和配件；

e. 管理系统软件；

f. 所有录像机；

g. 前端设备电源接线，包括为摄像机提供的最近距离带保护开关配电的配电盒的安装；

h. 将摄像机视频盒控制电缆连接到电缆监控中心机房；

i. 视频及控制电缆穿线管出口的摄像机出线盒与摄像机吊装件的连接；

j. 提供全部图纸、系统资料、操作员资料、操作和维修资料；

k. 系统操作盒维修培训。

除以上项目外，还应包括：投标价需包括电池后备电源、电线管、吊架、支撑及其他所需的零件。

④投标厂商负责提供设备清单中所列的各种设备与附件。

⑤对所购设备的数量，买方保留变动 15% 的权利，投标厂商不得因此提高单价或拖延交货期限。

⑥投标商负责系统的安全、调试、人员培训和售后服务等技术服务并负责提供系统设备的备件。

（3）现场一般条件

① 工作环境温度：室内 0 ~ 40℃，室外 – 20 ~ 40℃。

② 工作现场电源：单相交流电压 220V ± 10%，50Hz ± 1Hz。

③ 环境相对湿度：达 95%。

（4）满足条件

投标厂商提供的控制方案和设备除应满足本规格书其余部分的要求外，应还该满足以下要求。

① 系统采用的技术和提供的产品设备，应用成熟的技术和产品。

② 投标厂商在系统中提供的主要设备和器件，原则上都应是投标厂商本公司生产厂家或所代理的生产厂家的产品，如若采用其他公司的产品，必须明确列出采购清单，标明厂家和型号。

（5）质量保证

① 一切设备、材料和工艺应符合相应的国家标准及规范、国际标注及布线规则。

② 一切设备、材料和配件应适用于规定的操作条件。

③ 同类型的一切设备和材料应为同一厂家的产品，所有相同的设备项目必须能替换使用。

④ 除上述外，承包商必须提供一切必要的设备，以保证总装配能在各种不同的气候条件下令人满意地进行。

⑤ 所有组件必须免除在正常操作情况下可能发生地由机械振动导致的错误操作或故障。

（6）安全、调试、验收

① 投标厂商应负责系统的安全和调试，直至系统正常运行。

② 安装、调试所需的仪器、仪表、工具和材料，均由卖方自负。

③ 满足下列条件才被认为验收合格，由买方出具验收合格证书。

a. 卖方已提供了合同的全部货物，且货物的技术性能完全符合技术规格书的规定。

b. 性能测试、安装调试以及试运行中出现的问题已解决至买方满意。

c. 试运行性能满足要求，且连续正常运行超过 30d。

（7）保修及售后服务

① 从买方出具正式验收合格证书之日算起的一年内为系统设备的保修期，在此期间卖方应该对系统设备运行中出现的任何质量问题负责免费处理。

② 卖方应在当地设有常驻的经买方认可的服务维修机构，在接到买方通知的 2h 之内，卖方的维修人员应该到达现场处理问题。在投标书中投标商必须附带其委托书，否则将视为无效。

③ 保修期之后，卖方仍然应该提供及时的故障维修服务。

（8）附件和设备

① 投标厂商应列出系统和设备的附件、部件或辅助设备以及专用工具的清单，提供名称、用途和制造厂、数量、单价、总价。

② 投标厂商应准备一份设备在保证期后的第一年和第二年系统所需的备件清单，应明确列出名称、数量、单价和总价。

（9）技术资料及图样

供货方应该免费提供以下各项技术资料：

① 所提供的闭路电视监控系统的功能及系统说明。

② 一般工程图：

a. 系统原理图；

b. 设备支架安装图；

c. 监控系统中心布置图；

d. CCTV 控制台及其他控制器尺寸；

e. 室内摄像机安装详图；

f. 室外摄像机安装详图；

g. 竣工图。

③ 各设备的详细使用说明书（包括接口条件、技术指标）及图样。

④ 控制计算机的配置、接口要求、系统操作软件的详细说明。

⑤ 系统的管理及维修说明书。

⑥ 其他供用户使用的必备资料。

以上资料所用文字为中文。

（10）铭牌及各种标志

① 系统各设备的铭牌应有设备名称、生产厂名、商标、型号、主要技术规格；与电网直接连接的设备应标有电源性质、工作电压范围、频率及功率等。

② 所有设备（包括辅助设备）所用的铭牌、所用指示、警告指示必须有中文表示，不带中文铭牌和指示的产品将被视为不合格产品。

③ 允许铭牌做成中文与英文并列对照的形式，允许在设备原有的铭牌旁边另做一个中文铭牌，该中文铭牌的尺寸、材料及质量应该与原有铭牌完全相同。

（11）标准和规范及资料

系统中各设备性能应符合相应的国家标准的要求，若对设备的技术指标有疑问，应按下列标注检测（同时还要执行国家安保部门所制定的现行规范）。

GB 12663—2001《防盗报警控制器通用技术条件》

GB 50198—2011《民用闭路监视电视系统工程技术规范》

GA/T 74—2000《安全防范系统通用图形符号》

GA/T 75—1994《安全防范工程程序与要求》

GB 50115—2009《工业电视系统工程设计规范》

JGJ 16—2008《民用建筑电气设计规范》

GB 50348—2004《安全防范工程技术规范》

CCTV 系统的安全防护设计，应符合现行 GB/T 6510—1996《电视和声音信号的电缆分配系统》中"安全要求"的有关条款规定。

（12）系统概述

① 闭路电视监视系统采用摄像机，对下列目标及部位进行监视（以一个较大型综合楼为例）：建筑物出入口、楼梯口及通向室外的主要出入口的通道；电梯前室、电梯轿厢内及上下自动扶梯处；广播通信机房、计算机机房；商业大厅、办公大厅；收款台、主要商品库

房及有大量现金、有价证券存放的财会室；停车场、汽车库等需要监视的场所。

② 闭路电视监视系统的控制方式为：数据编码微机控制方式。采用双 CPU 微机控制和切换设备，多画面分割技术，实行分组监视记录，并设有与消防、建筑自动化、门禁、防盗报警等系统的联动接口。

③ 信号传输方式：对图像质量要求较高，可采用视频、控制信号分路传输方式，视频信号采用同轴电缆，摄像机控制信号采用屏蔽双绞线（或采用另一种方式：通过一条单一同轴电缆实现视频信号，控制信号一线多传，将系统中所有图像信号控制指令同步多路传输）。

④ 闭路电视监控中心内设有闭路电视系统机柜（含微机）及监控台，汽车库等处设分控中心，可独立工作。

⑤ 摄像机的设置：

a. 汽车库、大厅出入口、电梯轿厢内选用固定式摄像机；

b. 其他部位选用带云台控制式摄像机；

c. 建筑物主要出入口、大厅、营业厅、娱乐厅等设彩色摄像机，汽车库、电梯轿厢、电梯厅、扶梯处、重要库房以及报警点、门禁位置等设黑白摄像机；

d. 一般摄像机均为带广角镜头、变焦距摄像机；

e. CCTV 系统设备中除摄像机和同轴电缆及屏蔽线外，应具有20%的预留容量可供扩展使用。

（13）系统功能：

① 闭路电视系统必须包括但不局限于下列设备：

a. 中央控制设备（含微机）及监视台（包括供电瓶和可充电电池）。

b. 闭路电视摄像机。

c. 闭路电视监视器。

d. 时滞式录像机。

e. 云台。

f. 所有电视系统内必需的输送器、控制器等。

② 闭路电视监视：

a. 中央控制屏提供24h 监视。

b. 所有监视器可选择显示系统中任一摄像机摄取的画面。

c. 通过选择切换方式固定显示任一画面，可将任一摄像机画面在任一监视器上显示。

d. 可编程循环显示所有摄像机画面，也可有选择地显示其中一个或更多地摄像机画面，可调整参加循环摄像机中每个画面地显示时间。

e. 监视器的图像显示可选择为全幅、四分格或部分手动定点监视三种方式。

f. 使用计算机时，操作人员可调出建筑物的各层平面图，并有图标指示报警情况及有图标指示摄像机的位置（编码也不同时显示），图标的形状应使操作人员可直接区分是固定式还是活动式摄像机，操作人员可选择选定的视频图像，若要选择特定摄像机画面显示在屏幕上，只需使用鼠标或键盘简单操作。

g. 视频窗口显示活动画面可在屏幕上按比例缩放和移动，以避免干扰重点区域的监视，用鼠标点在想要看的地区，即可实现任何摄像机上、下、左、右的移动。

h. 多窗口系统与报警联动。发生任何报警系统将根据预先编制的程序自动切换出报警地区的平面图，同时视频窗口将显示报警地区的活动画面，并自动启动录像机对该图进行实时录像。

③ CCTV 控制设备和视频切换器：

a. 将建筑物内外所有摄像机通过视频分配系统连接到电视监控中心的切换器上，通过视频切换网络实现对多台摄像机控制并联网运行，使用户可编程切换，系统控制程序的编制或对系统的控制指令均可在控制键盘上进行。

b. 监控中心应有预编图像时序功能，最少可实现 6~8 台以上的监视器同时切换，浏览同一层或同区的摄像机画面。

c. 视频切换系统控制设备的操作不应依赖于任何一个切换器，而是互为备用，在任何情况下，一个切换器损坏，不应影响对任何摄像机图像的监控，直至恢复正常。

d. 每个视频切换的内部时钟应与建筑物内主时钟系统同步（如果建筑物内有时钟系统）。

e. 视频切换矩阵能分配优先权给独立的摄像机控制键盘。

f. 所有切换器都能产生摄像机标识、时间、日期和中文简短说明，并叠加在监视器所显示的图像上。

g. 切换器对于所监视区域的摄像机输入信号，应可编程地显示在不同功能组的任一监视器上，显示时序可随时通过控制键盘重新编制。

h. 切换器应提供一定数量的云台控制、初始和扩展能力。

i. 切换器最少可在 8 个监视器上连续切换显示所要监视的全部区域，切换器可编程不少于×××步时序（×××由设计人确定）。这些编程可在控制键盘上轻松地完成。

④ 摄像机及云台：

a. 建筑物内外的所有摄像机均应连接至监视中心内的控制台上集中监视。摄像机、云台预置功能：所有摄像的位置及变焦角度均可通过控制台做调整，可用鼠标在图板上设定位置点击一下或使用键盘操作杆即可启动摄像自动上下左右拉进、推远到要点，此功能应使操作员在使用两种操作手段中的任何一种的情况下控制摄像机。

b. 摄像机在自动旋转到预先校定的位置与焦距后，经手动复位后再返回至正常的运转状态。

⑤ 摄像机优先权分配系统：

a. 闭路电视监控系统采用以摄像机为基础的优先等级分配，系统的优先等级应不少于16 级，并可根据控制的权限锁定摄像机图像的显示范围，监控中心操作人员可通过计算机随时方便地对摄像机地优先等级进行控制、修改。并且，系统的控制情况在其他分控室的控制台上应有所指示，指示出某台摄像机正被更高优先权的人员控制。

b. 对摄像机逻辑地址进行处理，指示在正常操作情况和紧急情况下各种优先权的分配情况。

c. 系统具有在多路报警时自动排序切换显示，但遇紧急情况下优先权的预先分配方案，供各种情况发生时使用，如发生火灾、发生事故、发生安全报警及发生自然灾害时。

以上情况发生时，监控中心（或相应管理部门分控室）应根据管理要求，对系统中以上报警或事故区域的摄像机、云台、变焦镜头进行控制的最高优先权（使其回到预确定的位置和变焦角度上），并在其他分控室的控制台上有所指示。预选方案使用时，中心操作人员（相应部门管理人员）只需输入某种指令，系统即可按预选方案工作，否则系统不予以响应。

⑥ 报警、监视、联动：

a. 消防、防盗、建筑自动化等系统操作人员通过 CCTV 系统进行区域监视，其主机与 CCTV 系统报警接口网络接驳，提供同步报警、监视。

b. 每台摄像机或每对摄像机应相对 CCTV 的报警区域可包括一个或多个保安报警检测区域，当任何检测区域被检测到有不安全因素并报警时，则传送至监控中心 CCTV 系统中。

c. 根据出入控制系统所产生的不同类型报警，CCTV 系统产生不同的结果。

紧急报警：自动将报警点附近的摄像机切换到指定的监视器上（含专门管理室内），带云台、变焦镜头的摄像机将移至准确地搜索区域，并根据报警位置调焦，监视器上显示相应的视频图像或画面时序，与系统接驳的多窗口控制台也切换到相关图面，并显示报警地区相应摄像机的画面，也可以捕获现场图像（如人物、车辆等）进行各种处理（如局部放大、特征提取等）一个文字窗将显示报警事件清单。同时建立综合图像信息数据库作为历史档案。

火灾报警：火灾报警时，系统通过与消防系统的通信总线识别出报警点，并将报警点附近的摄像机自动切换到消防值班室的监视器上，以确认是否发生火灾及灾情程度。

d. 录像机自动响应，系统的重要视频信号进入画面分割器，由专用的录像机进行不间断录像，回放录像时，视频信号由画面分割后进行矩阵切换器，再切换到监控监视器上。CCTV 系统设有自动（手动）录像功能，当任何报警信号被触发时，相关摄像机的视频信号应接至指定的录像机，对事故发生现场情况进行全过程录像，包括日期（年、月、日）时间以及摄像机区域代码等连同图像被记录，自动录像直至被操作人员复位为止。

在屏幕上提供一个高清晰度彩色视频窗口，在全功能系统监视器的基础上，还增加保存、捕捉和回放等图像处理功能，实现实时视频图像显示。

e. 操作者口令进入以及访问优先级划分。为系统提供多种操作员级别。每个操作员设置操作口令保护。

f. 明确规定键盘、监视器、摄像机之间的通道。

- 键盘对监视器的通道：操作人员只能在被选中的键盘上通过操作去访问被选中的监视器。
- 监视器对摄像机的通道：操作人员只能在被选中的监视器上通过操作选中的通道中的摄像机。
- 键盘对摄像机视频的通道：操作人员只能在被选中的键盘操作并收看被选中的摄像机传来的图像。
- 键盘对摄像机控制设备的通道：操作人员只能通过被选中的键盘访问控制被选中的具有遥控功能的摄像机的控制设备。

g. 自动消除方式：输入信号停止 20min 后报警消除。

⑦ 停车库监视分站：

a. 在停车库的收费管理室设 CCTV 监视分控系统。

b. 停车库出入口处设固定式摄像机，在任何情况下应能清晰地摄取所通过车辆的牌号和驾驶员容貌，其图像可同过视频分配器分三路输出：1 路送至监控中心；1 路送收费管理用监视器，供工作人员了解收费口工作情况；1 路受分控室计算机控制，实现与收费计算机联网。当车辆进入或驶出收费口等，收费系统向控制计算机发出编号指令，计算机将控制录像机自动录下该车的牌号和正在使用收费机人员的图像，车辆驶出收费口后，系统将根据收费系统指令，停止录像待命，周而复始。

⑧ 系统结构：

a. 电视监控中心接收所有视频信号，同时叠加中文字符，显示每个摄像机标识和位置，视频放大器将进行视频丢失检测。

b. 摄像机视频信号通过同轴电缆传输，摄像机控制信号通过屏蔽双绞线传输。

如上述整套动作由于电缆不能实现，承包商应使用光缆及其相应设备。

c. CCTV 系统与其他相关报警系统联网，其接口形式：

物理接口：10M 以太网的网络接口。

通信协议：IEEEE-802.3 及 Ethemet Ⅱ 。

网络传输协议：IP/IPX、TCP/IP。

数据格式：文本（TXT）格式、DBF 格式。

预留向 110 报警中心发送报警信号、报警图像或指定画面的接口。

（14）设备技术指标

① 系统效能达到整体效能的 99.99%，承包商提供达到的效能示范。

② 平均无故障时间达到 5000h。

③ 控制器和视频切换器。

系统控制和视频切换器采用模块结构，各模块在维修时易于替换。

① 控制设备作为最小的一部分，由基于微处理器的视频输入模块、输出模块、云台、变焦遥控控制模块及电源模块组成。系统设计采用模块结构，并为全固态。

② 所有切换为垂直间隔切换，且在切换时或切换后不会产生图像滚动、线形失真、同步信号丢失、变色和色差。

③ 所有切换器均有系统结构的中文资料，同时还具备中文摄像机标志，并达到以下指标：

视频带宽 （ −3dB）：$10Hz \sim 10MHz$。

输入/输出电压：$1V_{pp}$。

输入/输出阻抗：75Ω。

串音：大于 −55dB。

信噪比：大于 60dB。

微分相位：最大 +／−3°。

微分增益：最大 +／−3%。

增益不平衡：最大 +／−4°。

滞后不平衡： +／−20ns。

视频信号：0.7 +／−0.03V。

同步信号：0.3 +／−0.09V。

控制信号（云台）：RS −422。

摄像机标志字符号：一行最多 8 个中文字符。

识别字符号：中文/数字显示。

字符最小尺寸：屏幕尺寸的 5%。

完全的用户可编程：

- 操作者密码设置；
- 优先级确定；
- 巡视路径；
- 分组切换；
- 报警处理；
- 报警接收；
- 报警消除；
- 系统自检等。

（15）摄像机

① 所有摄像机应为工业级设计，坚实、牢固，并具有高分辨率，无滞后、无画面停滞、图像模糊、传输模糊或图像失真等现象，即使摄像机受强光或集中光照射，也不应影响图像监视在极微弱照度情况下，亦应摄像清晰且不变形。

② 维修人员在通道走动引起的振动，不会影响安装在狭窄通道上的摄像机的动作。如需要，承包商可采用特殊的能吸振的支架结构。

安装于建筑物内外的摄像机，根据目标特点、位置和照明条件，选择摄像机灵敏度。所有摄像机应在自然光和灯光的亮度范围下都能正常工作。无照明部位选用红外光源摄像机。

摄像机视频放大器应装备自动增益控制限幅电路或削波电路，在照明不均匀等情况下应使图像均匀。

摄像机应有内置同步器，在任何情况下均不发生图像滚动并且必须能自锁于合成视频信号。

摄像机配置垂直相位组件，应保持视频信号垂直相同以便将垂直间歇转换，实现顺序扫描。

室内、外摄像机均应装入防护罩内并安装于适当的支架上，所有与防护罩内摄像机连接的电源、控制和视频电缆均应通过专用的插头座连接，以方便维修。

摄像机应具有标准的通用型镜头机身，以适合配置所指定的各种镜头。摄像机应配有光导摄像管和自动光源补偿装置。根据不同监视目标，选择不同灵敏的摄像机时，应符合表 7-1 条件要求。

表 7-1　彩色摄像机工作最低照度要求

监视目标照明	摄像机工作最低照明
<50 lx	≤1 lx
50～100 lx	≤3 lx
>100 lx	≤5 lx

摄像机应具有标准的通用型机身，以适合安装所指定的各种镜头。

③ 所有摄像机应达到下列通用指标：

TV 制式：CCIR 系统（PAL），625line，50 帧/s。

芯片：1/2in 或 1/3in 彩色 CCD。

像素：750mm（H）×580mm（W）。

分辨率：EIA 制，水平 580 线，垂直 350 线；CCIR 制，水平 580 线，垂直 420 线。

信噪比：大于 48dB（彩色）、大于 42dB（黑白）。

自平衡：固定或全自动。

AGC：ON/OFF 可选择。

背景光补偿：ON/OFF 可选择。

照明要求：10～3lx（室外较暗处）。

灰度：8 度。

电源：220V/50Hz；20～36V（AC）50Hz。

视频输出：$1.0V_{pp}$（140IRE）复合视频信号。

组成：714mV（100IRE）亮度和 286mV（40IRE）负极性同步信号。

自动增益控制：18dB（按钮可选）。

镜头接口：C 型或 CS 型。

输出阻抗：75Ω。

输出电压：$1.0V_{pp}$。

相位调节：0°～359°连续。

视频插头：BNC。

工作温度：－18～60℃。

相对湿度：达 95%（室内），＞95%（室外）。

本文中给出两种镜头做参考（见表 7-2），承包商应根据设计要求配置镜头规格，通过变焦摄像机达到良好的视野，最佳的焦距选择应得到用户的认可。

表 7-2　镜头基本要求

	镜头 1	镜头 2
调焦	定焦	电动可变
光圈	电动、自动光圈（键盘控制使用时手动无效）	电动、自动光圈（键盘控制使用时手动无效）
焦距	定焦	6 倍变焦距、10 倍变焦距
最大尺寸	$50^m m$（L）×40mm（D）	85mm（L）×80mm（D）

（16）摄像机防护罩

所有摄像机防护罩安装在室内或室外的安装支架上，支架由镀锌钢材制成，承重 70kg。防护罩使用不应影响摄像机的监视功能和一切性能。摄像机的防护罩应为摄像机生产商配置产品。

① 室内防护罩：外壳结构必须为铝质压模外罩，厚度不小于 1.2mm，带一块用钥匙固定可开启的硬质玻璃小窗，防护等级不低于 IP42。装设在电梯轿厢内的摄像机如能隐蔽安装在吊顶板内，经工程师或用户准许可免除防护罩，否则亦应装入防护罩内。

② 室外防护罩：防护罩设计为防尘、防水、防酸雨型，在高温、低温环境下均能保证

摄像机的正常监视。

防护罩设计为两组件：一个安装底座和一个可拆的外护罩。安装底座为镀锌钢材，外护罩为经过打光报板处理的铝金属制品。

附件：喷水、雨刷、发热器、解冻器、干燥器、过滤吹风、闭路报警电路。

（17）云台

云台材料室内、室外型均参见同类防护罩材料要求，云台应达到以下指标：

循环工作：100%。

水平转动：0°～350°可调。

水平转速：≥6°/s（可变速）。

俯仰角度：向上30°、向下90°可调。

俯仰速度：≥4°/s（可变速）。

驱动：24V（AC）/50Hz。

机构控制：自动/遥控/手动。

工作温度：-18～60℃。

相对湿度：达95%（室内）/大于95%（室外）。

云台、镜头控制器：云台、镜头控制器通过解码器最少应能控制300台（根据工程具体情况提出指标，此处仅为举例）摄像机的云台、镜头的各种功能，并留有扩展余地。云台、镜头解码器为模块化结构，模块易于替换以便维修。解码器可安装于弱电小间内或室外支架上（需加外壳保护），云台解码器必须达到以下指标。

预置位置：16个。

镜头输出：必须与镜头电源、电流要求相匹配。

云台输出：24V（AC）/50Hz。

工作温度：-18～60℃。

相对湿度：最高95%。

（18）监视器

该系统监视器应专门设计用以接受摄像机及录像机的同步信号，以显示高质量的图像，其输入回路可以接收合成视频信息。

监视器必须为半导体线路，高解像度，20in黑白（彩色）监视器，适合于录像系统及全日连续运转。

监视器主要技术指标不应低于下列要求：

TV：PLA、625line、50/s。

分辨率：最少450 line。

亮度：最小500 lx白色。

集合畸变：10%以内。

同步模式：内同步。

视频输入电压：$1V_{pp}$。

输入电阻：75Ω。

信噪比：>55dB。

前面板控制键：电源开/关，LED电源指示灯，光亮度，对比度，行回步。

电源：220V（AC）/50Hz。

工作温度：–18～60℃。

相对湿度：达95%。

维修：正面拆卸面板。

（19）操作台

操作台应能达到以下功能：

摄像机选择，有键盘与操纵杆（键盘和操纵杆由 CCTV 承包商提供），手动、自动光圈选择，云台左、右转动，云台上、下转动，镜头推进拉远，焦距长短，雨刷开关，喷水控制。

（20）视频分配器

应为模块化结构，易于移动，便于维护，必须适合彩色信号并达到以下指标：

输入电压：0.4～2.0V_{pp}。

输出电压：1V_{pp}。

输出数量：6 路，每路阻抗为 75Ω。

信噪比：大于 60dB。

带宽（–3dB）：15MHz。

前面板指示：电源 ON/OFF，LED。

电源：200V（AC）/50Hz。

操作温度：–18～60℃。

相对湿度：达95%。

（21）录像机

录像机应为专供 CCTV 监视用的 DVR 录像机，供实时以标准速度和多种选择之间歇式录像和重放用。

录像机具有按指定时间开始和停止录像功能，并内附日期时间和摄像机位置编码发生器以记录日期（年、月、日）/时间（小时、分、秒）和位置编码并显示在监视器上。

当外部有信号输入时，应能将个别摄像机的视频信号录像自动由间歇式录像转为可选择的实时录像，实时录像时间可在 30s～3min 内按等级选择。操作人员可以在控制台上将控制状态直接复位为默认方式。

录像机技术性能不应低于下列要求：

信号模式：CCIR 系统（PAL），625line，50 帧/s。

水平分辨率：400 line，彩色。

信噪比：>43dB（VHS）。

视频信号输入：0.5～2Vp–p，75Ω，非平衡。

视频信号输出：1V_{pp}，75Ω，非平衡。

抖动：不大于2%。

遥控控制："开始"、"停止" 录像控制。

供电：220V（AC）/50Hz。

操纵温度：–18～60℃。

相对湿度：达95%。

（22）同轴电缆线盘

同轴配线盘用防腐蚀的材料制成，不使用的端子必须用防尘罩保护。

（23）同轴电缆

CCTV 承包商应提供同轴电缆，同轴电缆应达到如下指标：

特性阻抗：$75\Omega \pm 3\Omega$。

衰减特性：1.9dB/100m，5.5Hz；3.7dB/100m，30Hz。

最小弯曲半径：最大 60mm。

电缆符合 BS3573。

在电缆敷设中不允许有中间接头，电缆通过墙楼板要开孔。

CCTV 承包商应提供控制线，并应达到以下指标：

最大 DC 环路阻抗：110Ω/km。

最大衰减：3dB/100m，10kHz。

最小串音衰减：60dB/100m。

最小弯曲半径：最大 100mm。

（24）摄像机支架

每台摄像机都应提供机械支架，以便安装。

所有摄像机支架允许摄像机水平 360°、俯仰 ±70°，不受限制地达到最佳视野。锁定装置可以让摄像机保持在选定的角度，支架的设计应考虑摄像机固定点的结构，包括防护罩、云台。支架的设计应符合工程要求。

（25）供电电源于接地

监视系统应由可靠电源回路专门统一供电。

供电电源：交流 220V ±10%，50Hz ±1%，当电源电压波动超出允许值时，应设稳压设备。

摄像机应由监控中心统一供电，远端摄像机集中供电有困难时，也可就近解决，但应由监控室控制电源通断。

在紧急情况下必须工作的摄像机及监控室主要设备，应采用 USP 不间断电源供电。

全系统宜采用一点接地方式，接地电阻不得大于 4Ω，当系统采用综合接地网时，其接地电阻不得大于 1Ω。

设备清单，如表 7-3 所示。

表 7-3　闭路电视监控系统设备清单

序号	设备名称	单位	数量	备注
1	摄像机（室内）			
2	摄像机（室外）			
3	标准镜头			
4	望远镜头			
5	变焦镜头			
6	自动光圈/手动			
7	针孔式镜头			
8	摄像机防护罩（室内）			

续表

序号	设备名称	单位	数量	备注
9	摄像机防护罩（室外）			
10	摄像机支架（室内）			
11	摄像机支架（室外）			
12	云体、镜头控制器			
13	云台、镜头解码器			
14	云台（室内）			
15	云台（室外）			
16	20in 监视器			
17	29in 监视器			
18	监视器柜			
19	控制台			
20	视频分配放大器			
21	视频均衡放大器			
22	视频矩阵切换器，视频遥控键盘			
23	录像机（普通、长延时、数字）			

2. 安防报警管理系统技术条件示例

（1）总则

① 本技术文件是招标文件的一部分，是对安全防范报警管理的主要要求，对于系统的每个细节应根据业主的最终需求，确定实际系统中所包括元件的用量。

② 凡在系统完成整个功能中所必需的设备，均应包括在系统整体报价之中。

③ 承包商提供的设计系统及产品应遵循国家标准及国家安全防范部门所制定的现行规范。

（2）系统功能及技术条件

① 根据工程的规模选择控制器为联网操作型。

② 进门模式为卡 + 密码进门模式。单卡通过控制器允许一张卡执行多种功能。在一周内设定 64 套的时间区域，存储器将所有的交易数据、持卡者数据和系统参数进行存储。（没错）

③ 主机报警部分：把防区分为三类：即时报警、延时报警、24h 防区。即时报警是在布防状态下，探测器一旦触发报警，主机就有响应；延时报警是在布防状态下，探测器虽然触发，但报警主机并不马上响应，而是进入延时状态（延时时间可以编程设置），超过延时时间尚未撤防，主机才报警；24h 防区连接的报警探测器，不管主机是在布防状态还是在撤防状态，只要探测器有信号输出，主机就报警。另外，撤防要及时，要在进入延迟时间之内输入密码，否则主机联动警铃误动作。具有"旁路"功能，即撤防某一路，使其暂时不报警，其他防区正常工作。报警时要具有声光信号，同时显示出报警部位，声光报警信号应能自保到手动复位，并不影响第二次报警信号输入时的工作。

④ 报警管理系统主要功能及性能：

主机容量：可记录×张卡片资料（×由用户依实际需求而定）。

通信方式：整个线路为 RS-485（1200m 以内）协议传输信息。通信转换器将 RS - 485 协议转换为 RS - 232 协议实现与电脑接配。

信号输入/输出点：控制器内的输入输出点及可扩充的输入输出点的容量按读卡器、电动门、门磁、探测器等实际安装数量而定。

系统网络：一个管理网络可连接控制器的台数，按实际需求而定。

软件功能：

- Windows 2000/NT 平台，全中文或英文友好用户界面，功能强大；通过扩展模块，直接与楼宇系统、消防系统相连，可以挂接考勤、巡更、停车场等软件系统。
- 系统内设置中文、英文两种语言系统。
- 安全措施：网络三层反潜回功能，可实现各层设防有效，防止内外部人员偷盗与作弊行为产生，并自动与报警设备连接，对非法人员的进出产生报警。有效防止持卡人重复进入。多级门区管理，可实现不同的人进入不同门区的设定，以实现多级门区通行的管制。
- 时区设定：对不是在规定时段内（可达 64 个时段设定，每个时段可包括 3 个时区）进入者，产生相应的动作（动作由用户自己通过流程控制设定）；并对特殊人员进入给予时间设置。对不同时间、节假日实现进出时区控制及计划安排。
- 门位状态的监控：在不同的时区实现锁常开、常闭的设定与监控。通过软件设置，对非持卡者、无进入权限者、强行进入者、挟持进入者可通过报警设备自动报警。通过软件界面菜单（功能快捷菜单）对门区实现紧急开启与关闭并附相应的动作的功能、远程监控（遥控、自控）。
- 具有实时监控：持卡人员刷卡以后，刷卡数据直接进入报警系统界面，对人员的卡号、进入时间、部门名称、进出位置、进出状态进行监控，并附持卡者照片。经功能菜单切换后会出现不同的监控界面。
- 流程控制：用户可通过流程控制自行写程序，使控制器对不同的操作以特定的方式实时反应到软件中，并对一些非法情况产生不同的报警。
- 切换控制：当闭路电视系统与门禁报警系统共用一台计算机时，在报警探测器被触发后，报警控制系统收到信号进行处理，监视器上的图像会被自动地切换成相应报警处的视频图像，并在计算机上自动响应报警，生成报警区域平面图。

工作环境如下：

温度：2 ~ 55℃。

功率：1 ~ 10W。

电压：12V（DC）。

电流：400mA。

相对湿度不大于 95%。

报警控制器，连续工作 7d 之内不发生漏报，各种工作状态循环 6000 次不应有电的或机械故障，并具有抗干扰能力。

因线路故障发生误报，需将误报信号保持到故障排除，在此期间不影响入侵报警信号的输入。

报警系统应有工作正常的自检功能。

（3）读卡器

用户需根据实际场所的具体要求选择读卡器的类型。

① 感应 IC 卡读卡器为一通用型读卡器，主要性能如下：

通信方法：RS－485（1200m 以内）协议传输信息。

读卡方式：感应读卡方式（非接触式读卡和感应加密码方式），读卡距离为 5～10cm。

工作环境：温度/2～55℃、电压/5～12V（DC）、电流/100mA。

外观及尺寸：依不同产品而定。

信用卡：ID 薄/厚卡。

② 只读或可读写收费，读卡器用在门禁及停车场，主要性能如下：

读写时间为 0.1s，读写距离为 4～5cm。

通信接口为 485 格式。

③ HID 读卡器是一种主动式读卡器，即读卡器工作时，一直处于读卡/传送数据动作过程，同时面板上的 LED 灯可显示红色或绿色以判别不同的动作，如绿色为正在读数据动作，红色为读卡动作。其工作过程为：当 HID 读头专用卡靠近读卡器有效感应范围（正前方/正后方、1～15cm）时，读卡器感应到有卡接近，并开始读取卡片中的数据，同时加工 LED 灯由红色变为绿色。接收到卡片数据之后，再将数据向外发送，然后将 LED 灯由绿色变回红色，进行下一轮的读卡动作。

④ 远距离感应读卡器可以在距离感应 IC 卡 3～5m 处接受感应 IC 上的数据，在增加感应距离的同时读取多张卡片，且内码无一漏读，读卡速度快（车速 60km/h 可读卡内信息）多种输出（RS-232，WIEGAND）。

（4）电锁

报警系统中各种门所配各种电锁是整个系统安全可靠的关键点，锁的种类繁多，选择时与门的材质、开启方向等有关，以下为几种锁技术参数。

① 磁力电锁磁力锁：适应于铁门、防盗门及其他门；有单开和双开之分，供电电压：12～24V（DC）；附状态指示灯和监视控制信号输出功能。

② 玻璃门阳电锁：输入电压 12～24V（DC）；静态电流 200mA；动态电流 1000mA；输入电压允许误差 10%；操作温度 －20～70℃；消耗功率 12W（静态），2.4W（动态）；断电时释放；磁簧对正下插；具有静态省电防热功能；配合机械锁舌，本身为插销（只需门框安孔）。

③ 阴极电锁：输入电压 12V（DC），静态电流 0mA/120mA；动态电流 120mA/0mA；输入电压允许误差 20%；操作温度 －20～70℃；消耗功率：15W。适应范围为铝门、铁门、硫化铜门、木门、玻璃门等安装。

④ 防盗门电锁：有两种类型的防盗门电锁可供选择，分别是标准型和交流型；其中标准型采用直流电压的开门器，在其门闩上不可有反电压。通电开门：交流电有蜂音，直流电无蜂音，瞬间触点额定电压 12V（DC）；断电开门：额定电压 12V（DC）；有以下功能可供选择：机械释放杆、信号反馈、短型扁平锁舌半、对称型扁平锁舌板、带有门闩舍导向板的短型扁平锁舌板。

⑤ IC 卡电锁：标准五舌锁，平时不供电，插卡后供电，微型电动机驱动，机械钥匙备

用。具有防拨舌，关门后防拨舌就被压下，可有效地防止从门外用卡片（或薄片）拨动门锁，组合舌中有一反向斜舌，可减少关门时反向舌与门扣之间的相对摩擦。

250kg：静态电流＜450mA，动态电流＜900mA；150kg：静态电流＜100mA，动态电流＜220mA，电池不足欠压指示报警，仍可开门500次以上，电源电池使用在一年以上。

（5）报警探测器

① 红外入侵探测器：红外入侵探测器是当有人进入警戒区内即引起红外辐射量的变化而输出报警信号。

其技术参数为：

警戒区域：水平120°，垂直43°，探测距离大于15m。

电源：电压9V～12V（DV），警戒态电流不大于40mA。

报警输出：常闭触点，容量0.5A/24V，报警持续时间2～10s。

安装位置：高度2～2.2m，前倾度5°～12°。

防拆开关：触点常闭，0.1A/24V。

工作温度：－10～＋50℃。

稳定性：7×24h连续加电运行，复测正常。

相对湿度：≤90%。

② 玻璃破碎传感器：当玻璃被击碎而输出报警信号，通过选频式声控报警器输出报警信号，其技术参数为：

工作电流：20mA［12V（DC）］。

工作电压：9～16V（DC）。

输出触点：常闭24V，50mA。

防拆开关：常闭24V（DC）0.5A。

麦克风：带方向性麦克风。

防护玻璃种类：平板式、薄板式、带钢丝及特殊处理过的。

玻璃厚度：8mm、4.8mm、6mm。

工作环境：0～55℃。

③ 微波入侵探测器：微波入侵探测器主要用于防范移动的空间物体，主要技术参数如下：

微波中心频率：10.525GHz。

径向探测距离：10m、15m。

电源电压：12V（DC）。

整机电流：≤25mA。

输出：标准常开、常闭触点一对。

工作温度：－10～＋50℃。

脉冲频率：2kHz。

微波和红外双重探测器又称双鉴探测器，能防宠物、精细的全范围温度补偿，自动调节红外灵敏度和微波范围，主要技术指标为：

探测范围：12m×12m。

探测器角度：120°。

安装高度：2.0～2.5m。

工作电压：9～16V（DC）。

工作电流：静态 25mA、报警 20mA。

微波频点：10.525GHz、10.687GHz。

报警接点：24V（DC）、50mA。

报警时间：5s。

防折接点：24V（DC）、100mA。

工作温度：－10～60℃。

存储温度：－20～70℃。

红外灵敏度调节：60%、80%、100%可选。

红外脉冲计算 2 或 4 脉可调。

报警输出：点电容量 15V（DC），10W。

微波周界探测器主要用于周界防范。主要技术参数为：

探测距离：10～100m。

探测范围：高 2m、宽 1m。

工作电压：7.5～24V（DC）。

工作电流：接收＜30mA，发射＜30mA。

工作温度：－35～＋85℃。

（6）读写器

读写器的读写卡型可选择多种，并提供与主机系统连接的多种语言接口函数，技术参数如下：

① 读写卡的类型：ATMEL、SLEMENS、MIFARE（可选择）。

② 语言接口函数：16 位汇编语言、C 语言接口函数库、16 位动态连接库、Foxpro2.5/2.6 for DOS/Windows、32 位 C 语言接口函数库、32 位动态连接库、Visual Foxpro3.0/5.0 接口函数库等（可选择）。

③ 与计算机接口：RS232。

④ 通信速率：9600～115200bit/s。

⑤ LED 显示：4 位 LED 显示。

⑥ 工作频率：13.56MHz。

⑦ 工作电压：5V（DC）±5%。

⑧ 卡和读写器通信速率：106kbit/s。

⑨ 环境温度：0～50℃。

⑩ 相对湿度：30%～95%。

（7）专用电源

报警管理系统配专用 USP 电源，采用 12V（DC）直流电在断电情况下，满足 24h 连续工作。电源电压要保持在额定值 85%～110% 范围内变化时，仍能正常工作，当过压、过流、欠压时，应产生报警信号。

7.2.8　安全技术防范系统工程图的绘制

为了提高安全防范系统的工程质量，必须做好安全防范系统工程图的绘制。

工程图的设计和绘制必须与有关专业密切配合，做好电源容量的预留，管线的预埋和预留，以保证以后能顺利穿线和系统调试。

工程图的绘制应认真执行绘图的规定，所有图形和符号都必须符合公安部颁布的"安全防范系统通用图形符号"的规定，以及"工业企业通信工程设计图形及文字符号标准"。不足部分应补充并加以说明。绘图要清晰整洁，字体规整，原则上要求书写宋体字，力求图样简化，方便施工。既详细而又不烦琐地表达设计意图。

绘制图纸要求主次分明，应突出线路敷设。电器元件和设备等为中实线，建筑轮廓为细实线，凡建筑平面的主要房间，应标示房间名称，绘出主要轴线标号。

各类有关的防范区域，应根据平面图，明显标出，以检查防范的方法以及区域是否符合设计要求，探测器及摄像机布置的位置力求准确，墙面或吊顶上安装的设备要标出距地面的高度（即标高）。相同的平面，相同的防范要求，可只绘制一层或单元一层平面，局部不同时，应按轴线绘制局部平面图。

比例尺的规定：凡在平面图上绘制多种设备，而数量又较多时，宜采用1∶100。但面积很大，设备又较少，能表达清楚的话可采用1∶200。

剖面图复杂的宜用1∶20、1∶30，甚至1∶5。以比例关系细小部分清晰度而定。

施工图的设计说明力求语言简练，表达明确。凡在平面图上表示清楚的不必另在说明中重复叙述。凡施工图中未注明或属于共性的情况，以及图中表达不清楚者，均需加以补充说明。如防范区域、空间防范的防范角等。单项工程可以在首页图样的右下方。如一系统子项较多，属于统一性的问题，均应编制总说明，排列在图样的首页。说明内容一般按下列顺序：

探测器、摄像机等前端设备的选用、功能、安装；

报警控制器和视频矩阵切换主机等中心控制设备的功能、容量、特点及安装；

管线的敷设，接地要求，做法。室外管线的敷设，电缆敷设方式等。

1. 设计图样的规定

① 防范系统的总平面图：标出防范系统在总建筑图中的位置，标出监控范围、控制室的位置，传输线的走向，系统的接地等。

② 系统图：确定完成安防任务的设备和器材的相互联系，确定探测器、摄像机和中心控制设备的性能、数量，以及安装的位置。

确定报警控制器和视频切换控制器的功能、容量。

确定所有主要设备的型号、数量、性能、技术指标，以满足定货要求。

③ 每层、每分部的平面图：确定探测器和摄像机的安装位置，注明标号，确立传输线的走向，管线数量，管线埋设方法以及标高。有可能的话绘出探测器及摄像机的探测区域或范围。

④ 主要设备材料表。

⑤ 复杂部位安装的剖面图。

2. 绘图标准

绘制图样的线条粗细原则是，以细线绘制建筑平面，以粗线绘制电气线路，以突出线路图例符号为主，建筑轮廓为次，这样做法主要是为了达到主次分明方便施工的目的。

① 有关安全防范工程所用图例及代号，均应按现行的国家标准或部颁标准执行。

② 各计量单位的中文名称及代号，一律按照国务院发布《关于在我国统一实行法定计量单位的命令》、《中华人民共和国法定计量单位》以及《全国推行我国法定计量单位的意见》等文件规定执行。

③ 所有设计图纸幅面均须符合表7-4规定。

表7-4　图纸幅面规格

基本幅面代号	0	1	2	3	4
$b \times L$	841×1189	594×841	420×594	297×420	297×210
c		10		5	
a			25		

注：①尺寸代号如表7-4所示，a 为装订侧边宽度。

②用印刷标准图纸绘图。由于制版关系，图纸幅面不受此规定限制。

③用几张图纸拼接而成设计图纸，图纸幅度不受此规定限制。

④系统构成的原理框图，图中的框图以中文标识为主，以外文或型号为辅。

为了使图纸整齐统一，在选用图纸幅面时应以一种规格的图纸为主，尽量避免大小幅度掺杂。在特殊情况下，允许加长 1~3 号图纸的长度和宽度，0 号图纸只能加长长度，加长部分应为图纸边长的1/8 及其倍数，4 号图纸不得加长，如图7-1 所示。

④ 图标一般分国内工程图标、对外工程图标，特殊用的图标，可以根据需要自行规定。国内工程图标（0~4 号图纸）的宽度不得超过 180mm，高度以 40mm 为宜。对外工程图标的宽度不得超过 180mm，高度以 50mm 为宜。图标格式如图7-2 所示。图标位置应在图样右下角。

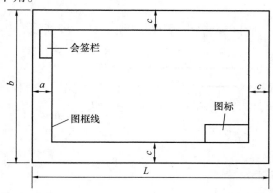

图7-1　图纸标题和尺寸代号

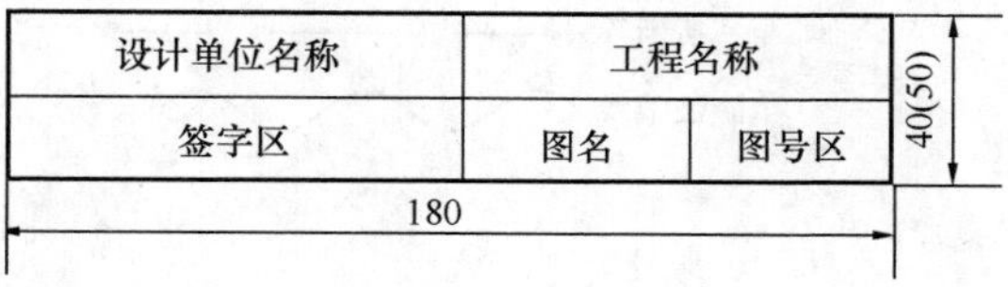

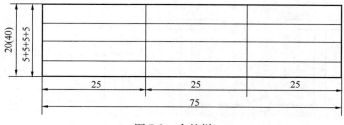

图7-2　图标的格式

会签栏规格一般为 75×20，如图7-3 所示。

图7-3　会签栏

会签栏仅供需要会签的图样用，当一个不够用时，可再增加一个，两个会签栏可以并例使用，会签栏应放在左侧图框线外，其底边与图框线重合。

⑤ 制图时所用比例可选用1∶100、1∶50、1∶20，并必须采用阿拉伯数字表示，不得采用"足尺"或"半足尺"等方法表示。比例注写在图名右边。当整张图样只用一种比例时，也可注写在图标内图名的下面。

⑥ 图纸上所有字体，包括各种符号、字母代号、尺寸数字及文字说明等，一般用黑墨水书写，各种字体应从左向右横向书写，并注意标点符号清楚。

所有字体高度一般不小于4mm为宜。必要时数字尺寸可以稍小，但不得小于25mm。

字体必须书写端正，排列整齐，笔画清楚，中文书写时应采用国家公布实施的简化汉字并宜用仿宋体。

文字说明需用编排号时，应按下列次序排列：

一、二、三……

1、2、3、……

（1）、（2）、（3）……

①、②、③……

a、b、c……

在图样中所有涉及数字均采用阿拉伯数字表示；计量单位采用国家颁布的符号，例三千七百毫米，应写成3700mm。

表示分数时不得将数字与中文文字混用，例四分之三应写成3/4所示写成4分之3。小数数字前，应加上定位的0，例0.15、0.004。

⑦ 制图中实线、点画线、虚线等各种线条一般区分为粗、中粗、细三种，折断线、波浪线一般为细线如图7-4所示。

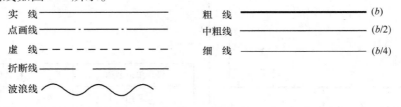

图7-4 制图用线实例

画点画线时首未两端为线段，点画线与点画线相交时应交于线段处。虚线的各线段应保持长短一致。采用直线折断的折断线必须经过全部被折断的图面，折断符号应画在被折断的图面以内，圆形的构件应采用曲线折断，如图7-5所示。

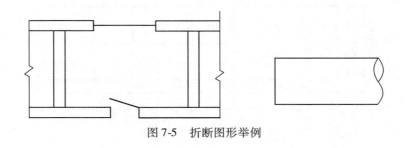

图7-5 折断图形举例

3. 设计图样的标注

设计图样标注图例符号，应执行国家统一标准规定，计量应用公制标准。不应滥行标注，避免混淆不清。标注语言力求简洁，原则上应采用宋体楷书，要工整不得潦草，保证图面清晰，方便施工。为了确保设计图样质量，一般应按下述方法进行标注。

① 平面图结构曲角变化复杂，应用细线标注轴线编号。建筑轮廓不应过粗，标注位置应选择适当，不要过度集中。平面图上不同电压线路并列时，应以粗细线严格分清，并分别标注清楚。

② 引进电源线路，在平面图进线口附近应注明相别，电压等级、导线规格型号、根数、保护管类别、管径及安装高度等，如下列标注：

$$BV3 \times 6 + 1 \times 4 + 1 \times 2.5G25VV291Kv1 \ (3 \times 25 + 1 \times 10 + 1 \times 6) \ G50QA$$

$$QAH = 3.5 \qquad 注$$

③ 各种管形的标注如下：

金属管一律用 G 表示，管径均按公称直径：15、20、25、32、40、50、70、80、100。

硬质塑料管用 VG 表示，管径规格为 16、20、25、32、40、50、63、75、100。

半硬塑料管用 SG 表示，管径为 16、20、25、32、40、50。

软塑料管（绝缘套管）用 RG 表示，管径为 16、18、20、22、25、28、30、36、40。

PVC 波纹管用 BG 表示，管径为 11、13、20、25、32、40、50、80、100。

在标注以上各类管型时，凡单项工程中，采用了同一类型时，则在平面图上可以省略标注不重复。如局部采用不同类型，可局部分别标注。如全部采用同一类型管形则在图纸说明中加以注明。

④ 配电箱、板的标注按供电类别分别标注，在平面图配电箱、板位置附近的明显空隙处标注。配电箱进出线如图 7-6 标注。

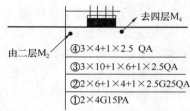

图 7-6　配电箱进出线标注

7.3　建筑安全防范系统工程的安装与调试

安全技术防范系统的安装与调试是工程的具体实施过程，也是决定整个系统质量的关键步骤。所以，按规范和规定的要求，认真进行施工，是非常重要的。

安装与调试，也是较为复杂、细致的工程过程。科学、合理地进行安装和调试，是工程顺利进行的必要保证。

安装与调试既是一个技术性很强的工程过程，也是一个必须根据设计图纸和有关的规范和要求严格进行施工的过程。因此，在本章中将对安装与调试的有关问题加以详述。

7.3.1　安装的步骤与顺序

安装的步骤一般应如此进行：

① 设计文件和施工图样准备齐全，这些文件和图样应该是已会审和批准的。对原设计有修改的部分必须经主管人员签字。

② 施工人员应认真熟悉施工图样及有关资料（包括工程特点），设计人员应对施工人员

进行技术交底。对特殊问题应做明确的交待。

③ 设备、仪器、器材、机具、工具、辅材、机械以及有关必要的物品应准备齐全，以满足连续施工或阶段施工的需求。必要时，应备有施工中的通信联络工具。

④ 熟悉施工现场。对施工现场的有关情况进行检查。施工现场如在室内进行时，应该在主体工程完毕、内装修开始或已有本系统工程的各类预埋管道（并符合要求）的情况下开始进行施工。对改造性工程，应与用户单位协调好管线的走向、安装方式等情况下再进行施工。施工现场在室外进行时，应了解施工沿途的具体情况。包括使用道路及占用道路情况（包括横跨道路）；允许用杆架设的杆路及自立杆路的情况；敷设管道电缆和直埋电缆的地质和地下其他管路情况，以及路由状况。

⑤ 准备好施工现场的用电，对所用各类施工材料对表清点、分类。

在完成上述各步骤之后，就可以具体进行安装方面的施工。其顺序一般是：

a. 进行线路的安装架设；

b. 进行摄像机和入侵探测器的安装（安装前应先完成支架或吊架的安装）；

c. 进行监控室室内设备的安装（在人力允许的情况下，可与摄像机等前端设备的安装同期进行）。

在上述过程中，应随时进行必要的检查和测试。有关安装的具体规定和要求见本书附录。

7.3.2　干扰与抗干扰问题

在电视监控系统的工程实施与调试过程中，很常见的一个问题就是系统内存在的各种噪声干扰问题。下面首先讨论一下视频传输的噪声干扰和抗干扰问题。

在视频传输方式中，最可能遇到的问题是在电视画面上产生一条黑杠或白杠干扰，也即我们通常说的 50 周工频干扰。当用示波器观察时，会看到在图像视频信号的波形上叠加了一个 50Hz 的峰起波形，就是这个峰起造成了干扰。这往往是由于存在地环路的情况下产生的。地环路的存在可能是由于信号传输线的公共端在两头都接地而造成重复接地；也可能是信号线的公共端与 220V 电源的零线短路；或系统中的某一设备的公共端与 220V 交流电源有短路现象；还有可能是信号线受到由交流电源产生的强磁场干扰（如双方靠得太近）而产生的。当确定不是上述这些原因而又实在无法排除时，可以采用在传输线上接入"纵向扼流圈"的办法，能较好地消除这类干扰。

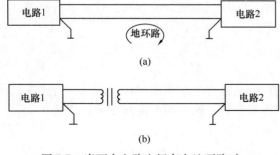

图 7-7　当两个电路之间存在地环路时，可以用隔离变压器断开地环路

为帮助读者分析、理解和解决这类干扰，现把干扰的原因及消除干扰方法的理论分析简述如下，以供设计时作为定量分析的依据。众所周知，一个电路两端都接地时，会形成地环路。因而会造成干扰，如图 7-7（a）所示。但如加入一个隔离变压器就可以切断这个地环路，如图 7-7（b）所示，从而把干扰消除。

可是对于直流电路和频率很低的电路这种方法是不适用的（电视监控系统采用视频传输时，频率范围是 0～6MHz，因而也不适用）。这时的解决办法是把变压器接成纵向扼流圈（又称中和变压器）的形式，如图 7-8（a）所示。变压器这样连接时对信号电流的阻抗是很低的，且可以不切断直流回路。但对纵向的干扰噪声电流来说它却具有很高的阻抗。因而可以起到消除干扰的作用。

图 7-8（a）所示当两根导线通过的信号电流大小相同方向相反，而流经两根导线的噪声电流方向相同，该噪声电流称作纵向电流或共态电流。图 7-8（a）的电路性能可用其等效电路图 7-8（b）加以分析。

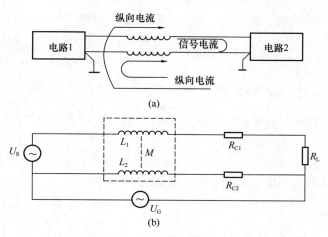

图 7-8　当要求直流或低频连续时，可用纵向扼流圈断开地环路
（a）实际关系；（b）等效电路

信号源电压 U_S 经连接电阻 R_{C1}、R_{C2} 接至负载 R_L，纵向扼流圈则由 L_1、L_2 和互感 M 表示。若两个线圈完全相同，且绕在同一个铁芯上构成紧耦合，则 $L_1 = L_2 = M$。U_G 是地线环路经电磁耦合或者由于地电位差形成的纵向电压。因 R_{C1} 与 R_L 相连，且 $R_{C1} \ll R_L$，故可略去 R_{C1}，首先分析电路对 U_S 的响应，为分析方便起见，先把 U_G 忽略不计，则图 7-8 可改成图 7-9 表示。

图 7-9（a）所示为分析图 7-8 电路对信号电压 U_S 的响应的等效电路。在该图中，I_1 表示 U_S 提供的电流，I_S 表示经下面的一根导线（通过 R_{C2}、L_2）从 R_L 返回到 U_S 的电流，I_G 则为通过地线排返回的电流。它们的关系是 $I_G = I_1 - I_S$。通过列网孔方程和考虑到 $L_1 = L_2 = M$ 的情况，可以得出当 U_S 的角频率 ω 高于 $5R_{C2}/L_2$ 时，I_1 基本上全部通过下面一根导线（经过 R_{C2}、L_2）从 R_L 返回到 U_S 中，即 $I_G = 0$。若选取 L_2，在 U_S 的最低信号角频率（视频传输系统中我们可规定最低信号频率 $\omega_D = 2\pi \times 50\text{Hz}$，即场频）时使 $\omega_D \gg 5R_{C2}/L_2$，则有 $I_G = 0$。这时在图 7-9（a）上面一个环路中：

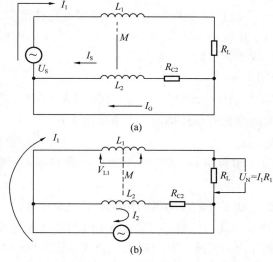

图 7-9　纵向扼流圈对信号及噪声的影响

$$U_S = j\omega(L_1 + L_2)I_S - 2j\omega MI_S + (R_L + R_{C2})I_S \tag{7-1}$$

因　　　$L_1 = L_2 = M$

故 $I_S = [U_S/(R_L + R_{C2}) \approx U_S/R_L]$ (7-2)

由于 $R_L \gg R_{C2}$，由式 7-2 可知对于信号电流来说等于没有接入变压器一样，也就是说当变压器电感足够大和信号中最低频率 ω_D 高于 $5R_{C2}/L$ 时，加入变压器对信号的传输是没有影响的，也即不会有明显的衰减（$L = L_1 = L_2 = M$）。

再看图 7-8 对纵向电压（即干扰电压）U_G 的响应。这时等效电路如图 7-9（b）所示。当未加变压器时，噪声干扰电压将加于

R_L 的两端。加装变压器后，则加至 R_L 的噪声干扰电压 U_N 可由下列两个环路算出：

$$I_1 \text{ 环路：} U_G = j\omega L_1 I_1 + j\omega M I_2 + I_1 R_L \tag{7-3}$$

$$I_2 \text{ 环路：} U_G = j\omega L_2 I_2 + j\omega M I_1 + I_2 R_{C2} \tag{7-4}$$

由式（7-4）得：

$$I_2 = \frac{V_G - j\omega M I_1}{j\omega L_2 + R_{C2}} \tag{7-5}$$

因 $L_1 = L_2 = M = L$。将式（7-5）代入式（7-3）中得：

$$I_1 = \frac{U_G R_{C2}}{j\omega L(R_{C2} + R_L) + R_{C2} R_L} \tag{7-6}$$

因 $U_N = I_1 R_L$，$R_{C2} \ll R_L$，由式（7-6）得

$$U_N = \frac{U_G R_{C2}/L}{j\omega + R_{C2}/L} \tag{7-7}$$

把式（7-7）化成下式：

$$\frac{U_N}{U_G} = \frac{R_{C2}/L}{j\omega_Z + R_{C2}/L}（\omega_Z \text{ 表示噪声干扰电压的角频率}）$$

且设 $R_{C2}/L = a$，$\dfrac{U_N}{U_G} = f(\omega_Z)$

则有

$$f(\omega_Z) = \frac{a}{j\omega_Z + a}$$

再设 $\omega_Z = n \cdot a$（$n = 0$，1，2，3……）

则有

$$f(\omega_Z) = \frac{a}{jna + a} = \frac{1}{jn + 1} \tag{7-8}$$

把 $n = 0$，1，2，3……逐个代入式 7-8 时，发现当 $n = 5$ 时，

即有

$$f(\omega_Z) | = \frac{1}{|\,\square\, j5 + 1\,|} = \frac{1}{\sqrt{26}} = 0.2$$

也即当 $\omega_Z = 5R_{C2}/L$ 时，$|U_N/U_G| = 0.2$

这说明当 $\omega_Z = 5R_{C2}/L$ 时，或 $L = 5R_{C2}/\omega_Z$ 时，负载上的噪声干扰电压会下降到原干扰电压的20%以下。在工程应用上，我们可以认为这时的干扰可属于允许范围或接近允许范围。当然继续增大电感 L 的值，噪声干扰电压在负载上造成的影响会进一步减小，但由于 L 的增大，会造成纵向扼流圈制作上的困难和提高制作成本。因此，一般认为：

取 $L \geq 5R_{C2}/\omega_Z$ 即能明显起到抑制噪声的作用。

考虑到 $\omega_D \geq 5R_{C2}/L$ 即 $L \geq 5R_{C2}/\omega_D$，以及 $L \geq 5R_{C2}/\omega_Z$ 这两个式子，可知用式（7-9）即能满足传送视频信号起码要保证的最低频率，又能保证有效地抑制噪声电压的干扰。

$$L \geq 5R_{C2}/\omega \tag{7-9}$$

式中，ω 为视频信号中起码要保证传送的最低信号角频率 ω_D 和噪声干扰电压角频率 ω_Z 两者中最低的一个。

如果从电压信噪比的角度考虑时，也可以给出如下公式作为纵向扼流圈 L 值的计算：

$L = (K - 1) \cdot R_{C2}/\omega$（其中 K 为电压信噪比要求提高的倍数，且要求 K 应大于6。因为无论什么样的传输系统，采用纵向扼流圈作为抑制噪声的措施，都可以用该公式来估算纵向扼流圈的电感值，但是要注意以下两点：

① 当噪声干扰电压的频率或要传送的信号最低频率很低时，由 $L \geqslant 5R_{C2}/\omega$ 可知，要想使纵向扼流圈起到应有的作用，L 的值必然很大，这样给纵向扼流圈的制作上会带来困难，并且成本会显著提高。因此，采用纵向扼流圈做抗干扰部件时最好是用在信号的最低频率及干扰电压的频率都比较高些的情况下较为合适（一般用在 50Hz 以上的频率）。

② 当由地环路引起的干扰电压很大时，即使用公式 $L \geqslant 5R_{C2}/\omega$ 来做出纵向扼流圈后，已使负载上的干扰电压下降到干扰电压的 20% 以下时，这时如果负载上的干扰电压仍能和负载上的信号电压相比拟时（即信噪比为 20dB 以下时），如仍采用纵向扼流圈做抗干扰部件，就会使其作用不明显。而要想起到明显作用，无疑要更加加大 L 值，这同样会给纵向扼流圈的制作带来困难和增加成本。因此要灵活运用纵向扼流圈的使用条件。

从以上的分析可知，要想消除由地环路带来影响，最根本的办法是切断地环路或根本不让地环路形成。但在许多情况下，地环路肯定会形成或不会彻底切断，这时就要综合考虑来解决这个干扰问题。

在射频传输系统中，噪声干扰的来源较为复杂。大体上有：

（1）来自周围环境的干扰

这包括在系统所用的设备附近有较强、较高频率的辐射源，在传输系统的沿途有辐射源。或者与电视发射塔及有线电视网相距太近，或者选用的传输频道与当地广播电视的发射频道及有线电视网的频道相同等。

（2）来自系统内部的干扰

这主要由于传输中放大器级数过多而产生的交扰调制和相互调制，或者放大器的插入点过早或过迟（使放大器的输入端信号过强或过弱），或者由于在混合器的输入端各路射频信号的电平相差太大，或者所选用的放大器噪声系数过高等。

（3）接地不良或不正确以及接触不良等形成的干扰

这种情况在各种传输方式中都会造成噪声干扰。

解决上述干扰的主要办法是选择质量高的传输设备，按规范接地、传输干线上尽量少装放大器以及在混合器的输入端尽可能地将各路输入的射频信号电平调整一致等。而对于周围有经常性的较强辐射源的情况，只能采取增加屏蔽措施。避开当地广播电视频道，使传输线远离其他可能有辐射干扰的线路。如果采取各种措施仍不能有效地消除干扰，就应考虑改变传输方式（如换成光纤传输等方式），控制中心整体加装屏蔽网。从以上这些问题来看在进行系统设计时，对于系统周边环境情况的摸底是很重要的。如果在设计之前就已经发现存在的不可避开的干扰源，那么从开始就应从总体设计上进行解决。

7.3.3　电源及照明的要求

电视监控系统的电源，相对来说要求是比较严格的。一是要求电压要稳定；二是要求原则上不能停电；三是在电源功率上必须满足整个系统的需要。在供电方式上，一般来说，应该从系统的中心向各摄像机和有关设备统一供电，统一控制。当摄像机安装的位置距离控制中心太远时，可以考虑使用当地电源。但电源的开关控制仍要由系统的控制中心进行操纵（如通过终端解码器进行控制）。在有条件的情况下，供电电源应采用静化稳压电源。静化稳压源的功率应比整个系统的用电功率大 1/3 以上。安防要求在二级风险以上的单位，应采用不间断电源（UPS）在线连接。或至少对控制中心及部分要害重点的被监视场所的摄像机及其辅助设备，以及全部防盗报警系统采用 UPS 电源。此外，整个系统的供电电源的相序最好一致（如都采用 A 相）。特别是远端就地采用的电源相序，必须与系统供电电源的相序一致。某些情况下，对于定焦距无云台的摄像机可以采用直流供电方式（因此时没有终端解码器）。在这种情况下，供电的直流电源一定要稳压性能好、纹波系数小，并且供电功率一定要满足要求（为实际用电功率的 1.5 倍）。同时，根据供电距离的长短，考虑供电电线的线径应满足要求，以便不会产生较多的电压降。在这种情况下，如果是摄像机数量较多或分成几部分时，还应考虑在控制台上设置多路电源开关，以便于控制。

照明问题主要是应考虑某些被监视场所在照度低于所采用摄像机的最低照度时，应在摄像机的防护罩上或相应位置加装射灯或其他类型的照明装置。当没有终端解码器的地方，最好也应该设法能在控制中心对电源开关加以控制。在户外安装的摄像机，有些地区经常出现大雾天气。在这样的地区或场合，也应该加装照明装置。而且这类照明装置应采用对大雾透射力较强的灯具种类。

7.3.4 调试

调试工作是整个系统完成的最后技术阶段，也是技术性强、环节复杂、易出现各种问题的阶段。比较好的调试顺序应该是：分设备调试（或自检）、分系统调试、系统联调。

1. 调试用设备与仪器

① 常用的设备和仪器有：万用表和接地电阻测试表、示波器（用于各种信号波形及其参数的测量）、场强仪（用于射频传输系统）、逻辑笔（用于数码信号的测量）、小型监视器（携带方便，用于室外分系统或摄像机的测试）、彩色信号发生器（或方格机）。

② 专用设备有：噪声发生器（噪声测量仪）（用于系统信噪比的测量）、波形监视器（用于系统中心的测试、图像等级评估等）、扫频仪（用于频带宽度的测量）、光纤传输用的专用测试设备等。

一般来说，上述常用的设备仪器已能满足调试的需求。

2. 单项设备的调试

单项设备的调试一般应在设备安装之前进行。有些单项设备自身单独可能不便于进行调试或测试（如总控制台上的操作键盘），这类设备可与配套的设备共同进行单项调试或测试。单项设备在安装之前如能调试或测试完毕，在完成整个系统的安装之后进行分系统调试或整个系统联调时，则既能做到心中有数，又能起到事半功倍的作用。能够进行单项调试的设备及调试内容有：摄像机某些电气性能的调试（如电子快门、逆光处理、γ 校正、增益控制、ABL 调整等）、配合镜头的调整（包括后截距的调整）等。终端解码器的自检；云台转角限位的测定和调试。放大器的调试（视频放大器或射频放大器），以及其他一些能独立进行调试的设备、部件的调试或测试。

在单项设备的调试中，要注意同类、同型号设备性能的一致性。某些同类、同型号设备的性能不能调试一致时，当估计会影响系统整体性能时，应考虑更换或设法用与其相连接的设备或部件进行补偿。

3. 分系统的调试

分系统的调试包含两方面的概念。一个是按其功能或作用划分；一个是按所在部位或区域划分。譬如，传输系统的调试，就是按功能和作用划分的一种分系统调试。而对某一路信号或某一个区域信号（图像信号、控制信号及与其相对应产生的运动和动作）的调试就是既按功能划分，也是按部位或区域划分的一种分系统的调试。总之，为了在整个系统联调时做到心中有数，并且按分块解决问题的简化原则，分系统的调试是非常必要的。每个分系统都调试完毕，也就意味着整个系统的联调即将胜利在握了。否则，整个系统安装完毕后，眉毛胡子一把抓，出了问题后，很难一下子找到问题之关键所在，这样反而会事倍功半。

分系统的调试一般说难点在于传输系统，特别是摄像机路数多，传输距离又远的系统。但是，如果在安装过程中能做到精心施工，严格按操作规范进行线路的敷设，合理准确地使用传输部件，并且每条线路都能保证质量，进行过通、断、短路测试并做出标记，那么传输系统的调试就会较顺利地进行。在线路质量保证的前提下，传输系统在调试中常遇到的问题就是噪声干扰问题。有关这方面的问题在本书前面已有较为详细的论述，可参照解决。另外一个问题是阻抗匹配问题，也即当由于传输线本身的质量原因（如分布参数过大，特性阻抗非 75Ω 等）或与传输线两端相连的设备输入、输出阻抗非 75Ω 而与传输线特性阻抗不匹配时，会产生高频振荡而严重影响图像质量。有关这方面的问题在本书前面有关的章节中也有详细论述，可参照解决。

4. 系统联调及综合性能测试

当单项设备的调试及分系统的调试进行完毕后，就可以进入整个系统的联调。如果前两项的调试都完成得很好，那么一般说来系统的联调会很顺利。

在系统联调中，最重要的一个环节就是供电电源的正确性（不能短路，断路以及供电电压要符合设备的要求）。经验证明，这是一个既常见又重要的问题。其次就是信号线路的连接、极性、对应关系的正确性（如输入、输出的对应关系）。当系统联调出现问题时，应判断是哪一个分系统出现的问题，这样就会化整为零地去解决问题。在系统联调的过程中，也可以同时完成某些性能指标的测试，这样既利于系统的调试，又利于在调试中出现问题时作为分析判断问题的依据。同时，也可作为系统综合测试的一些项目参数。

在进行综合测试时，应对需测试的项目画出表格进行记录。测试的项目可按公安部有关规范的标准。

要求测试的项目，可能由于条件限制（主要是设备条件）难以全面完成。对这些难以完成测试的项目应与用户采用主观评估的方式完成并达成共识，也需同样记录在案。但某些重要指标项目，应该尽量做到定量测试。

本章中所讨论的安装与调试，原则上也是适用于各种有线传输的闭路电视系统。

7.4　建筑安全防范系统调试中的系统误报原因及对策

没有出现危险情况报警系统发出报警信号即为误报警。因此，报警系统的误报率是指在一定时间内系统误报警次数与报警总数的比值，一般这个值都在 5% 以下。国外将误报警定义为实际情况不需要警察而使警察出动的报警信号。其中不包括那些因恶劣自然气候和其他无法由报警企业以及用户操纵的特殊环境引起的报警信号。美国 UL 标准规定每一个报警系统每年最多只能有四次误报警。现对产生误报警的原因进行分析。

7.4.1　产生误报警原因分析

1. 报警设备故障或质量不佳引发的误报警

报警产品在规定的条件下、规定的时间内不能完成规定的功能，称为故障。故障的类型有损坏性故障和漂移性故障。损坏性故障包括性能全部失效和突然失效。通常是由元器件的损坏或生产工艺不良（如虚焊等）造成。漂移性故障是指元器件的参数和电源电压的漂移所造成的故障。事实上，环境温度、元件制造工艺、设备制造工艺、使用时间、储存时间及电源负载等因素都可能导致元器件参数的变化，产生漂移性故障。

无论是损坏性故障还是漂移性故障都将使系统误报警，要减少由此产生的误报警选用的报警产品必须要符合有关标准的要求，质量上乘。

2. 报警系统设计或安装不当引起的误报警

选择好设备是系统设计的关键，报警器材因有适用范围和局限性，选用不当就会引起误报警。例如，振动探测器靠近震源就容易引起误报警；电铃声和金属撞击声等高频声有可能引起单技术玻璃破碎探测器的误报警。因此，要减少报警，就必须因地制宜地选择好报警器材。

在设备器材安装位置、安装角度、防护措施以及系统布线等方面设计不当也会引发误报警。例如，将被动红外入侵探测器对着空调、换气扇安装，室外用主动红外探测器没有适当的遮阳防护，报警线路与动力线、照明线等强电线路间距小于 1.5m 时未加防电磁干扰措施，都有可能引起系统的误报警。

3. 环境噪扰引起的误报警

由于环境噪扰引起的误报警是指报警系统在正常工作状态下产生的误报警。例如，热气流引起被动红外入侵探测器的误报警；高频声响引起单技术玻璃破碎探测器的误报警；超声源引起超声波探测器的误报警等。减少此类误报警较为有效的措施为：①采用双鉴探测器，当两种不同原理的探测器同时探测到"目标"时，报警器才发出报警信号。有微波/被动红外双鉴器、声音/振动玻璃破碎双鉴器等。②可在报警装置中采用 CPU 和数字处理技术、设置噪声门槛阈值、增加防宠物功能，提高报警装置的智能化程度，以此可在一定程度上降低环境噪扰引起的误报警。

4. 施工不当引起的误报警

① 没有严格按设计要求施工。

② 设备安装不牢固或倾角不合适。

③ 焊点有虚焊、毛刺现象或是屏蔽措施不得当。

④ 设备的灵敏度调整不佳。

⑤ 施工用检测设备不符合计量要求。

5. 用户操作不当引起的误报警

用户使用不当，也可能引起报警系统的误报警。例如，未插好装有门磁开关的窗户被风吹开；工作人员误入警戒区；不小心触发了紧急报警装置；系统值机人员误操作；未注意工作程序的改变等都可能是导致系统误报警的原因。

7.4.2　降低误报率的措施与途径

① 从产品选择与管理、安装管理、防区管理几个方面综合治理入手。

a. 误报的原因首推操作，漏报的原因首推安装。

b. 降低误报的关键在于降低用户使用的复杂程度。

c. 要建立报警信息的复核与确认机制。

d. 探测器的选择要考虑使用的环境条件、探测距离、安装形式等因素。

② 为了降低采用单一探测原理装置易产生的误报，途径之一是采用双鉴式，也就是基

于两种技术原理的复合式报警探测器。据统计，双鉴探头与单技术探头相比，误报率可相差400 倍。更可以两次信号核实的自适应式双鉴探测器，或以两组完全独立的红外探测器双重鉴证来减少误报。

也有三技术探测器，即不仅有被动红外与微波的复合，还增加了人工智能分析技术，通过对感应信号的比对和分析来确定是否为真实报警信号。

Pyronix 公司更推出有微波 + 红外 + IFT（双边独立浮动触发阈值）+ 微波监控（微波故障指示）的四鉴探测器。

③ 采用智能微处理器技术来进一步降低误报率，使探测装置智能化。采取的主要措施有：

a. 探测器内装有微处理器，能够智能分析人体移动速度和信号幅度，即根据人体移动产生信号的振幅、时间长度、峰值、极性、能量等信号，与 CPU 内置的"移动/非移动信号特性数据库"做比较，如果不符合特性，则立即将其排除；如果属移动信号，则再进一步分析移动的类型，从而做出是否输出报警或者等待下一组信号的决断。

b. 在双鉴器内当一种传感器技术发生故障时，能自动转换到以另一种传感器技术作单技术探测器。Honewell 公司则采用灵敏度均一的光学透镜与 S 波段微波相结合来使探测器能准确地区分人与动物的移动。

c. 被动红外探测器除采用双元甚至四元 PIR（热释电红外传感器）技术来降低误报外，还以微处理器控制数字式温度补偿特性，实现探测器内部温度的全补偿，并有非常理想的跟踪性，从而可克服因温度升降而导致的误报和漏报。

d. 采用全数字化探测方案，即把被动红外传感器上的微弱模拟信号，不经模拟电路做放大和滤波等处理，而是将其直接转换为数字信号，输入到功能强大的微处理器中，再在软件的控制下完成信号的转换、放大、滤波和处理，从而获取不受温度影响和没有变形的高纯度、高精度及高信噪比的数字信号，之后再通过软件对信号的性质及室内背景的温度与噪声量做进一步分析，最终决定是否报警。此种措施提高了探测器对环境的适应性。

④ 工艺和技术上的改进。

a. 在含红外源的探测器中，对红外源做全密封处理，可防止气流干扰。

b. 有的探测器能自动调整报警阈值，通过具有可调脉冲数来减少误报和漏报，克服各类电磁波对其的干扰，例如采用双边独立浮动阈值技术 IFT，仅当检测到频率为 0.1 ~ 10Hz 的人体信号时，才将报警阈值固定在某一数值，超过此数值则触发报警；对非人体信号则视为干扰信号，此时报警阈值随干扰信号的峰值自动调节但不给报警信号。有的探测器装有精密的电子模拟滤波器来消除交流电源干扰或用电子数字滤波器来减少电子干扰，更有通过在高频率的动态数字采样后，由微处理器软件来分辨射频/电磁干扰，并将干扰与移动信号相分离。

c. 有的探测器采用四元热释电传感器或独特的算法使之具有防止小动物触发误报的机制和功能。

d. 有的探测器有独特的防遮盖功能，在 1m 内发生的遮盖或破坏探测器企图，都将触发报警，探测器的球形硬镜片能增大所封锁的角度和范围，准确接收任何方向的信号。

e. 将微型摄像机与探测传感器相结合形成的多功能探测器，将更为全面有效。例如，它由带针孔镜头的扳机式 CCD 摄像机与双元红外及微音监听器构成。

f. 现正在开发高可靠性低价位的新型探测技术。例如，微功耗的防盗雷达扫描技术已进入实用阶段。

g. 有3个微波工作频率可供选择，如10.515G、10.525G、10.535G，这样在某一区域内安装多只微波探测器时，不会产生同频干扰。此外，采用K波段（24G）微波探测，可有效地降低微波的穿透能力，减少环境干扰，既提高了灵敏度，还降低了误报。

⑤ 注意避免或减少各种因素对探测器的影响，如表7-5所示。

表7-5　影响区域防护装置的环境因素

因素	光电	音频	超声	微波	被动红外
能量被物体吸收			是		
通风/空气运动			是		
能量被物体阻挡	是		是	是	是
冷/热源			可能		是
荧光灯				是	
悬挂物体			是	可能	可能
装配的门和窗		是	是	是	是
被保护区域外的运动				是	
转动的机械、风扇叶片等		是	是	是	可能
噪声		是	可能		
雷达				是	
无线频率（干扰）			可能	可能	
小动物	是	可能	是	可能	可能
烟雾、尘埃和蒸汽	是		可能		可能
阳光和移动的车灯	可能				是

注：① 表中空白表示无问题。
　　② "是"表示有造成误报警或不正常工作的可能性。
　　③ "可能"表示不一定，但通常可以通过探头的正当设置得到纠正。

7.5　建筑安全防范工程的施工组织与管理

施工是做好安全防范工程的重要一环。施工的组织与管理应包括以下几个环节。

第一，拟定出施工的组织规划，落实好施工的人员，特别是要选择好该工程的项目经理。工程的项目经理体系，如图7-10所示。

第二，从质量、安全和工期三方面保证工程的完成。质量、安全、工期三轴图如图7-11所示。

第三，制定出并严格实施保证工程质量的措施。

1. 落实保证工程质量的组织机构和人员

保证工程质量的组织机构，如图7-12所示。

2. 从质量目标管理着手，分阶段检查落实

工程全过程质量控制内容，如图7-13所示。

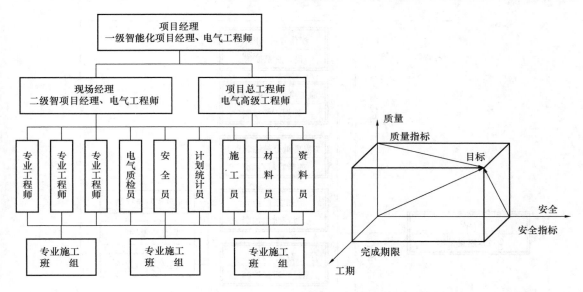

图 7-10　工程的项目经理体系

图 7-11　质量、安全、工期三轴图

3. 严格按安装要求施工

（1）终端设备安装

摄像机护罩及支架的安装应符合设计要求，固定要安全可靠，水平和俯、仰角应能在设计要求的范围内灵活调整。

摄像机应安装在监视目标附近不宜受外界损伤的地方，安装位置不应影响现场设备运行和人员正常活动。安装高度，室内应距地面 2.5～5m 或吊顶下 0.2m 处，室外应距地面 3.5～10m，不低于 3.5m。

摄像机需要隐蔽时，可设置在顶棚或墙壁内，镜头应采用针孔或棱镜镜头；电梯内摄像机应安装在电梯轿厢顶部、电梯操作处的对角处，并应能监视电梯内全景。

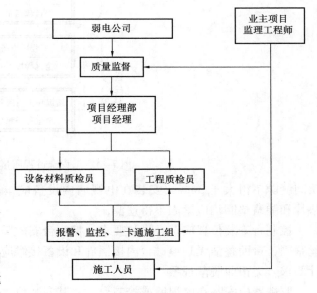

图 7-12　保证工程质量的组织机构

镜头与摄像机的选择应互相对应。CS 型镜头应安装在 CS 型摄像机上：C 型镜头应安装在 C 型摄像机上。但当无法配套使用时，CS 型镜头可以安装在 C 型接口的摄像机上，但要附加一个 CS 改 C 型镜座接圈，但 C 型镜头不能安装在 CS 型接口的摄像机上。

在搬运和安装摄像机过程中，严禁打开镜头盖。

（2）机房设备安装

电视墙的底座应与地面固定，电视墙安装应竖直平稳，垂直偏差不得超过 1%。多个电视墙并排在一起时，面板应在同一平面上并与基准线平行，前后偏差不大于 3mm，两个机

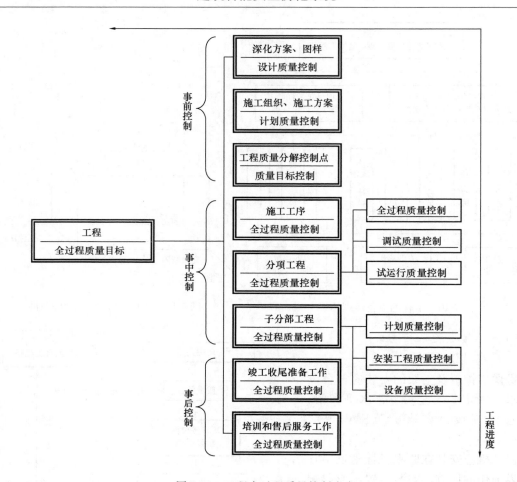

图 7-13　工程全过程质量控制内容

架间缝隙不得大于 3mm。安装在电视墙内设备应牢固、端正；电视墙机架上的固定螺丝、垫片和弹簧垫圈均应紧固不得遗漏。

控制台安装位置应符合设计要求。控制台安放竖直，台面水平；附件完整，无损伤，螺丝紧固，台面整洁无划痕，台内接插件和设备接触应可靠，安装应牢固，内部接线应符合设计要求，无扭曲脱落现象。

监视器应安装在电视墙或控制台上。其安装位置应使屏幕不受外来光直射；监视器、矩阵主机、录像机、画面分割器等设备外部可调节部分，应暴露在控制台外便于操作的位置。

（3）设备接线调试

接线前，将已布放的线缆再次进行对地与线间绝缘摇测。

机房设备采用专用导线将各设备进行连接，各支路导线线头压接好，设备及屏蔽线应压接好保护地线。接地电阻值不应大于 4Ω；采用联合接地时，接地电阻值不应大于 1Ω。

摄像机安装前，应先调节好光圈、镜头，再对摄像机进行初装，经通电试看。细调，检查各项功能，观察监视区的覆盖范围和图像质量，符合要求后方可固定。

安装完后，对所有设备进行通电联调，检测各设备功能及摄像效果，完全达到功能和视觉效果要求后，方可投入使用。

（4）落实施工的安全保证措施

略。

（5）落实施工的进度安排

画出工期安排的直方图（形象进度表）。

（6）培训整个安防系统的操作员和系统管理员，明确各自的职责和权限

操作员和系统管理员的职责与权限，如表7-6所示。

表7-6　操作员和系统管理员的职责与权限

1. 全防范系统（括监控、周界、家庭报警、门禁）	操作员	（1）介绍安全防范系统概况； （2）进入/退出系统； （3）切换、硬盘录像机等设备使用； （4）处理报警或异常情况； （5）打印报表
	系统管理员	（1）设置密码； （2）操作员级别设置； （3）资料备份； （4）系统维护
2. 可视对讲系统	操作员	（1）系统概况； （2）管理机的使用方法； （3）切换选择与系统制作； （4）处理报警
	系统管理员	（1）设置密码； （2）操作员级别设置； （3）资料备份
3. 一卡通系统	操作员	（1）制卡、发卡； （2）异常情况处理； （3）制卡授权
	系统管理员	（1）网络管理； （2）网络维护； （3）权限管理； （4）数据库维护
	财务操作员	（1）卡片充值； （2）报表整理； （3）报表打印

本章小结

本章讲述了建筑安全防范系统工程实施的程序、管理及要求、建筑安全防范系统的工程设计方法、建筑安全防范系统工程的安装与调试的技巧、建筑安全防范系统调试中的系统误

报原因及对策、建筑安全防范工程的施工组织与管理等内容。其中在建筑安全防范系统工程的安装与调试中，需要着重掌握系统安装的步骤与顺序、干扰与抗干扰问题、电源及照明的要求及系统调试方法等内容。本章最后阐述了通常建筑安全防范工程的施工组织与管理模式，可以作为实际建筑安全防范施工项目组织与管理模式的借鉴与参考。

习题与思考

7-1　视频安防监控系统的电源，相对来说要求是比较严格的，因此在设计时应考虑哪些因素？

7-2　请简述一个完整的建筑安全防范系统工程设计的主要内容有那些？

7-3　请简述安全防范系统工程设计招标技术条件主要关注的内容有哪些？

7-4　建筑安全防范系统调试中的系统误报原因通常有哪些？

7-5　建筑安全防范系统调试中降低误报率的措施与途径通常有哪些？

第8章 建筑安全防范系统的检测、
验收、使用和维护

重点提示/学习目标

1. 建筑安全防范系统检测与验收；
2. 建筑安全防范系统使用、维护和管理。

一项安防工程竣工后，必须进行工程验收。根据 GA/T 75—1994《安全防范工程程序与要求》的规定，一、二级工程验收之前，还应该进行工程的检验与检测，给出工程检测报告，并将其作为工程验收的重要依据。而正确地使用、维护和管理安防系统，是充分发挥其效能的有力保障。以下将从安全防范系统检测、验收以及使用和维护两个方面进行阐述。

8.1 建筑安全防范系统的检测与验收

安防工程的检测与验收，是一项严肃的、重要的、技术性很强的工作，也是对安防工程质量的好坏和该工程是否符合各项要求做出客观、公正评价的关键性工作。所以，了解和掌握安防工程的检测与验收，是十分必要的。

无论是工程的检测还是工程的验收，总体上应围绕如下几个方面进行：

① 前端设备（如入侵探测器、摄像机、镜头、云台、解码器等）的型号、数量、质量、技术指标、安装位置与安装质量以及外观和外形情况等。

② 管线敷设情况（包括管线敷设位置、安装质量、管线的走向、接地情况、屏蔽情况、线路接头质量与接头的处理情况）。

③ 中心控制设备（如矩阵切换主机、报警主机、监视器、图像处理和记录设备、电源设备等）的型号、数量、质量、技术指标、安装位置与安装质量、外观外形情况、接地情况等。

④ 系统功能、系统的各项技术指标及操作运行情况。

围绕上述四个方面，进行检验、检测和工程验收。

8.1.1 安防工程的检验与检测

安防工程的检验与检测，必须由具有法定资格的部门去进行。目前，各省已经建立或正在建立这样的检测部门。北京和上海已经设立了这样的机构。

1. 进行检测的基本程序

① 检测部门受工程建设单位的委托。

② 工程的建设单位或设计、施工单位向检测部门报送与工程检测有关的文件资料（主要有系统构成框图、设备器材清单；前、后端设备的型号与技术性能指标；工程合同等）。所报送的文件资料应能反映竣工后的真实情况。

③ 根据报送的文件资料进行检验、检测工作。

④ 检测完毕后出具检测报告。

2. 检测的具体步骤和内容

① 总体来说，应围绕上述的四个方面进行检测工作。

② 一般是先检验前、后端所有的设备器材的数量、型号、安装位置与安装质量、外观情况等。设备器材的数量、型号和生产厂家应符合所报送的文件资料。

③ 然后检验和检测管线敷设情况，管线的接地情况等。

④ 再后是逐台检测设备器材的质量情况、技术指标情况等（有多台同种型号的设备和器材可抽样检测，抽样数量不应少于该种设备的20%，只有单台设备或某种型号的设备数量很少时，应全部逐台检测）。检测的结果应符合该种设备或器材说明书给出的技术指标和其他技术质量情况。

⑤ 最后是进行整个系统的运行情况检测，系统技术指标的检测（包括防盗报警系统的误报率、漏报率、报警响应时间、报警联动响应时间、入侵探测器的覆盖面、系统的防破坏性能等；电视监视场所的环境照度与摄像机最低照度之间是否符合要求，摄像机覆盖的范围是否符合要求以及清晰度、灰度等级、信噪比、设备与系统的频带宽度等；此外，还应包括系统的操作使用性能和有关情况、系统运行的可靠性、系统的接地与干扰等）。总之，应全面、系统、认真仔细地检测整个系统的方方面面。

检验和检测中所使用的设备、仪器应经过国家计量部门的标定和认可，并按要求每个年度或规定的时间去标定一次。

有关检验、检测中所需的设备和仪器种类，以及检测中更为具体的内容和方法，限于篇幅，在这里就不详述了。

8.1.2 工程的验收

为了使公安机关技防管理部门及安防工程的设计、施工单位，对工程的验收有较为深入地了解和掌握，在本节中将较详细地加以阐述这方面的有关问题。这里所要阐述的内容对一、二、三级工程的验收都是适用的或可供参考的。

工程验收是一项安防工程竣工并在进行试运行之后（一、二级工程可在进行初验和检测之后），检查和确认整个工程在施工质量、系统操作运行技术指标、系统功能方面是否符合经方案论证之后完成的工程设计要求以及整个工程质量情况的关键步骤，也是一项安防工程在完成整个实施过程中的最后一项必须进行的工作。在一项安防工程通过工程验收之后，就等于该项工程正式结束并可以投入正常使用了。因此，这项工作既是把关性的，也是给出结论性意见的重要工作。

工程验收涉及安防工程的各个方面。除了经过方案论证的工程设计之外，还有施工质量、设备器材质量与技术指标要求；系统操作运行、系统功能、人员培训、维修保障情况等。具体来说，可分为如下几个方面进行。

① 前端设备（如入侵探测器、摄像机、镜头、云台、解码器等）的外形、外观及安装质量与位置等方面的检查与验收。

② 线路敷设的检查与验收（含桥架、管线等）。

③ 中心控制设备（如主机、监视器、控制台、电源等）的检查与验收。

④ 系统功能的检查与验收（包括操作使用、系统各项技术指标情况等）。

在进行工程验收过程中，如果是防盗报警与电视监控两个部分都有的话，在两个系统分别检查和验收的基础上，还要看二者之间的有机配合和联动运行情况。另外，经过检测并有检测报告的工程，可以检测报告为主要依据。对已检测过的项目和内容，一般来说只进行抽验即可。对没有检测过的项目和内容或者发现检测报告结论严重失实时，则必须进行全面检查和验收。下面分为几个方面加以阐述：

1. 前端设备的检查与验收

前端的入侵探测器和摄像机，首先应检查和验收其外观和安装质量情况。外观应符合该产品有关规范和标准的要求。总的来说，应该是无破损、无明显划痕、无变形等。安装质量的情况应该是牢固、可靠，刚性程度也要符合规范和设计使用要求。对于刚性程度的要求，例如在室外安装了一台摄像机，虽然其安装质量牢固可靠符合要求，但刚性程度不够，当刮风时，吹动摄像机晃动，那么该台摄像机输出至监视器上的图像画面肯定会产生晃动。特别是在使用变焦镜头的长焦距时（俗称特写镜头时），由于此时倍数相对来说较大（图像放大倍数大），这种晃动将导致图像无法正常观看。同样，如有些技术原理的入侵探测器，其本身的探测原理就是靠入侵目标的移动进行探测的，如果入侵探测器本身由于刚性不够，有风吹动时晃来晃去，就可能产生误报。所以刚性程度这一要求是很重要的。

对于前端设备的安装位置来说，最主要的是应该使所安装设备的位置能满足对其所防范区域覆盖的情况。具体来说，入侵探测器能探测到的入侵范围应满足设计规定的应防范的范围；固定焦距摄像机的视场角及景深符合设计规定的防范范围；可变焦及带云台的摄像机，其覆盖区域符合设计规定的防范范围等。

除了上述要求之外，还应检查和验收所使用设备的有关技术性能和技术指标是否符合要求。例如，所使用的入侵探测器的探测原理在该防范部位是否合适，是否受到经常性和较大可能的干扰而引起误报；所使用的摄像机在镜头的焦距长短上，对光照变化的处理或适应方面是否符合防范的要求。还有，与探测器或摄像机的各种连接线是否可靠，是否能经受长期使用的考验，特别是带云台的摄像机的连接线是否满足在云台长期转动的情况下也不会发生接触不良、缠绕设备、扯断等方面的要求。这些要求虽然在系统功能验收时也可能有些方面会涉及（例如防范区域及视场角），但在检查和验收前端时，更应加以注意。

2. 管线敷设的检查和验收

管线敷设的检查和验收，一般分为如下几个部分：

（1）桥架的检查和验收

桥架是集中布线的地方，桥架的安装是否符合要求，会直接影响布线的质量。通常对桥架的安装要求是：

① 牢固可靠，支铁吊架在承重、牢固程度方面要符合要求。

② 每段桥架之间应该用金属导体可靠连接（使所有桥架成为一个等电位体）。

③ 每隔一定的距离，将桥架良好接地。

④ 桥架中的引入、引出线部分，应按规范做好过渡点（引入、引出点）的处理。譬如用钢管作为与桥架的引入、引出线的交接点布线的护线管材料时，钢管与桥架间的连接，应在桥架上打孔（与钢管外径相匹配）并采用橡胶或软塑套圈配合交叉过渡。同时，钢管与桥架之间也该用金属导体良好连接。交叉过渡点外的钢管应有一定的长度与桥架保持在一个水平面上。

（2）钢管的检查与验收

钢管作为布线的护套管，是在安防工程中经常采用的。钢管的内径应根据布线的数量及线径合理考虑，应留有空间的富余量（具体参见有关规范）。每段钢管之间的连接应吻合（例如采用套丝方式用管套相连），直角弯处应采用接线盒转接处理。钢管与钢管之间应该用金属导体连接，每隔一定距离应良好接地一次。钢管的支铁吊架应牢固可靠，以保证钢管的牢固可靠。

（3）阻燃尼龙管（或 PVC 管等塑料性质的护套管和线槽）的检查与验收

一般情况下，尽可能不采用塑料性质的护套管，因为它们没有屏蔽作用。在进行线路明敷时，为了与整个建筑协调或其他原因必须采用时，除在安装与连接时应牢固可靠，接口处吻合外，最主要的是应按要求离开强电线路有一定的距离。上述几种布线护套材料（桥架、钢管、塑料管等）均应离开热源一定的距离。

（4）金属螺旋管（俗称蛇皮管）的检查验收

这种护套材料只适用于从钢管、桥架或塑料管中向安装前端引出线时的护套管，其长短一般不能超过 2m。

（5）布线的检查与验收

① 强弱电线缆分开敷设（不在同一个桥架或护套管内）。

② 线缆的连接应采用可靠焊接的连接方式并在连接点处做好不同线间的绝缘处理及防腐蚀、防锈、防水等处理（特别是室外线路），并应在连接处留有余兜以防扯断。对于视频、射频等同轴电缆及多芯电缆，布线时尽量避免多段连接，最好一条电缆从头到尾敷设。

③ 线缆的引出端应留有必要的富余量（留有必要的长度）。

④ 如有采用接插件连接的部位，接插件与线缆之间的连接应可靠、牢固。裸露在室外的线缆原则上不能采用接插件连接方式。不得已时，应做防腐、防锈、防水等处理。

⑤ 进出室外的线路应该用钢质护套材料做路由，并有防水、防破坏措施。

⑥ 对于在地沟内布线及室外架杆布线，弱电线缆与强电线缆或其他通信线路共沟、共杆时，应有一定的距离（具体请参见有关规范与规定）。架杆布线时，应有钢索等材料将线缆钩挂在上面，挂钩之间的间距应符合要求。挂线缆的钢索每隔一定的距离应可靠接地一次。

⑦ 中心控制室内各设备之间的线路布设应考虑到检修维护的方便。同时，应特别注意线缆与接插头的连接应牢固可靠。

整个线路的敷设要求，请参阅 GB 50198—2011《民用闭路监视电视系统工程技术规范》以及其他有关规范与标准。

3. 系统功能的检查与验收

这是一项较复杂、技术性较强的验收项目。它包括的内容比较广泛，检测与验收比较费时，而在不使用测试仪器进行客观技术指标测试的情况下，又较难给出某些指标性能的准确数据。目前，各省、市公安技防部门根据自己的情况，对二级（包括二级）以上的安防工程验收前的检测，已正在由逐步建立（或已建立）的安防工程检测部门实施，对整个工程的质量及性能指标进行检测，然后给出检测结果，作为安防工程验收时的重要技术依据。对三级（包括三级）以下的安防工程，主要采用现场检查验收（以主观评价为主，辅以简单可行的系统运行检查方法）方式。

下面以没有检测部门进行具体技术检测的情况为例，阐述一下有关系统功能验收的主要事项（当然，在由检测部门进行检测的情况下，下面所阐述的有关事项也同样是必要可行的）。

（1）前端设备的检测与验收

前端入侵探测器的检测与验收，通常采用模拟入侵的方式进行防范范围、报警响应灵敏度、响应时间、误报率等方面的检测，如果均符合设计与有关规范要求，即可以认为合格；前端摄像机所覆盖的防范区域，通常可通过监视器观看其是否符合要求。

（2）中心控制设备的检测与验收

① 报警控制器：检测其当入侵探测器报警时，报警部位的显示、报警响应时间、驱动声光报警设备（如警号等）的情况以及报警恢复、撤防与布防的情况，有自动拨号电话的要检测自动拨号报警和防破坏情况等。

② 视频矩阵主机系统：检测其切换图像（特别是各图像间的隔离度以及通过主机后图像质量）、操作键盘、副控制系统的操作情况是否符合要求。

③ 监视器：通过监视器既要检测各摄像机输出的图像质量（清晰度、色度、对比度等），也要检测监视器本身的质量情况（这可以采用一台专用的、质量及技术指标较高的监视器，对其进行比较），还同时可通过监视器检测传输系统等整个系统技术指标及系统运行等其他系统功能的情况。在没有用仪器设备进行具体的技术指标测试的情况下，对图像质量的评价（并通过它对整个系统进行评价）可参照图像质量分级标准由验收小组进行分析评价。三级以下（含三级）的图像质量一般被认为不符合要求。

④ 图像处理设备（如画面分割器）及录像设备：图像处理设备应符合该产品说明书给出的技术指标，其输出信号（图像质量）应满足设计要求，其画面处理的路数应满足设计及实际使用的要求。录像机或硬盘录像装置等录像设备的图像回放质量应符合该产品说明书给出的技术指标，它与图像处理设备联合使用时，应满足设计与实际使用的要求。

特别是对于柜员制来说，图像处理设备原则上其处理的图像路数不应大于 4 路，而录像设备对其输出的图像记录回放时，回放图像的质量应是可用的（即应符合用户使用的实际要求），其图像信息的丢失（俗称"丢帧"）要小于 1 帧/0.25s。

（3）系统联动运行功能的检测与验收

联动运行一般指两个方面。一是报警与电视监控的联动（包括预置云台方式的联动），二是在采用多媒体技术的操作平台上，报警系统、电视监控系统、电子地图、图像远程传送、多级联网等之间的联动运行。不论哪种情况，联动运行的检测和验收的要点就是"联动"二字。也就是说，由报警为触发起点，前端的射灯、摄像机、中心控制室的录像设备、电子地图的报警自动弹出以及向上一级或公安部门的警情传送等，均应立即自动响应。同时，对应联动的设备和防范的部门应严格对应起来。如果不能做到这些，就不符合验收的标准。联动运行的检测和验收，应将设计要求和现场实际使用要求作为验收依据。

（4）系统接地与电气安全方面的检测与验收

接地的概念一般可分为两种类型。一种是安全接地，也即为人身安全或某些设备的安全进行的接地。这种类型的接地通常是将设备外壳接在地线上，而该地线是埋入地下的引出地线，也即所谓的接大地。

本章前述的桥架、布线用的钢管、挂线缆的钢索等的接地也是指这种接地。而这时的接地主要是用于屏蔽作用。另一种接地通常称为"工作接地"，实际上这个"地"是指一个电气系统的公共端，而不是真正的大地。在有些情况下，这个公共端允许接大地（但需按规定要求和形式接地），有些情况则不允许接大地。在有些情况下，如果将"工作接地"接在大地上，可能会引入噪声干扰，如"地环路"形成的 50 周工频干扰等。

对于"安全接地"和"工作接地"这两种接地形式，如果都要接在大地上，并且各自分开接地时，则接地电阻都要求小于 4Ω。有时，如果"工作接地"的接地线是与建筑物地下接地网（这种接地网通常是避雷用接地网和楼宇内供电系统的安全接地网）接在一起时，则要求接地电阻小于 1Ω。无论安全接地和工作接地对

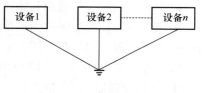

图 8-1　一点接地方式

大地接地时，必须采用一点接地方式（见图 8-1）。但桥架、钢管等护套材料的接地可不必采用一点接地方式，并且这种接地可以与建筑物供电安全接地网接在一起，并可以隔一定的距离就近接地一次。

接地的检测与验收，主要是测试接地电阻是否符合上述要求，以及是否符合一点接地方式。另外，如果因接地原因引入了"地环路"的干扰，应仔细检查原因，设法予以解决。

在接地问题上，还要注意切不可将接地接在电源线路的零线上，也就是一定不要把"接地"与"零线"的两个概念搞在一起，零线不等于地，这点一定要特别注意。

在电气安全的检测与验收时，除上述设备外壳的安全接地外，如果在系统的供电中采用了净化稳压电源设备的，对净化稳压电源的接线要求也要给予充分的注意。因为净化稳压电源的输入端以及输出端均要求将火线与零线分清并对应接在火线与零线上，也就是火线与零线的接法不能搞错，这在净化电源上及其说明书上，均有明确说明，在使用时应认真查阅说明书。同时，净化稳压电源有一接地端，这个接地端不能接到零线上，而应接入大地，即安全接地。其他诸如 UPS 电源等的使用与接法也应按说明书的要求正确安装与使用。

上述验收的几个方面，是一个总体的要求与做法，正式进行验收工作时，可能还有一些具体项目要做，这可根据实际要求逐一进行（见表 8-1 ~ 表 8-5）。对于二级以上的安防工程的验收，原则上一定要先进行工程的检验与检测，然后给出检测报告，再进行正式验收。

表 8-1　视频安防监控子系统检验项目、检验要求及测试方法

序号	检　验　项　目		检验要求及测试方法
1	系统控制功能检验	编程功能检验	通过控制设备键盘可手动或自动编程，实现对所有的视频图像在指定的监视器上进行固定或时序显示、切换
		遥控功能检验	控制设备对云台、镜头、防护罩等所有前端受控部件的控制应平稳、准确
2	监视功能检验		1. 监视区域应符合设计要求，监视区域内照度应符合设计要求，如不符合要求是否有辅助光源； 2. 对设计中要求必须监视的要害部位，是否实现实时监视、无盲区
3	显示功能检验		1. 单画面或多画面显示的图像应清晰、稳定； 2. 监视画面上应显示出日期、时间及所监视画面前端摄像机的编号或地址码； 3. 应具有画面定格、切换显示、多路报警显示、任意设定视频警戒区域等功能； 4. 图像显示质量应符合设计要求，并按 GB/T 7401 标准对图像质量进行五级评分

序号	检 验 项 目	检验要求及测试方法
4	记录功能检验	1. 对前端摄像机所摄图像应能按设计要求进行记录，对设计中要求必须记录的图像应连续、可靠； 2. 记录画面上应记录日期、时间及所监视画面前端摄像机的编号或地址码； 3. 应具有存储功能，在停电或关机时，对所有的编程设置、摄像机编号、时间、地址等均可存储，一旦恢复供电，系统应自动进入正常工作状态
5	回放功能检验	1. 回放图像应清晰，灰度等级、分辨率应符合设计要求； 2. 回放图像的日期、时间及所监视画面前端摄像机的编号或地址码应清晰、准确； 3. 当记录图像为报警联动所记录图像时，回放图像应保证报警现场摄像机的覆盖范围，使回放图像能再现报警现场； 4. 回放图像与监视图像比较应无明显劣化，移动目标图像的回放效果应达到设计要求的鉴别等级
6	报警联动功能检验	1. 当入侵报警子系统有报警发生时，联动装置应将相应设备自动开启，报警现场画面应显示到指定监视器上，应能显示出摄像机的地址码及时间，应能单画面记录报警画面； 2. 当与入侵探测系统、出入口控制子系统联动时，应能准确触发所联动设备；对于其他系统的报警联动功能，应符合设计要求
7	图像丢失报警功能检验	当视频输入信号丢失时，应能发出报警
8	其他项目功能检验	对于具体工程中具有的而以上功能中未涉及的项目，其检验要求应符合相应标准、工程合同及正式设计文件的要求

表 8-2　入侵报警子系统检验项目、检验要求及测试方法

序号	检验项目		检验要求及测试方法
1	入侵报警功能检验	各类入侵探测器报警功能检验	各类入侵探测器应按相应标准规定的检验方法检验探测灵敏度及覆盖范围。在设防状态下，当探测到有入侵发生，应能发出报警信息。防盗报警控制设备上应显示出报警发生的区域，并发出声、光报警。报警信息应能保持到手动复位。防范区域应在入侵探测器的有效探测范围内，防范区域内应无盲区
		紧急报警功能检验	系统在任何状态下，触动紧急报警装置，在防盗报警控制设备上应显示出入侵发生地址，并发出声、光报警。报警信息应能保持到手动复位，紧急报警装置应有防误触发措施，被触发后应自锁。当同时触发多路紧急报警装置时，应在防盗报警控制设备上依次显示出报警发生区域，并发出声、光报警信息，报警信息应能保持到手动复位，报警信号应无丢失
		多路同时报警功能检验	当多路探测器同时报警时，在防盗报警控制设备上应显示出报警发生地址，并发出声、光报警信息。报警信息应能保持到手动复位，报警信号应无丢失
		报警后的恢复功能检验	报警发生后，入侵报警子系统应能手动复位。在设防状态下，探测器的入侵探测与报警功能应正常；在撤防状态下，系统对探测器的报警信息应不响应

序号	检验项目		检验要求及测试方法
2	防破坏及故障报警功能检验	入侵探测器防拆报警功能检验	在任何状态下，当探测器机壳被打开，在防盗报警控制设备上应显示出探测器地址，并发出声、光报警信息，报警信息应能保持到手动复位
		防盗报警控制设备防拆报警功能检验	在任何状态下，防盗报警控制设备机盖被打开，防盗报警控制设备应发出声、光报警，报警信息应能保持到手动复位
		防盗报警控制设备信号线防破坏报警功能检验	在有线传输系统中，当报警信号传输线被开路、短路及并接其他负载时，防盗报警控制设备应发出声、光报警，应显示报警信息，报警信息应能保持到手动复位
		入侵探测器电源线防破坏功能检验	在有线传输系统中，当探测器电源线被切断，防盗报警控制设备应发出声、光报警，应显示线路故障信息，该信息应能保持到手动复位
		防盗报警控制设备主备电源故障报警功能检验	当防盗报警控制设备主电源发生故障时，备用电源应自动工作，同时应显示主电源故障信息；当备用电源发生故障或欠压时，应显示备用电源故障或欠压信息，该信息应能保持到手动复位
		电话线防破坏功能检验	在利用市话网传输报警信号的系统中，当电话线被切断，防盗报警控制设备应发出声、光报警，应显示线路故障信息，该信息应能保持到手动复位
3	记录显示功能检验	显示信息检验	系统应具有信息显示、记录开机、关机时间、报警、故障、被破坏、设防时间、撤防时间、更改时间等信息的功能
		记录内容检验	应显示报警的时间、地点、报警信息性质、故障信息性质等信息。信息内容要求准确、明确
		管理功能检验	具有管理功能的系统，应能自动显示、记录系统的工作状况。应具有多级管理密码
4	系统自检功能检验	自检功能检验	系统应具有自检或巡检功能，当系统中入侵探测器或报警控制设备发生故障、被破坏，都应有声光报警，报警信息保持到手动复位
		设防/撤防、旁路功能检验	系统应能手动/自动设防/撤防，应能按时间在全部或部分区域任意布防和撤防；设防、撤防状态应有显示，并有明显区别
5	系统报警响应时间检验		1. 检测从探测器探测到报警信号到系统联动设备启动之间的响应时间，其指标应符合设计要求； 2. 检测从探测器探测到报警信号经市话网电话线传输（双音频）到报警控制设备接收到报警信号，系统接警响应时间应符合设计要求； 3. 检测系统发生故障到报警控制设备显示信息之间的响应时间
6	报警复核功能检验		在有报警复核的系统中，当报警发生时，系统应能对报警现场进行声音或图像复核
7	报警声级检验		用声级计在距离音响发声器件正前方1m处测量：控制台内置发声器件及外置发声器件声级应符合设计要求

序号	检验项目	检验要求及测试方法
8	报警优先功能检验	对于经市话网电话线传输报警信息的系统，在主叫方式下应具有报警优先功能。是否有被叫禁用措施
9	其他项目检验	对于具体工程中具有的而以上功能中未涉及的项目，其检验要求应符合相应行业标准、工程合同及设计任务书的要求

表 8-3　出入口控制子系统检验项目、检验要求及测试方法

序号	检 验 项 目	检验要求及测试方法
1	目标识读装置功能检验	1. 出入口目标识读装置应符合相应产品标准的技术要求； 2. 目标识读装置应保证操作的有效性
2	信息处理/控制设备功能检验	1. 对各类不同的通行对象及其准入级别，应具有实时控制和多级程序控制功能； 2. 不同级别的入口应有不同的识别密码，以确定不同级别证卡的有效进入； 3. 有效证卡应有防止使用同类设备非法复制的密码系统。密码系统应能修改； 4. 控制设备对执行机构的控制应准确、可靠； 5. 对于每次有效进入，都应自动存储该进入人员的相关信息和进入时间，并能每天进行有效统计和记录存档，可对出入口数据进行统计、筛选等数据处理； 6. 应具有多级系统密码管理功能，对系统中任何操作均应有记录； 7. 出入口控制子系统应独立运行。当处于综合系统中时，应可与监控中心联网； 8. 应有应急开启功能
3	执行机构功能检验	1. 执行机构的动作应实时、安全、可靠； 2. 执行机构的一次有效操作，只能产生一次有效动作
4	报警功能检验	1. 出现非授权进入、超时开启时应能发出报警信号，应能显示出非授权进入、超时开启发生的时间、区域或部位，应与授权进入显示有明显区别； 2. 当识读装置和执行机构被破坏时，应能发出报警
5	楼寓（可视）对讲电控防盗门系统功能检验	1. 室外机与室内机应能实现双向通话，声音应清晰，应无明显噪声； 2. 室内机的开锁机构应灵活、有效； 3. 电控防盗门及防盗门锁具应符合有关标准要求，应具有有效期内的形式检验报告，电控开锁、手动开锁及用钥匙开锁，均应正常可靠； 4. 具有报警功能的楼寓对讲系统报警功能应符合入侵报警子系统相关要求； 5. 关门噪声应符合设计要求； 6. 可视对讲系统的图像应清晰、稳定。图像质量应符合设计要求
6	其他项目检验	对于具体工程中具有的而以上功能中未涉及的项目，其检验要求应符合相应行业标准、工程合同及正式设计文件的要求

表 8-4　巡更子系统检验项目、检验要求及测试方法

序号	检验项目	检验要求及测试方法
1	巡更设置功能检验	对于在线式的巡更子系统应能设置保安人员巡更软件程序，应能对保安人员巡逻的工作状态（是否准时、是否遵守顺序等）进行实时监督、记录。当发生保安人员不到位时，应有报警功能。当与入侵报警子系统、出入口控制子系统报警联动时，应保证对联动设备的控制准确、可靠。 对于离线式的巡更子系统应能保证信息识读准确、可靠

序号	检验项目	检验要求及测试方法
2	记录打印功能检验	应能记录打印执行器编号，执行时间，与设置程序的比对等信息
3	管理功能检验	应能有多级系统管理密码，对系统中的各种动作均应有记录
4	其他项目检验	对于具体工程中具有的而以上功能中未涉及的项目，其检验要求应符合相应标准、工程合同及正式设计文件的要求

表8-5　车库（场）管理系统检验项目、检验要求及测试方法

序号	检验项目	检验要求及测试方法
1	识别功能检验	对车型、车号的识别应符合设计要求，识别应准确、可靠
2	控制功能检验	应能自动控制出入挡车器，并不损害出入目标
3	报警功能检验	当有意外情况发生时，应能向有关部门报警
4	出票验票功能检验	在车库（场）的入口区、出口区设置的出票装置、验票装置，应符合设计要求，出票验票均应准确、无误
5	管理功能检验	应能进行整个停车场的收费统计和管理（包括多个出入口的联网和监控管理）；应独立运行，应能与安防系统监控中心联网
6	显示功能检验	应能明显显示车位，应有出入口及场内通道的行车指示，应有自动计费与收费金额显示
7	其他项目检验	对于具体工程中具有的而以上功能中未涉及的项目，其检验要求应符合相应行业标准、工程合同及设计任务书的要求

在对工程进行验收时，有些方面可参照 GB 50198—2011《民用闭路监视电视系统工程技术规范》和 GA 308—2001《安全防范系统验收规则》的有关内容和要求进行。

8.2　建筑安全防范系统的使用、维护和管理

8.2.1　正确使用充分发挥系统效能

一个功能齐备的安防系统，设备品种繁多，数量也不少，规模大小不一，建设费用一般都在十几万、几十万乃至百万元以上。如何充分发挥系统的作用？用户自然关心，作为承建单位也十分关注。系统能正常使用，是社会效益问题，为对国家、对社会负责，大家都有责任使其保持正常运行。设计、施工应该细心，在建成后更应注意正确合理使用，加强日常维护工作。

用户面对这样一个复杂的系统，开始一定会感到神秘和陌生，这很自然，由不熟悉到熟悉，需要一个过程，经过一段实践，就一定能够掌握。一般性错误的操作，不会使系统产生不可恢复的失效，这是系统设计者应予保证的。即一般性错误的操作可能使系统运行失常，失去部分或全部功能，但在重新按正确方法操作后仍可恢复正常。严重的错误，如电源连接错误，则可能造成硬件损坏，需更换元器件或个别设备才能恢复正常，这是应千万注意避免发生的。

一个复杂的电子系统，电子元器件，半导体集成电路、接插连接件成千上万，来自不同国家、不同厂商的这些零部件和整机，质量水平参差不齐，质量保证体系水平不一，即使单

项元器件的失效率很低，系统的平均无故障时间（MTBF）也将大大缩短。因此，系统在运行中难免因某个零部件出故障而使系统失效或部分失效，对此不必惊慌失措。只要我们熟悉系统性能，准确判断出故障原因，可以采取应急措施，在维持系统部分正常运行的同时，对故障部分修理和更换，或通知承建单位上门维修。

8.2.2　系统控制室的环境条件

为了正确合理地使用安防系统，对于集中了主要的控制设备和终端设备的系统控制室，应提供一个适当的环境，对控制室机房的要求大致如下：

1. 物理环境

① 室内光线柔和，便于观察监视器图像以及各种发光的警示信号。

② 与街市隔离，周围无噪声干扰源，便于监听。

③ 控制室内温度宜在 16～30℃ 以内，相对湿度 30%～75%，门窗密封防尘性能好，保持洁净。

2. 电磁环境

① 市电供电稳定，当电压波动超出 +5% 或 -10% 范围时，应配备交流稳压电源，稳压装置的标称功率不得小于系统使用功率的 1.5 倍，交流供电的插座接线应符合规范。

② 有良好的接地线。不得与强电的电网零线短接或混接。使用三芯插头的单相电源线或设备上有接地标志的点，应按要求接入地线。

③ 控制室应远离发电机房、电梯间、有大型电动机的锅炉房、有变压器的配电室、电视差转机房、无线通信中心、电视台、广播电台等电磁干扰源，无法避开时则应采取必要的屏蔽措施。

8.2.3　使用维护人员的基本素质

在环境硬件要求满足之后，要有具备一定素质的人员按照一定的规程来进行操作，根据我们的国情，对系统的操作使用人员，在思想素质和业务素质上提出如下要求。

1. 思想素质

① 有强烈的责任感和敬业精神。对系统的各项设备，要像自家的电器一样细心保管，像战士爱护武器那样爱护和使用。用于安全防范的系统，它的确就是与犯罪分子斗争的武器，进入系统控制室操作值勤，就是站在了对敌斗争的第一线，应全力投入，以严肃的态度做好工作。

② 有顽强的学习钻研精神。一个没有受过专业教育的人，对安防技术系统所包含的许多先进技术知识的学习肯定要克服许多困难才能逐步掌握，只有坚忍不拔的人才可能深入进去，从而达到运用自如的境界。具有一定电子技术专业水平的人员，熟悉起来可能快一些，也仍然需要学习，因为系统涉及的知识面广，有许多新知识要重新学习，作为更高的要求自己进行维修就更是如此。

③ 有细致严谨的工作作风。操作严守规程，观察认真细致，随时注意系统的运行状况，避免系统带"病"运行。

2. 业务素质

① 操作使用人员应具有高中以上文化水平，掌握电工、电子基础知识，最好受过中等专业教育，基本的要求是会正确操作。

② 在熟悉各项设备使用的基础上，知道系统的连接方法、操作程序（设备初始状态的

设定，操作的先后）、设备状态是否正常，判断系统故障位置（至单项设备），能采取临时应急措施。

③ 高级的操作维修人员，要求能对系统进行部分维修，熟悉设备的工作原理，判断单机故障的具体部位，能对一般元器件损坏自行更换，对系统定期维修。对高级操作维修人员的要求一时难以达到，在系统发生设备硬件故障时，用户可通知承建商或设备供应商进行检修。

8.2.4 建立必要的管理制度

性能完善、设备先进的系统，条件优越的操作控制室，素质良好的工作人员，为系统的运用创造了必要的人才物质条件。但要使系统长期正常地运转，充分发挥其作用，还必须有完善的管理制度。有关业务管理制度，按系统使用目的不同由用户根据情况制定，这里只对系统管理的技术方面提出一些注意事项供用户参考。

1. 建立系统以及各项设备的技术档案

① 妥善保管设备的备附件、技术图纸、说明书；

② 设立系统和设备维修记录本，便于对系统的维修。

2. 制定机房管理制度

杜绝闲杂人员进入，保持文明的工作环境，明确操作人员的岗位责任。

3. 制定系统操作规程

规范操作人员的行为，避免发生错误操作。如开机之前先检查电源，测量电压，检查是否有插头松脱等现象。有自检功能的设备（如控制键盘、多媒体计算机等），先自检正常再投入系统运行。

4. 设立值班记录（可与业务内容共用）

记录每天的气候、机房温度、湿度、系统运转状况（故障现象、采取的措施及结果）以及安全防范方面的各种情况。交接人员要签字。

5. 建立系统定期检查与维护制度

为将事故消除在萌芽状态，对系统的定期检修要安排一定的时间、资金，制定具体办法。

系统的设计、施工单位，对保证安全技术防范系统的正常运行负有不可推卸的责任。应做好对用户操作人员的培训，信守承诺，一旦用户要求，及时做好上门服务。在注意经济效益的同时不忘社会效益。通过系统承建单位和系统使用单位双方共同努力，就一定能将系统建设好、使用好，为社会的安全、稳定做出贡献。

本章小结

本章讲述了建筑安全防范系统的检测、验收、使用和维护等内容。其中在建筑安全防范系统的检测、验收中，需要着重掌握安防工程的检验要求、检测方法及相应的工程验收规范等内容，本章最后从正确使用充分发挥系统效能、系统控制室的环境条件、使用维护人员的基本素质、建立必要的管理制度等方面阐述了建筑安全防范系统使用、维护和管理。

习题与思考

8-1 在建筑安全防范系统中无论是工程的检测还是工程的验收，总体上应围绕哪几个方面进行？

8-2 建筑安全防范系统使用、维护和管理中需要考虑的因素主要有哪些？

参考文献

［1］　陈龙. 智能建筑安全防范系统及应用［M］. 北京：机械工业出版社，2007.

［2］　林火养. 智能小区安全防范系统［M］. 北京：机械工业出版社，2012.

［3］　黎连业. 智能大厦和智能小区安全防范系统的设计与实施［M］. 北京：清华大学出版社，2008.

［4］　郑李明. 安全防范系统工程［M］. 北京：高等教育出版社，2006.

［5］　秦兆海，周鑫华. 智能楼宇安全防范系统［M］. 北京：北方交通大学出版社，2005.

［6］　殷德军. 现代安全防范技术与工程系统［M］. 北京：电子工业出版社，2008.

［7］　马少华. 建筑安全防范监控系统及应用［M］. 北京：化学工业出版社，2009.

［8］　陈龙，陈晨. 安全防范工程［M］. 北京：中国电力出版社，2006.